Paulsen, Waschke

Sobotta

Atlas der Anatomie des Menschen

Becken und Retroperitonealraum

Prof. Dr. Friedrich Paulsen

Präparierkurse für Studenten

In der Lehre legt Friedrich Paulsen größten Wert darauf, dass die Studierenden im Präparierkurs tatsächlich an Körperspendern arbeiten können. „Das eigene Präparieren ist nicht nur außerordentlich wichtig für das dreidimensionale Verständnis der Anatomie und bildet die Basis für praktisch jedes medizinische Fach, im Präparierkurs setzt man sich in den meisten Fällen auch zum ersten Mal intensiv mit dem Thema Tod und Sterben auseinander und lernt im Team nicht nur Anatomie, sondern auch den Umgang mit einer besonderen Situation. So einen engen Kontakt hat man später nie wieder zu seinen Kommilitonen und zu seinen Lehrern."

Professor Friedrich Paulsen (geb. 1965) wurde in Kiel geboren und absolvierte nach dem Abitur in Braunschweig zunächst eine Ausbildung als Krankenpfleger. Nach dem Studium der Humanmedizin in Kiel war er als wissenschaftlicher Angestellter am Anatomischen Institut der Klinik für Mund-, Kiefer- und Gesichtschirurgie und der Klinik für Hals-Nasen-Ohrenheilkunde, Kopf- und Halschirurgie der Christian-Albrechts-Universität Kiel tätig. 2002 wurde er mit seinen Kollegen mit dem Lehrpreis für herausragenden Unterricht im Fach Anatomie von der Medizinischen Fakultät der Universität Kiel ausgezeichnet. Auslandserfahrung sammelte er bei mehrmonatigen Aufenthalten in der wissenschaftlichen Abteilung der Augenklinik der Universität Bristol, England. Von 2004 bis 2010 leitete er als Universitätsprofessor am Institut für Anatomie und Zellbiologie der Martin-Luther-Universität Halle die Makroskopie und Prosektur. Zum April 2010 hat Professor Paulsen den Lehrstuhl II am Institut für Anatomie der Friedrich-Alexander-Universität Erlangen übernommen. Professor Paulsen ist seit 2006 Vorstandsmitglied der Anatomischen Gesellschaft und seit 2009 Generalsekretär der International Federation of Associations of Anatomy (IFAA).

Sein Hauptarbeitsgebiet ist das angeborene Immunsystem. Dabei geht es um antimikrobielle Peptide, Kleeblattpeptide, Surfactantproteine, Muzine, korneale Wundheilung sowie Tränendrüsenstammzellen und Erkrankungen wie Augeninfektionen, trockenes Auge oder Arthrose.

Prof. Dr. Jens Waschke

Mehr Klinisches in der Lehre

Sein Lehrstuhl für Anatomie und Zellbiologie ist neu gegründet worden. „Mit dieser Neugründung sollte betont werden, dass es wichtig ist, die Lehre in der Anatomie stärker klinisch auszurichten", sagt Jens Waschke, Professor am Institut für Anatomie und Zellbiologie in Würzburg.
„Die klinischen Aspekte im Atlas führen den Studenten in den ersten Semestern zur Anatomie hin und zeigen gleichzeitig wie wichtig dieses Fach für den späteren klinischen Alltag ist, dass Sie die menschliche Anatomie verstehen können, statt nur Strukturen auswendig zu lernen."

Professor Jens Waschke (geb. 1974) hat sich – nach Medizinstudium und Promotion an der Universität Würzburg – 2007 habilitiert. Zwischen 2003 und 2004 verbrachte er einen neunmonatigen Forschungsaufenthalt an der University of California in Davis bei Professor Fitz-Roy Curry. Seit Juni 2008 ist er Inhaber des Lehrstuhls III an der Universität Würzburg. Professor Waschke wurde 2005 zusammen mit seinen Kollegen mit dem Albert-Koelliker-Lehrpreis der Würzburger Medizinischen Fakultät ausgezeichnet. 2006 erhielt er den Wolfgang-Bargmann-Preis der Anatomischen Gesellschaft.

In seiner Forschung untersucht er vor allem zellbiologische Mechanismen, die die Haftung zwischen Zellen und die Schrankenfunktionen an den äußeren und inneren Barrieren des menschlichen Körpers kontrollieren. Hier stehen zum einen die Regulation der Endothelbarriere bei der Entzündung und daneben die Mechanismen, die bei der Autoimmunerkrankung Pemphigus zur Bildung der z.T. tödlichen Hautblasen führen, im Zentrum des Interesses. Ziel ist es, die Zellhaftung besser zu verstehen und neue Therapieansätze zu entdecken.

Sobotta

Atlas der Anatomie des Menschen

Becken und Retroperitonealraum

23. Auflage herausgegeben von
F. Paulsen und J. Waschke

121 farbige Tafelbilder
mit 149 Einzelabbildungen

ELSEVIER
URBAN & FISCHER

URBAN & FISCHER
München

Zuschriften und Kritik an:
Elsevier GmbH, Urban & Fischer Verlag, Hackerbrücke 6, 80335 München, E-Mail: medizinstudium@elsevier.de

Anschriften der Herausgeber:
Professor Dr. med. Friedrich Paulsen
Institut für Anatomie II (Vorstand)
Universität Erlangen-Nürnberg
Universitätsstraße 19
91054 Erlangen

Professor Dr. med. Jens Waschke
Institut für Anatomie
Ludwig-Maximilians-Universität
Pettenkoferstraße 11
80333 München

Bibliografische Information der Deutschen Nationalbibliothek
Die Deutsche Nationalbibliothek verzeichnet diese Publikation in der Deutschen Nationalbibliografie; detaillierte bibliografische Daten sind im Internet über http://dnb.d-nb.de abrufbar.

13 14 15 16 17 5 4 3 2 1

Diese Ausgabe ist inhaltlich identisch mit dem entsprechenden Kapitel der 23. Auflage in 3 Bänden.

Um den Textfluss nicht zu stören, wurde bei Patienten und Berufsbezeichnungen die grammatikalisch maskuline Form gewählt. Selbstverständlich sind in diesen Fällen immer Frauen und Männer gemeint.

Planung: Alexandra Frntic; Dr. Katja Weimann
Lektorat: Dr. Andrea Beilmann; Susanne Szczepanek
Redaktion: Julia Baier, München; Amelie Gutsmiedl, München; Martin Kortenhaus, Illertissen; Ulrike Kriegel, buchundmehr, München; Renate Putz, München; Susanne Szczepanek; Janin Schroth, München
Herstellung: Sibylle Hartl; Renate Hausdorf, buchundmehr, Gräfelfing
Layout: Nicola Neubauer, Puchheim
Satz: Mitterweger & Partner, Plankstadt; Nicola Neubauer, Puchheim; Michael Wiedorn, München; abavo GmbH, Buchloe
Bildbearbeitung: Claudia Adam, Darmstadt; Nicola Neubauer, Puchheim; Michael Wiedorn, München
Gesamtherstellung: Firmengruppe appl, Wemding
Zeichnungen: Dr. Katja Dalkowski, Buckenhof; Sonja Klebe, Aying-Großhelfendorf; Jörg Mair, München; Stephan Winkler, München
Umschlaggestaltung: Michael Keller und Jan Riemer, München; SpieszDesign, Neu-Ulm

ISBN Print 978-3-437-44116-5

Der Begründer dieses Atlaswerkes, Professor Dr. med. Johannes Sobotta †, war zuletzt o. ö. Professor der Anatomie und Direktor des Anatomischen Instituts der Universität Bonn.

Deutsche Ausgaben mit Erscheinungsjahr:
1. Auflage: 1904–1907 J. F. Lehmanns Verlag, München
2.–11. Auflage: 1913–1944 J. F. Lehmanns Verlag, München
12. Auflage: 1948 und folgende Auflagen
Urban & Schwarzenberg, München
13. Auflage: 1953, Hrsg. H. Becher
14. Auflage: 1956, Hrsg. H. Becher
15. Auflage: 1957, Hrsg. H. Becher
16. Auflage: 1967, Hrsg. H. Becher
17. Auflage: 1972, Hrsg. H. Ferner und J. Staubesand
18. Auflage: 1982, Hrsg. H. Ferner und J. Staubesand
19. Auflage: 1988, Hrsg. J. Staubesand
20. Auflage: 1993, Hrsg. R. Putz und R. Pabst
Urban & Schwarzenberg, München
21. Auflage: 2000, Hrsg. R. Putz und R. Pabst
Urban & Fischer, München
22. Auflage: 2006, Hrsg. R. Putz und R. Pabst
Urban & Fischer, München

Hinweise zur Benutzung

Einstiegsseiten:

- Einstiegsseiten bieten zu jedem Kapitel alle relevanten anatomischen Informationen zu diesem Thema auf einen Blick. Leicht verständlich sind hier wichtige Details und Zusammenhänge aufbereitet.
- IMPP-Checklisten beinhalten alle Stichwörter zu möglichen Fragen in Testaten und im Physikum.

Atlasseiten:

- Die Menüleiste auf jeder Doppelseite gibt die Themenbereiche des jeweiligen Kapitels an, der Fettdruck zeigt den aktuellen Themenbereich.
- Wichtige Strukturen sind in den Abbildungen fett hervorgehoben.
- Orientierungsskizzen sorgen bei komplexen Ansichten für eine bessere Vorstellung.
- Ausführliche Bildlegenden erklären Zusammenhänge der anatomischen Strukturen.
- Aufzählungen im Text sowie Tabellen erleichtern den Überblick und strukturieren komplexe Inhalte.
- Abbildungen, Tabellen und Textkästen sind durch Querverweise vernetzt.
- Verweise zum separaten Tabellenheft mit Tabellen zu Muskeln, Gelenken und Nerven verbinden Abbildung mit prüfungsrelevanten Wissen zu diesen anatomischen Strukturen.
- Klinikkästen stellen klinische Bezüge zu den auf der Seite dargestellten anatomischen Strukturen her.

Weiteres:

Ein → Abkürzungsverzeichnis und die → Richtungs- und Lagebezeichnungen finden Sie zu Beginn des Buchs sowie ein → Glossar am Ende des Buchs.

Perfekt zurechtfinden – das neue Navigationssystem

Das Thema dieser Seite

Orientierungsskizzen geben bei komplexen Ansichten die Blickrichtung und die Schnittebenen an.

Bildlegenden erläutern anatomische Zusammenhänge zu den dargestellten Strukturen.

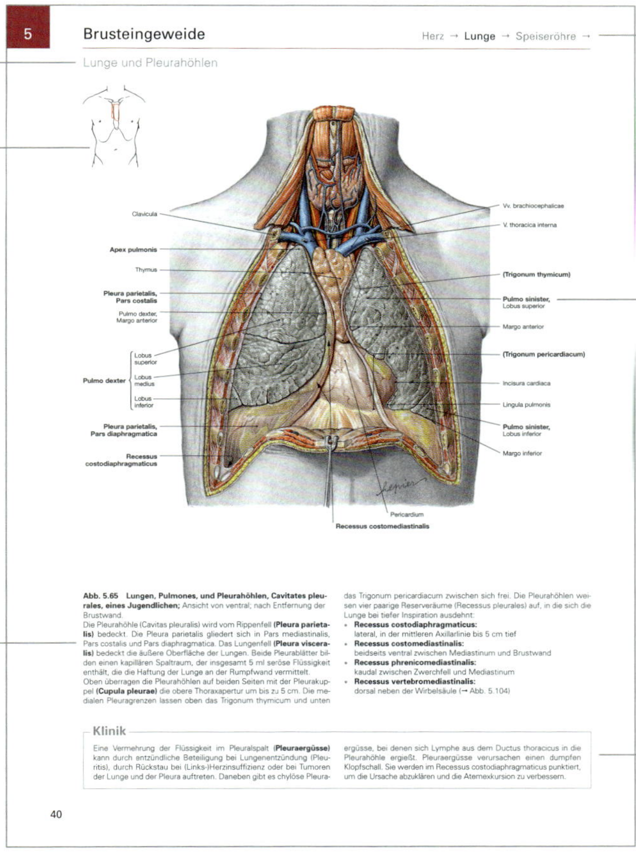

Die Menüleiste mit entsprechendem Fettdruck zeigt den aktuellen Themenbereich.

Wichtige Strukturen sind fett hervorgehoben.

In Klinikkästen werden Krankheitsbilder beschrieben, die mit den anatomischen Strukturen der Buchseite in Bezug stehen. Diese klinischen Aspekte haben meist auch hohe Prüfungsrelevanz.

Abkürzungsverzeichnis

Singular:			Plural:		
A.	=	Arteria	Aa.	=	Arteriae
Lig.	=	Ligamentum	Ligg.	=	Ligamenta
M.	=	Musculus	Mm.	=	Musculi
N.	=	Nervus	Nn.	=	Nervi
Proc.	=	Processus	Procc.	=	Processus
R.	=	Ramus	Rr.	=	Rami
V.	=	Vena	Vv.	=	Venae
Var.	=	Variation			

♀ = weiblich
♂ = männlich

Prozentangaben:
Angesichts der großen Streubreite individueller Körpermaße sind die prozentualen Größenangaben nur als grobe Richtwerte aufzufassen.

Allgemeine Richtungs- und Lagebezeichnungen des Körpers

Die folgenden Termini bezeichnen die gegenseitige Lage von Organen und Teilen des Körpers zueinander, z.T. ohne Rücksicht auf die Stellung des Körpers im Raum, sowie Lage und Richtung an den Extremitäten. Diese Begriffe werden nicht nur der menschlichen Anatomie, sondern auch der praktischen Medizin und der vergleichenden Anatomie gerecht.

Allgemeine Bezeichnungen

anterior – posterior = vorne – hinten (z.B. Arteriae tibiales anterior et posterior)

ventralis – dorsalis = bauchwärts – rückenwärts gelegen

superior – inferior = oben – unten (z.B. Conchae nasales superior et inferior)

cranialis – caudalis = kopfwärts – schwanzwärts gelegen

dexter – sinister = rechts – links (z.B. Arteriae iliacae communes dextra et sinistra)

internus – externus = innen liegend – außen liegend

superficialis – profundus = oberflächlich gelegen – tief gelegen (z.B. Musculi flexores digitorum superficialis et profundus)

medius, intermedius = in der Mitte zwischen zwei anderen Gebilden liegend (Die Concha nasalis media z.B. liegt in der Mitte zwischen Concha nasalis superior und inferior)

medianus = in der Mittellinie gelegen (Fissura mediana anterior des Rückenmarks). Durch einen „medianen Sagittalschnitt" wird der Körper in zwei spiegelbildlich gleiche Teile zerlegt.

medialis – lateralis = gegen die Mitte des Körpers gelegen, gegen die Seite zu gelegen (z.B. Fossae inguinales medialis et lateralis)

frontalis = in der Stirnebene (Frontalebene) liegend, auch zur Stirn ziehend (z.B. Processus frontalis der Maxilla)

longitudinalis = längs verlaufend (z.B. Musculus longitudinalis superior der Zunge)

sagittalis = in einer Sagittalebene liegend

transversalis = in einer Transversalebene liegend

transversus = quer verlaufend (z.B. Processus transversus des Brustwirbels)

Richtungs- und Lagebezeichnungen für die Extremitäten

proximalis – distalis = gegen die Extremitätenwurzel zu gelegen – gegen das Extremitätenende zu gelegen (z.B. Articulationes radioulnares proximalis et distalis)

für die Brustgliedmaße:
radialis – ulnaris = auf der Radialseite – auf der Ulnarseite gelegen (z.B. Arteriae radialis et ulnaris)

für die Hand:
palmaris – dorsalis = hohlhandwärts – handrückenwärts gelegen (z.B. Aponeurosis palmaris, Musculus interosseus dorsalis)

für die Beckengliedmaße:
tibialis – fibularis = auf der Tibial-, auf der Fibularseite gelegen (z.B. Arteria tibialis anterior)

für den Fuß:
plantaris – dorsalis = fußsohlenwärts – fußrückenwärts gelegen (z.B. Arteriae plantares lateralis et medialis, Arteria dorsalis pedis)

Verwendung von Klammern

[ ]: In eckige Klammern gesetzte lateinische Namen sind Alternativbegriffe, wie sie in der Terminologia Anatomica (1998) angegeben sind, z.B.: Ren [Nephros]. Um aber die Bildlegenden nicht zu sehr zu überladen, sind im Wesentlichen nur solche Alternativbegriffe aufgenommen, die Abweichungen in den Wortstämmen beinhalten und auch international zum Verständnis notwendig erscheinen. Ihre Verwendung wurde weitgehend auf die Abbildungen beschränkt, in denen sie Hauptinhalte bezeichnen.

( ): Runde Klammern wurden mit unterschiedlicher Zielsetzung verwendet:
- Für Fachbegriffe, die auch in der Terminologia Anatomica in runden Klammern aufgeführt sind, z.B.: (M. psoas minor).
- Für Fachbegriffe, die zwar nicht in der offiziell gültigen Auflistung der Nomenklatur enthalten sind, die von den Herausgebern aber als praktisch notwendige und hilfreiche lateinische Begriffe betrachtet werden, z.B.: (Crista zygomatico-alveolaris).
- Für Angaben zur näheren Beschreibung des übergeordneten Bezugs, z.B.: R. spinalis (A. vertebralis).

Vorwort

Im Vorwort zur 1. Auflage seines Atlas schreibt Johannes Sobotta im Mai 1904: „Langjährige Erfahrungen bei den anatomischen Präparierübungen haben den Verfasser veranlasst, bei der Darstellung des peripherischen Nervensystems und der Blutgefäße so zu verfahren, dass der Student auf den Abbildungen des Buches die betreffenden Teile derart vorgeführt erhält, wie er sie am Präparate zu sehen gewohnt ist, d. h. Gefäße und Nerven derselben Region gleichzeitig. Außerdem enthält der Atlas abwechselnd Text und Tafelblätter. Letztere enthalten die hauptsächlichen Figuren des Atlas, erstere außer Hilfs- und schematischen Zeichnungen und den Tafelerklärungen einen kurzen, in knapper Darstellung gehaltenen Text zur schnellen Orientierung beim Gebrauche des Buches im Präpariersaal."

Wie die Mode, so ändern sich auch die Lese- und Lerngewohnheiten der Studenten regelmäßig. Die multimediale Präsenz und die Verfügbarkeit von Informationen und Reizen sind sicherlich die Hauptgründe dafür, warum dies in einem viel schnelleren Ausmaß als jemals zuvor geschieht. Diesen Entwicklungen und damit auch den z.T. veränderten Anforderungen von Studierenden an Lehrbücher und Atlanten, die sie verwenden möchten, sowie die digitale Verfügbarkeit deren Inhalte, ist von Seiten der Herausgeber und Verlage Rechnung zu tragen. Außer Gesprächen und systematischen Befragungen von Studenten ist auch der Lehrbuchmarkt bisweilen ein Indikator, um die Erwartungen der Studenten einschätzen zu können. Detaillierte Lehrbücher mit dem absoluten Anspruch auf Vollständigkeit werden zu Gunsten von Lernbüchern, die auf die didaktischen Bedürfnisse der Studierenden und die Inhalte des Studiums der Human-, Zahn- und Biomedizin, sowie deren Prüfungen abgestimmt sind, zunehmend verlassen. Ebenso werden Abbildungen in Atlanten wie dem Sobotta, dessen exakte naturalistische Darstellung echter Präparate viele Generationen von Ärzten und medizinassoziierten Berufen auf der gesamten Welt fasziniert hat, von den Studenten als teilweise zu kompliziert und detailliert empfunden. Diese Einsicht verlangt nach der Überlegung, wie die Stärken eines Atlas, der in seiner über hundertjährigen Tradition mit 22 Auflagen zu einer Referenz an Exaktheit und Qualität gereift ist, an moderne didaktische Konzepte angepasst werden kann, ohne dass das Gesamtwerk dabei sein Alleinstellungsmerkmal und seine Originalität verliert. Der Elsevier-Verlag und die Herausgeber Professor Reinhard Putz und Professor Reinhard Pabst, die den Atlas bis zur 22. Auflage betreut haben, sind nach reiflichen Überlegungen zu dem Schluss gekommen, dass durch ein neues Herausgeberteam, das sich wie die Kollegen Putz und Pabst durch eine große Begeisterung für Anatomie und den Anatomieunterricht auszeichnet, den neuen Anforderungen am besten begegnet werden könnte. Daher freuen wir uns außerordentlich, dass uns diese Aufgabe, die 23. Auflage des Sobotta zusammen mit dem Elsevier-Verlag zu gestalten, übertragen wurde.

Bei der Neugestaltung wurde besonders einer übersichtlichen Gliederung der Inhalte und einer didaktischen Heranführung an die Abbildungen Rechnung getragen. Nun ist nicht jede Mode etwas ganz Neues. Unter didaktischen Gesichtspunkten haben wir das alte Konzept eines dreibändigen Atlas, wie Sobotta es schon in der ersten Auflage verwendet hat, wieder aufgegriffen mit den Bänden Bewegungsapparat (1), Eingeweide (2) sowie Kopf, Hals und Nervensystem (3). Auch das eingangs im Vorwort zur ersten Auflage erwähnte Konzept der Verknüpfung von Atlasbild mit einem erklärenden Text ist eine alte Mode, die aktuell wieder im Trend liegt, und die wir in modifizierter Weise aufgegriffen haben. So ist jedes Bild mit einem kurzen erklärenden Text versehen, der dazu dient, den Studenten an die Abbildung heranzuführen und zu erläutern, warum die jeweilige Präparation und Darstellung einer Region gewählt wurde. Die einzelnen Kapitel wurden systematisch im Hinblick auf den derzeitigen Gegenstandskatalog und die aktuellen Lerngewohnheiten gegliedert, fehlende Abbildungen – besonders zur Systematik der Leitungsbahnen – oder verbesserungswürdige Abbildungen ergänzt und ersetzt. Ein Großteil dieser neuen Abbildungen ist so konzipiert, dass das Lernen besonders relevanter Versorgungs- und Innervationswege unter didaktischen Gesichtspunkten erleichtert wird. Ferner haben wir zahlreiche bestehende Abbildungen überarbeitet, die Beschriftungen reduziert und durch Fettungen gewichtet, um den Zugang zu den anatomischen Inhalten zu vereinfachen. Zahlreiche Hinweise zur Klinik sollen aus der manchmal „trockenen Anatomie" eine klinische und lebendige Anatomie machen, die dem Anfänger die Relevanz der Anatomie für die spätere berufliche Tätigkeit vor Augen führt und einen Vorgeschmack auf die Klinik gibt. Konzeptionell neu sind Einstiegsseiten zu den einzelnen Kapiteln, die in aller Kürze einen Überblick über den Inhalt, die zugehörige Klinik und die für die besprochene Region relevanten Präparationsschritte geben und eine Checkliste umfassen, die sich an den Vorgaben des Instituts für Medizinische und Pharmazeutische Prüfungsfragen (IMPP) sowie am mündlichen Physikum orientiert. Neu sind auch kurze Einführungen in die Embryologie zu jedem Thema.

Zwei Dinge möchten wir aber ganz klar herausstellen:

1. Der „neue" Sobotta in der 23. Auflage ist kein Lernatlas, der mit dem Anspruch an Vollständigkeit des gesamten Wissens die Intention vermitteln könnte, ein begleitendes Lehrbuch ersetzen zu wollen oder zu können.
2. Egal, wie gut ein didaktisches Konzept ist, es kann dem Studenten das Lernen nicht abnehmen, es aber zumindest anschaulicher machen. Anatomie zu lernen ist nicht schwer, benötigt jedoch viel Zeit. Zeit, die zu opfern sich lohnt, denn sowohl Arzt als auch Patienten werden später davon profitieren. Die 23. Auflage des Sobotta hat nicht nur zum Ziel, das Lernen zu erleichtern, sondern auch, diese Zeit des Lernens spannend und interessant zu gestalten, so dass man den Atlas während des Studiums, aber auch im Laufe der beruflichen Tätigkeit immer wieder gerne in die Hand nimmt.

Erlangen und Würzburg im Sommer 2010, genau 106 Jahre nach Erscheinen der ersten Auflage

Friedrich Paulsen und Jens Waschke

Danksagung

Als Erstes möchten wir gerne zum Ausdruck bringen, dass uns die Arbeit am Sobotta sehr viel Spaß gemacht hat und eine echte Herausforderung war. In den Momenten, in denen man mit ein wenig Abstand den Fortschritt der einzelnen Kapitel und die neu entwickelten Abbildungen beobachten konnte, hat man viel Genugtuung und auch Stolz empfunden und sich immer mehr mit dem Sobotta identifiziert.

Die Neugestaltung des Sobotta ist natürlich nicht das alleinige Werk zweier unerfahrener Herausgeber, sondern erfordert heute mehr denn je ein eingespieltes Team unter der Koordination des Verlags. Ohne die langjährigen Erfahrungen von Frau Dr. Andrea Beilmann, die schon mehrere Auflagen des Sobotta betreut hat und die den ruhenden Pol des Sobotta-Teams bildete, wäre Vieles nicht möglich gewesen. Für all ihre Hilfe und Unterstützung danken wir ihr sehr. Für Frau Alexandra Frntic, ebenfalls Teil des vierköpfigen Sobotta-Teams, war es das erste Großprojekt ihrer Karriere, das sie mit Herzblut angepackt und mit Enthusiasmus vorangetrieben hat. Ihre Lebhaftigkeit und Ihre Art, Motivation zu verbreiten, haben die Herausgeber immer wieder aufgeheitert und angetrieben. Dafür danken wir Ihr ganz herzlich. Wir denken gerne an die Sobotta-Einstiegswoche in Parsberg und die wöchentlichen Telefonkonferenzen zurück, in denen uns Frau Dr. Beilmann und Frau Frntic bei der Gestaltung zur Seite standen und es auf bemerkenswerte Weise verstanden haben, zwei von ihrer Persönlichkeit verschiedene Köpfe zu einem einheitlichen Arbeitsstil zu erziehen. Ohne die Durchsetzungskraft, die Durchhalteparolen und die schützende Hand von Frau Dr. Dorothea Hennessen, die die Oberleitung des Projektes „23. Auflage Sobotta" inne hatte und immer fest an ihr Sobotta-Team und den engen Zeitplan geglaubt hat, wäre diese Auflage nicht erschienen. Die gute Reproduktion des Atlas lag wie viele Produktionen zuvor in den Händen des Routiniers Renate Hausdorf. Weitere Personen, die an der Bearbeitung und dem Gelingen der 23. Auflage des Sobotta beteiligt waren und denen wir ganz herzlich danken sind Frau Susanne Szczepanek (Manuskriptbearbeitung), Frau Julia Baier, Herrn Martin Kortenhaus und Frau Ulrike Kriegel (redaktionelle Bearbeitung), Frau Amelie Gutsmiedl (formale Textbearbeitung), Frau Sibylle Hartl (interne Herstellung), Frau Claudia Adam und Herrn Michael Wiedorn (formale Bildbearbeitung und Satz), Frau Nicola Neubauer (Layoutentwicklung und Verfeinern der Satzdaten) sowie den Studierenden Doris Bindl, Derkje Hockertz, Lisa Link, Sophia Poppe, Cornelia Rippl und Katharina und Florian Stumpfe. Für die Erstellung des Registers danken wir Frau Dr. Ursula Osterkamp-Baust vielmals.

Besonderer Dank gilt unseren Zeichnern Frau Dr. Katja Dalkowski, Frau Sonja Klebe, Herrn Jörg Mair und Herrn Stephan Winkler, die außer der Überarbeitung bestehender Abbildungen mit uns auch eine Vielzahl ausgezeichneter Abbildungen neu entwickelt haben.

Herr Priv.-Doz. Dr. rer. nat. Helmut Wicht, Dr. Senkenbergische Anatomie, Goethe-Universität Frankfurt am Main, hat die von den beiden Herausgebern verfassten Texte der Kapiteleinstiegsseiten vereinheitlicht und durch seinen, ihm ganz eigenen Schreibstil zum Leben erweckt. Hierfür danken wir ihm ganz herzlich.

Eine große Hilfe war für uns das Beratungsgremium, in dem uns außer den früheren Herausgebern Prof. Dr. med. Dr. h. c. Reinhard Putz, Ludwig-Maximilians-Universität München, und Prof. Dr. med. Reinhard Pabst, Medizinische Hochschule Hannover, auch die Kollegen Prof. Dr. med. Peter Kugler, Julius-Maximilians-Universität Würzburg, und Prof. Dr. rer. nat. Gottfried Bogusch, Charité Berlin, mit Ratschlägen und kritischen Anregungen intensiv unterstützt haben. Ganz besonders hervorheben möchten wir den Einsatz von Frau Renate Putz, die das Manuskript äußerst sorgfältig korrigiert hat und deren Anmerkungen für die Konsistenz des Werks in sich und mit den früheren Auflagen von entscheidender Bedeutung war.

Für die Hilfe bei Korrekturen und Überarbeitungen möchten wir Frau Stephanie Beilicke, Herrn Dr. rer. nat. Lars Bräuer, Frau Anett Diker, Herrn Fabian Garreis, Frau Elisabeth George, Frau Patrizia Maake, Frau Susann Möschter, Herrn Jörg Pekarsky und Herrn Martin Schicht danken.

Für die Hilfe bei der Erstellung klinischer Bilder sei herzlich Herrn Priv.-Doz. Dr. med. Hannes Kutta, Klinik und Poliklinik für Hals-Nasen-Ohrenheilkunde, Universitätsklinikum Hamburg-Eppendorf, Herrn Prof. Dr. med. Norbert Kleinsasser, Universitätsklinik für Hals-Nasen-Ohrenkrankheiten, Julius-Maximilians-Universität Würzburg, Herrn Prof. Dr. med. Andreas Dietz, Direktor der Klinik und Poliklinik für Hals-Nasen-Ohrenheilkunde, Universität Leipzig, Herrn Dr. med. Dietrich Stövesandt, Klinik für Diagnostische Radiologie, Martin-Luther-Universität Halle-Wittenberg, Herrn Prof. Dr. med. Stephan Zierz, Direktor der Universitätsklinik und Poliklinik für Neurologie, Martin-Luther-Universität Halle-Wittenberg, Frau Dr. med. Berit Jordan, Universitätsklinik und Poliklinik für Neurologie, Martin-Luther-Universität Halle-Wittenberg, Herrn Dr. med. Saadettin Sel, Universitätsaugenklinik, Martin-Luther-Universität Halle-Wittenberg, Herrn cand. med. Christian Schröder, Eckernförde und Herrn Denis Hiller, Bad Lauchstädt, gedankt.

Herzlich danken möchten wir auch unseren Anatomischen Mentoren Prof. Dr. med. Bernhard Tillmann, Christian-Albrechts-Universität Kiel, und Prof. Dr. med. Detlev Drenckhahn, Julius-Maximilians-Universität Würzburg, denen wir nicht nur unsere Anatomieausbildung, die Motivation für das Fach und das Sendungsbewusstsein verdanken, sondern die uns auch im Hinblick auf die Gestaltung von Lehrbüchern und Atlanten sowie eine ausgezeichnete Lehre immer ein großes Vorbild waren und sind.

Unser tiefster Dank gilt unseren Eltern Dr. med. Ursula Paulsen und Prof. Dr. med. Karsten Paulsen sowie Annelies Waschke und Dr. med. Dieter Waschke, die das Projekt Sobotta intensiv begleitet und unterstützt haben. Karsten Paulsen hat als Medizinstudent aus der 4. Auflage des Sobotta Anatomie gelernt, er ist im Mai 2010 gestorben. Dieter Waschke hat die 16. Auflage des Sobotta verwendet und bildet sich auch im Ruhestand mit medizinischer Fachliteratur fort. Unseren Vätern ist die 23. Auflage gewidmet.

Nicht zuletzt danken wir unseren Frauen Dr. med. Dana Paulsen und Susanne Waschke, die uns im letzten Jahr nicht nur mit dem Sobotta teilen mussten, sondern uns auch bei vielen Fragen mit Ratschlägen zur Seite standen und uns intensiv unterstützt haben.

Bildernachweis

Den nachstehend benannten klinischen Kollegen sind die Herausgeber für die Bereitstellung von Ultraschall-, Computertomographie- und Magnetresonanztomographiebildern sowie von endoskopischen Aufnahmen und Farbfotos von Operationssiten und Patienten zu sehr großem Dank verpflichtet.

Prof. Altaras, Zentrum Radiologie, Universität Gießen (Abb. 2.18; 2.39; 2.40)
Prof. Brückmann und Dr. Linn, Neuroradiologie, Institut für radiologische Diagnostik, Universität München (Abb. 4.148)
Prof. Daniel, Abteilung Kardiologie, Universität Erlangen (Abb. 10.39)
Prof. Galanski und Dr. Schäfer, Abteilung Diagnostische Radiologie, Med. Hochschule Hannover (Abb. 2.97; 5.3; 5.103; 6.31; 6.129)
Prof. Gebel, Abteilung Gastroenterologie und Hepatologie, Med. Hochschule Hannover (Abb. 6.73; 6.75; 6.76; 6.94; 6.95; 7.25)
Dr. Greeven, St.-Elisabeth-Krankenhaus, Neuwied (Abb. 4.96; 8.96)
Prof. Hoffmann und Dr. Bektas, Klinik für Viszeral- und Transplantationschirurgie, Med. Hochschule Hannover (Abb. 4.41)
Prof. Hohlfeld, Klinik für Pneumologie, Med. Hochschule Hannover (Abb. 5.71)
Prof. Jonas, Urologie, Med. Hochschule Hannover (Abb. 7.33)
Prof. Kampik und Prof. Müller, Augenklinik, Universität München (Abb. 9.66)
Dr. Kirchhoff und Dr. Weidemann, Abteilung Diagnostische Radiologie, Med. Hochschule Hannover (Abb. 6.131; 6.133; 7.26)
Prof. Kleinsasser, Klinik und Poliklinik für Hals-, Nasen- und Ohrenkrankheiten, plastische und ästhetische Operationen, Universitätsklinikum Würzburg (Abb. 11.41; 11.42; 11.43)
PD Dr. Kutta, Klinik und Poliklinik für Hals-, Nasen- und Ohrenheilkunde, Universitätsklinikum Hamburg-Eppendorf (Abb. 8.101; 10.16; 11.16)
Dr. Meyer, Abteilung Gastroenterologie und Hepatologie, Med. Hochschule Hannover (Abb. 6.22; 6.32; 7.104)
Prof. Pfeifer, Radiologie Innenstadt, Institut für radiologische Diagnostik, Universität München (Abb. 2.63–2.65; 2.67–2.70; 3.52; 3.54; 3.55; 4.97; 4.99; 4.100; 4.105; 4.106)
Prof. Possinger und Prof. Bick, Medizinische Klinik und Poliklinik II mit Schwerpunkt Onkologie und Hämatologie, Charité Campus Mitte, Berlin (Abb. 2.141)
Prof. Ravelli †, ehem. Institut für Anatomie, Universität Innsbruck (Abb. 2.62)
Prof. Reich, Klinik für Mund-Kiefer-Gesichtschirurgie, Universität Bonn (Abb. 8.60; 8.61)
Prof. Reiser und Dr. Wagner, Institut für radiologische Diagnostik, Universität München (Abb. 2.71; 12.105; 12.106; 12.110; 12.111)
Dr. Scheibe, Chirurgische Abteilung, Rosman-Krankenhaus Breisach (Abb. 4.79)
Prof. Scheumann, Klinik für Viszeral- und Transplantationschirurgie, Med. Hochschule Hannover (Abb. 11.58)
Prof. Schillinger, Frauenklinik, Universität Freiburg (Abb. 1.49)
Prof. Schliephake, Mund-Kiefer-Gesichtschirurgie, Universität Göttingen (Abb. 8.156; 8.157)
Prof. Schlösser, Zentrum Frauenheilkunde, Med. Hochschule Hannover (Abb. 7.79)
cand. med. Carsten Schröder, Kronshagen (Abb. 9.27)
Prof. Schumacher, Neuroradiologie, Abteilung Radiologie, Universität Freiburg (Abb. 12.5)
Dr. Sel, Universitätsklinik und Poliklinik für Augenheilkunde, Universitätsklinikum Halle (Saale) (Abb. 9.64)
Dr. Sommer und PD Dr. Bauer, Ärzte für Radiologie, München (Abb. 4.101; 4.102)
PD Dr. Vogl, Radiologische Poliklinik, Universität München (Abb. 9.69; 9.70)
Prof. Witt, Klinik für Neurochirurgie, Universität München (Abb. 3.116)
Prof. Zierz und Dr. Jordan, Universitätsklinik und Poliklinik für Neurologie, Universitätsklinikum Halle (Saale) (Abb. 8.82, 12.151)

Weitere Bilder wurden aus folgenden Büchern übernommen:

1 Benninghoff-Drenckhahn: Anatomie, Band 1 (Drenckhahn D., Hrsg.), 17. Aufl., Urban & Fischer 2008
2 Benninghoff-Drenckhahn: Anatomie, Band 2 (Drenckhahn D., Hrsg.), 16. Aufl., Urban & Fischer, 2004
3 Benninghoff-Drenckhahn: Taschenbuch Anatomie (Drenckhahn D., Waschke, J., Hrsg.), Urban & Fischer, 2007
4 Berchtold, R., Bruch, H.-P., Trentz, O. (Hrsg.): Chirurgie, 6. Aufl., Urban & Fischer 2008
5 Böcker, W., Denk, H., Heitz, P. U., Moch, H. (Hrsg.): Pathologie, 4. Aufl., Urban & Fischer 2008
6 Classen, M., Diehl, V., Kochsiek, K., Berdel, W.E., Böhm, M., Schmiegel, W. (Hrsg.): Innere Medizin, 5. Aufl., Urban & Fischer 2003
7 Classen, M., Diehl, V., Kochsiek, K., Hallek, M., Böhm, M. (Hrsg.): Innere Medizin, 6. Aufl., Urban & Fischer 2009
8 Drake, R. L., Vogl, A. W., Mitchell, A., Paulsen, F. (Hrsg.): Gray's Anatomie für Studenten, 1. Aufl., Urban & Fischer 2007
9 Drake, R. L., Vogl, A. W., Mitchell, A.: Gray's Anatomy for Students, 2nd ed., Churchill Livingstone 2010
10 Drake, R. L., Vogl, A. W., Mitchell, A.: Gray's Atlas der Anatomie, Urban & Fischer 2009
11 Fleckenstein, P., Tranum-Jensen, J.: Röntgenanatomie, Urban & Fischer 2004
12 Forbes, A. Misiewicz, J., Compton, C., Quraishy, M., Rubesin, S., Thuluvath P.: Atlas of Clinical Gastroenterology, 3rd ed., Mosby 2004
13 Franzen, A.: Kurzlehrbuch Hals-Nasen-Ohren-Heilkunde, 3. Aufl., Urban & Fischer 2007
14 Garzorz, N.: BASICS Neuroanatomie, Urban & Fischer 2008
15 Kanski, J. J.: Klinische Ophthalmologie, 5. Aufl., Urban & Fischer 2003
16 Kanski, J. J.: Klinische Ophthalmologie, 6. Aufl., Urban & Fischer 2008
17 Kauffmann, G. W., Moser, E., Sauer, R. (Hrsg.): Radiologie, 3. Aufl., Urban & Fischer 2006
18 Lippert, H.: Lehrbuch Anatomie, 7. Aufl., Urban & Fischer 2006
19 Mettler, F. A. (Hrsg.): Klinische Radiologie, Urban & Fischer 2005
20 Moore, K., Persaud, T. V. N., Viebahn, C. (Hrsg.): Embryologie, 5. Aufl., Urban & Fischer 2007
21 Schulze, S.: Kurzlehrbuch Embryologie, Urban & Fischer 2006
22 Speckmann, E.-J., Hescheler, J., Köhling, R. (Hrsg.): Physiologie, 5. Aufl., Urban & Fischer 2008
23 Trepel, M.: Neuroanatomie, 4. Aufl., Urban & Fischer 2008
24 Welsch, U.: Sobotta Lehrbuch Histologie, 2. Aufl., Urban & Fischer 2005
25 Welsch, U., Deller, T.: Sobotta Lehrbuch Histologie, 3. Aufl., Urban & Fischer 2010
26 Welsch, U.: Atlas Histologie, 7. Aufl., Urban & Fischer 2005
27 Wicke, L.: Atlas der Röntgenanatomie, 7. Aufl., Urban & Fischer 2005
28 Rengier, F.: BASICS Leitungsbahnen, Urban & Fischer 2009

Nachstehende Zeichner sind verantwortlich für die neu entwickelten Zeichnungen:

Dr. Katja Dalkowski: Abb. 5.2, 5.5, 5.6, 5.7, 5.10, 5.20, 5.26, 5.28, 5.40, 5.41, 6.1, 6.2, 6.6, 6.64, 6.65, 6.66, 6.67, 6.92, 7.6, 7.7, 7.8, 7.18, 7.19, 7.42, 7.43, 7.53, 7.72, 7.73

Sonja Klebe: Abb. 5.62, 5.64, 5.79, 5.95, 5.96, 5.97, 6.12, 6.13, 6.18, 6.19, 6.20, 6.28, 6.46, 6.47, 6.48, 6.50, 6.51, 6.71, 6.79, 6.80, 6.93, 6.115, 6.118, 7.61, 7.62, 7.85, 7.86, 7.90, 7.99

Becken und Retroperitonealraum

Niere und Nebenniere 4

Ableitende Harnwege 18

Geschlechtsorgane 26

Mastdarm und Analkanal 64

Topographie 72

Schnitte 80

7

Becken und abdominaler Retrositus

Das **Becken** (Pelvis) muss so konstruiert sein, dass es zwei Problemen gerecht wird: Einerseits hat es beim Menschen als aufrecht gehendem Wesen die Last der Eingeweide zu tragen. Von daher wäre am kaudalen Ende der Bauchhöhle (Cavitas abdominalis) ein solider, tragfähiger, womöglich knöcherner Boden sinnvoll. Andererseits, im Hinblick auf die Abfuhr der Produkte des Darms und der Nieren, den Zeugungsakt und vor allem die Geburt, verbietet sich jeder starre Verschluss. Der „konstruktive" Kompromiss ist das Diaphragma pelvis, eine trichterförmig angeordnete Gruppe von Muskeln am Boden des Beckens, die in der Mediosagittalebene von der Harnröhre (Urethra), dem Mastdarm (Rectum) und bei Frauen von der Scheide (Vagina) durchbohrt wird.

Dass der **retroperitoneale Situs des Abdomens** – also die Organe, die nicht in der Leibeshöhle, sondern in deren Rückwand liegen – zusammen mit dem Becken abgehandelt werden, hat seinen guten (ontogenetischen) Grund. Die Nieren, die größten Organe des Retroperitonealraums, stammen nämlich ursprünglich aus dem Becken, aus dem sie bis unter die Rippen hinaufstiegen. Umgekehrt sind die Keimdrüsen, also Hoden (Testes) und Eierstöcke (Ovaria), vom Abdomen ins Becken und beim Mann sogar noch weiter, bis in den Hodensack (Scrotum) hinabgewandert. Die subperitonealen (s. u.) Bindegewebsräume des Beckens und die des Retroperitonealraums bilden also ein Kontinuum.

Um die Einsichten, von denen im Folgenden die Rede sein wird, zu gewinnen, sind einigermaßen radikale Präparationsschritte notwendig: Dünn- und Dickdarm müssen entfernt oder zumindest so weit mobilisiert werden, dass man sie von der hinteren Leibeswand wegheben oder klappen kann. Manche Präparatoren gehen sogar so weit, sämtliche Organe des Oberbauchs gleich mit zu entfernen.

Blick ins Becken

Das sog. **große Becken** (Pelvis major, zwischen den Darmbeinschaufeln) ist nach der Entfernung des Darms fast leer. Der große Lendenmuskel (M. psoas major) zieht, von den Vasa iliaca externa begleitet, von der Lendenwirbelsäule hinab zur Leistenregion und flankiert den Eingang ins kleine Becken (Pelvis minor).

Das trichterförmig nach kaudal sich verjüngende **kleine Becken** ist dagegen nicht leer, vor allem wenn es sich um ein weibliches Becken handelt. Ventral, gleich hinter der Symphysis pubica, liegt der Scheitel der Harnblase (Vesica urinaria). Bei Frauen folgt direkt dahinter der Scheitel (Fundus) der Gebärmutter (Uterus). Von ihm gehen auf beiden Seiten die Eileiter (Tubae uterinae) ab und ziehen zu den Eierstöcken (Ovaria), die sie mit ihren fransenartigen Fortsätzen umgreifen. Die Eierstöcke liegen beiderseits an den Wänden des Beckens, knapp unterhalb der Grenze zwischen großem und kleinem Becken. Zwischen Harnblase bzw. Uterus und Beckenrückwand (also dem Kreuzbein) liegt schließlich noch der Mastdarm (Rectum).

Da der Körper der Gebärmutter sowie Eileiter und Eierstöcke eigene Bauchfellduplikaturen („Mesos") besitzen, liegen sie direkt im beckenwärtigen Teil der abdominalen Leibeshöhle **(Cavitas peritonealis pelvis)**, deren Buchten und Rezessus an verschiedenen Stellen verschieden weit gegen den eigentlichen Beckenboden vorragen. Zwischen der Uterusrück- und der Mastdarmvorderwand liegt bei Frauen ein besonders tiefer Rezessus, die Excavatio rectouterina. Harnblasenscheitel und oberer Abschnitt des Mastdarms besitzen auf ihrer Ober- bzw. Vorderseite ebenfalls einen Bauchfellüberzug. Zerstört man diesen und präpariert neben und zwischen den o. g. Organen in das Becken hinein, gelangt man in den Subperitonealraum des Beckens **(Spatium extraperitoneale pelvis)**. In diesem Bindegewebe stecken die unteren Teile der Harnblase, der Gebärmutter und des Enddarms, in ihm liegen bei der Frau die Scheide und beim Mann akzessorische Geschlechtsdrüsen, nämlich die Vorsteherdrüse (Prostata) und die Bläschendrüsen (Glandulae vesiculosae). In diesem subperitonealen Bindegewebe verlaufen auch die Äste der A. iliaca interna und zahlreiche Nerven, die die Beckenorgane, aber auch die untere Extremität versorgen.

Mobilisiert man nun die Gefäße und die Organe, kann man den von Harnröhre, Scheide (so vorhanden) und Mastdarm perforierten, muskulösen Beckenboden, das **Diaphragma pelvis,** sehen. Es gleicht einem tiefen, seitlich komprimierten Trichter. An seiner tiefsten Stelle wird dieser Trichter vom Mastdarm durchbohrt. Der Muskel, der einen Großteil dieses Bodens bildet, ist der M. levator ani, der Heber des Anus – der Anus kann (willkürlich!) um einige Zentimeter gehoben oder gesenkt werden.

Unter den Wänden des Diaphragma pelvis, sozusagen im „Souterrain" des Beckens, liegt die **Dammgegend** (Regio perinealis): Folgt man der Harnröhre (Urethra), gelangt man in die **vordere Dammgegend** (Regio urogenitalis). Hier wurzeln die Schwellkörper des Penis, der die männliche Urethra weit aus dieser Region herausträgt. Hier liegen die Schwellkörper der Clitoris, die die Öffnung der kurzen weiblichen Urethra zwischen sich fassen. Die **hintere Dammgegend** (Regio analis) wird unter dem Diaphragma pelvis rechts oder links des Rectums erreicht. Sie enthält geräumige, fettgefüllte Gruben, die Fossae ischioanales. Sie gleichen Pyramiden, deren Spitzen nach kranial weisen, deren Basen aber beiderseits des Mastdarms nach kaudal gerichtet sind. In den Fossae ischioanales verlaufen die großen Nerven und Blutgefäße, die die Organe des „Beckenuntergeschosses" (also Penis, Clitoris, Schamlippen, Vorhof der Vagina, Anus) versorgen.

Blick auf den abdominalen Retrositus

Trägt man sowohl das parietale Blatt des Bauchfells als auch das darunterliegende Fett ab, fallen zuerst die untere Hohlvene (V. cava inferior, etwas rechts der Wirbelsäule) und die Bauchschlagader (Aorta abdominalis, gleich links davon) auf. Beide erinnern an ein „auf dem Kopf stehendes Y", indem sie sich auf Höhe der unteren Lendenwirbel in die Aa. bzw. Vv. iliacae communes, die Beckenschlagadern und -venen also, gabeln. Die **V. cava inferior** hat verschiedene Zuflüsse, von denen vor allem die beiden Nierenvenen (Vv. renales) und die kurzen Lebervenen (Vv. hepaticae) auffallen, die in ihrem oberen Drittel einmünden. Die **Aorta abdominalis** hat ebenfalls zahlreiche Abgänge. Die großen Gefäßstämme sind dicht mit Lymphknoten und -gefäßen besetzt, die als paarige **Trunci lumbales** aus dem Becken aufsteigen. Auf der Höhe der Nierengefäße vereinigen sie sich in der Cisterna chyli, die auch die Lymphe des Darms aufnimmt, zum Milchbrustgang (Ductus thoracicus).

Die **Nieren** (Renes) und die Nebennieren liegen auf beiden Seiten in einer fettgefüllten Faszientasche (Capsula adiposa) knapp unter der Zwerchfellkuppel. Hinter dem oberen Pol der Nieren liegt jeweils die XII. Rippe. Nach medial hin, am Hilum, dringen die Vasa renalia in die Nieren ein. Der **Harnleiter** (Ureter) verlässt sie dort, um – zusammen mit den Gefäßen der Keimdrüsen – ins kleine Becken hinabzusteigen. Die Keimdrüsengefäße entspringen aus der Aorta und münden – in faszinierend asymmetrischer Weise (und deshalb als Prüfungsfrage beliebt) – in der linken Nierenvene und der V. cava inferior. Oberhalb und medial des oberen Nierenpols liegen die **Nebennieren** (Glandulae suprarenales), endokrine Drüsen, die Steroidhormone (z. B. Cortisol) und Katecholamine (Adrenalin) produzieren.

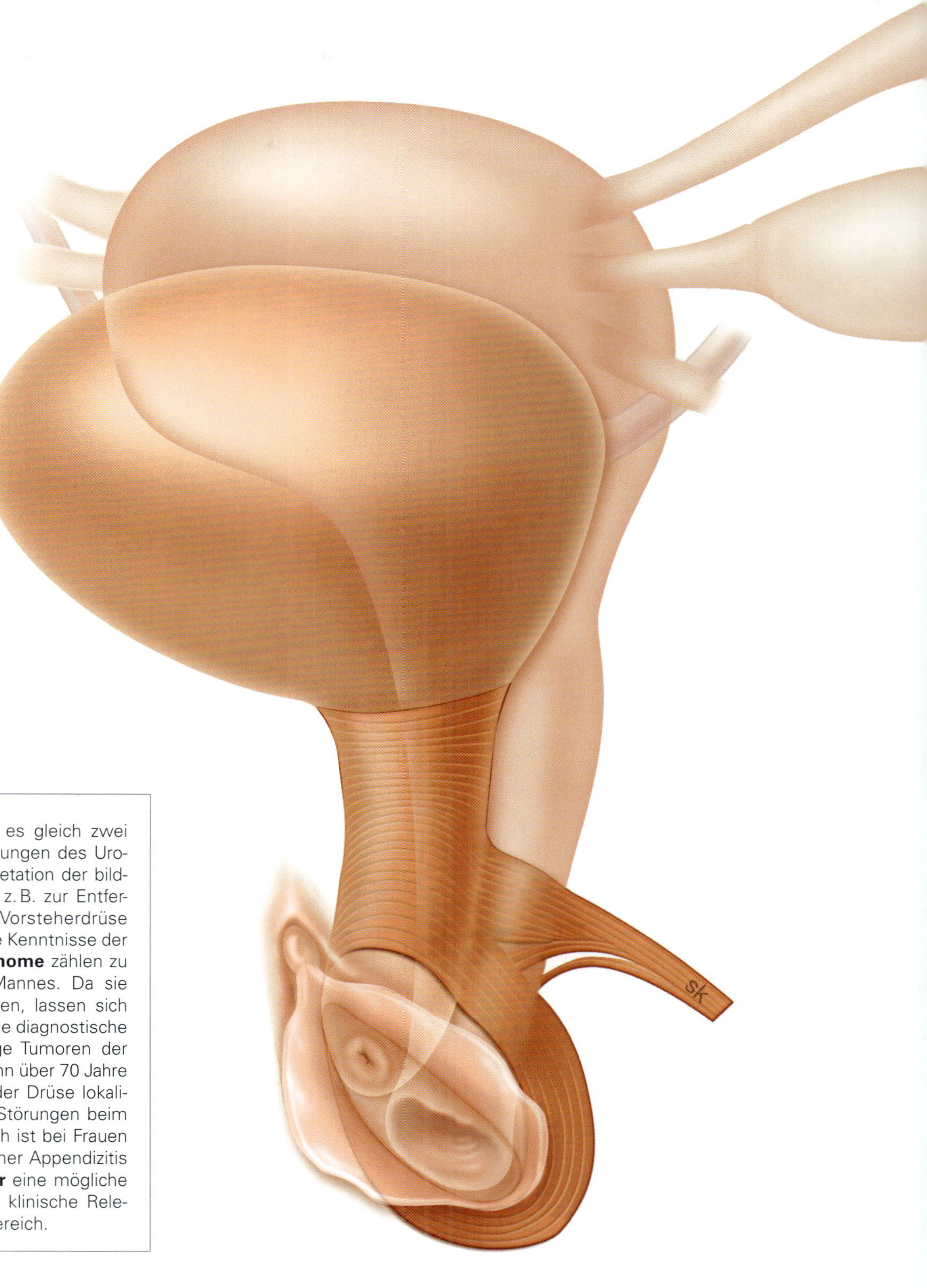

Klinik

Mit dem Gynäkologen und dem Urologen gibt es gleich zwei Fachärzte, die geschlechtsspezifisch die Erkrankungen des Urogenitalsystems behandeln. Sowohl für die Interpretation der bildgebenden Diagnostik als auch bei Operationen, z. B. zur Entfernung der Nieren, der Gebärmutter oder der Vorsteherdrüse (Prostata) bei bösartigen Tumoren, sind genaueste Kenntnisse der topographischen Anatomie nötig. **Prostatakarzinome** zählen zu den drei häufigsten Tumorerkrankungen des Mannes. Da sie meist von der Außenzone der Prostata ausgehen, lassen sich durch eine einfache rektale Untersuchung wichtige diagnostische Hinweise erheben. Noch häufiger sind gutartige Tumoren der Prostata **(Prostatahyperplasie),** die fast jeder Mann über 70 Jahre aufweist. Da die Hyperplasie in der Innenzone der Drüse lokalisiert ist, die der Harnröhre nahe liegt, gehören Störungen beim Wasserlassen zu den frühen Symptomen. Ähnlich ist bei Frauen bei Schmerzen im rechten Unterbauch neben einer Appendizitis auch eine **Entzündung von Eierstock und Ovar** eine mögliche Differenzialdiagnose. Diese Beispiele zeigen die klinische Relevanz der topographischen Anatomie in diesem Bereich.

→ ***präplink***

Es bietet sich an, das Becken von außen und von innen zu präparieren, um den Verlauf der aus dem Becken austretenden Leitungsbahnen nachvollziehen zu können. **Von außen** werden die Regio glutealis und die Regio perinealis mit Fossa ischioanalis und Dammräumen einschließlich der Leitungsbahnen präpariert. **Von innen** wird das parietale Peritoneum mit der der Nierenkapsel anheftenden vorderen Nierenfaszie bis in das kleine Becken hinein entfernt. Nieren und Nebennieren werden aus der Capsula adiposa freigelegt, Harnleiter und die retroperitonealen Leitungsbahnen mit ihren Ästen verfolgt. Um das Becken präparieren zu können, bietet es sich an, dieses median sagittal zu spalten. Harnblase und Rectum können dann aus dem Bindegewebe des Subperitonealraums so weit mobilisiert werden, dass sie nur an den Blutgefäßen fixiert bleiben. Es handelt sich hierbei um Äste der A. iliaca interna, die in ihrer Gesamtheit darzustellen sind. Einige der Äste verlassen durch das Foramen supra- und infrapiriforme das Becken und gelangen in die Regio glutealis und perinealis. Zuletzt sollte der Beckenboden mit seinen Muskelabschnitten freigelegt werden.

IMPP-CHECKLISTE

• Entwicklung: Niere, innere und äußere Geschlechtsorgane (in groben Zügen) • Topographie: Lageverhältnisse der Organe im Retroperitonealraum und im Becken, Bau des Beckenbodens, Gliederung der Regio perinealis, Schnittbilddiagnostik mit CT • Organe: alle Organe mit Leitungsbahnen einschließlich Lymphabfluss (v. a. Testis und Ovarium), Anus (mit Zonen) und Kontinenzorgan, Gliederung von Ureter und Urethra mit Engstellen, Uterus mit Bändern, Corpora cavernosa penis mit Erektion, akzessorische Geschlechtsdrüsen beim Mann mit Ausführungsgängen • Leitungsbahnen: Aorta mit Ästen, V. cava inferior mit Zuflüssen, Ductus thoracicus mit Lymphstämmen, Plexus lumbosacralis mit einzelnen Nerven sowie vegetative Nervengeflechte um die Aorta

Gliederung des Harnwegsystems

Abb. 7.1 und Abb. 7.2 Gliederung des Harnwegsystems beim Mann (→ Abb. 7.1) und bei der Frau (→ Abb. 7.2); Ansicht von lateral links.
Das Harnwegsystem gliedert sich in die paarigen Nieren (Ren [Nephros]), die den Harn bilden, und in die ableitenden Harnwege. Zu diesen zählen:

- Nierenbecken (Pelvis renalis)
- Harnleiter (Ureter)
- Harnblase (Vesica urinaria)
- Harnröhre (Urethra)

Das Harnwegsystem ist, abgesehen von der Harnröhre, bei beiden Geschlechtern gleich ausgebildet. Die Harnröhre im Penis des Mannes ist eine Harn-Samen-Röhre, da sie auch dem Transport des Ejakulats dient, und gehört damit auch zu den äußeren männlichen Geschlechtsorganen.

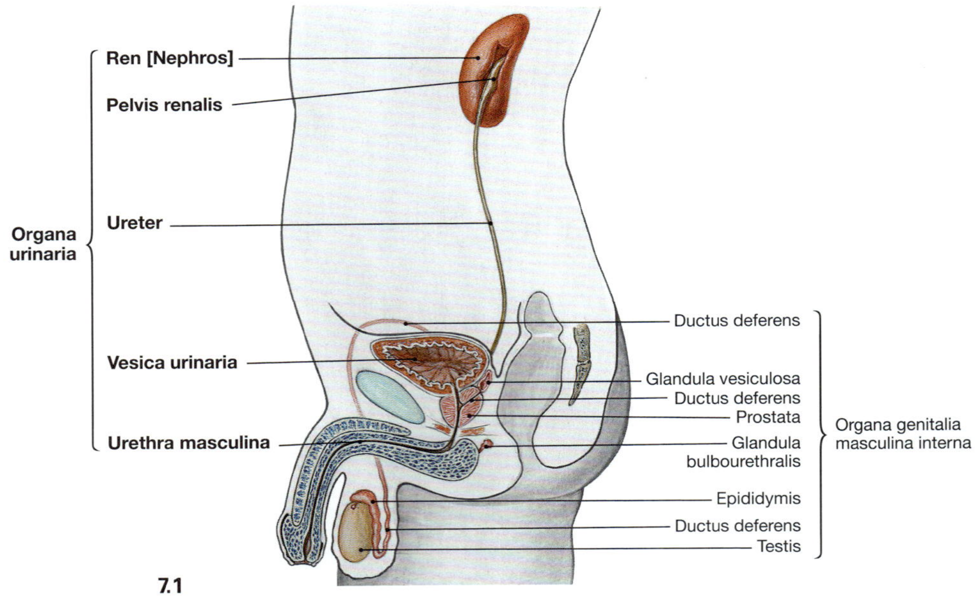

7.1

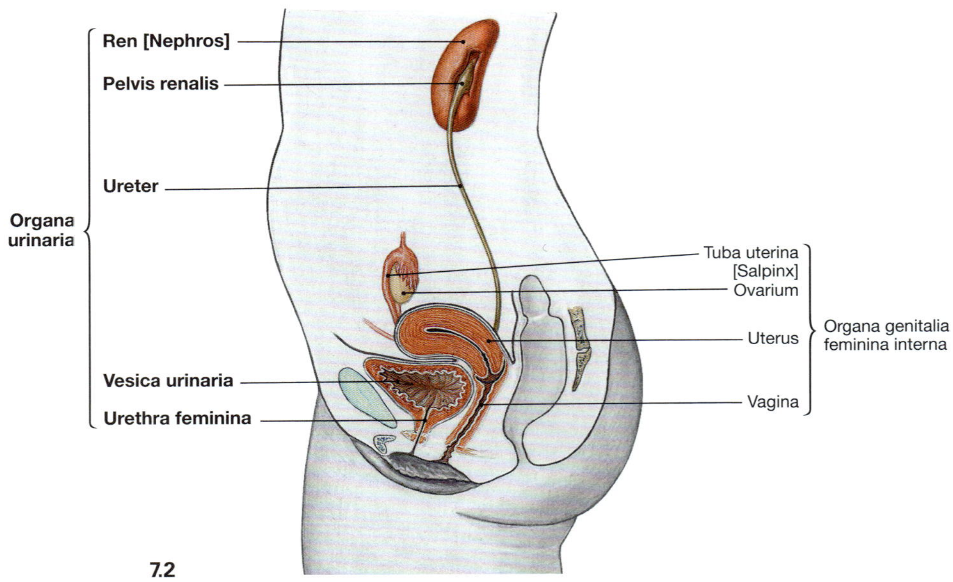

7.2

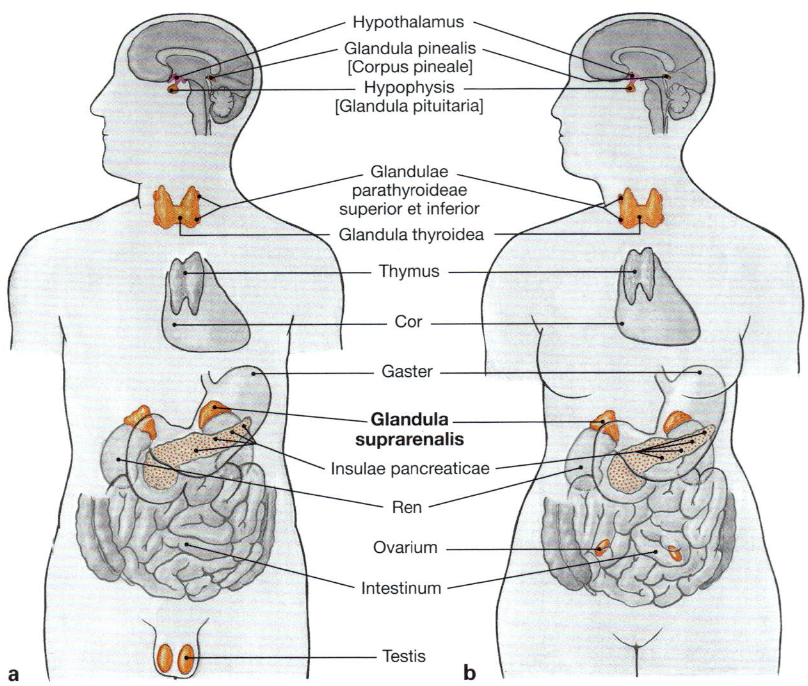

Abb. 7.3a und b Endokrine Organe beim Mann und bei der Frau; Ansicht von ventral.
Die Nebenniere (Glandula suprarenalis) gehört nicht zu den Harnorganen, sondern zu den endokrinen Organen. Sie produziert in ihrer Rinde verschiedene, z.T. lebensnotwendige Steroidhormone, wie z.B. Aldosteron (Mineralokortikoid) und Cortisol (Glukokortikoid), im Mark Katecholamine (Adrenalin und Noradrenalin), die sie in das Blut abgibt.
Da die Nebennieren den Nieren aufsitzen und z.T. von denselben Leitungsbahnen versorgt werden, wird die Nebenniere zusammen mit der Niere abgehandelt.

Projektion von Niere und Nebenniere

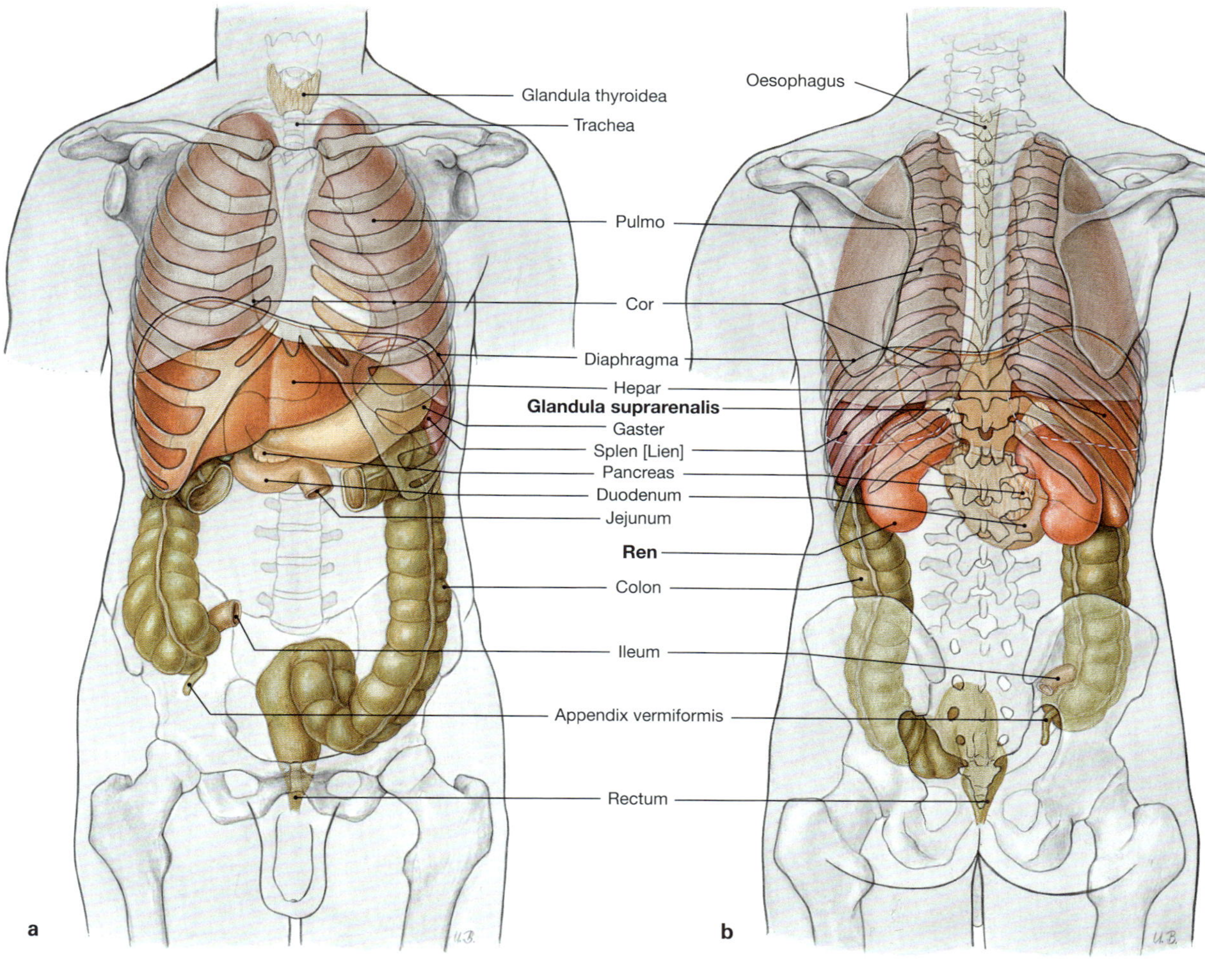

Abb. 7.4a und b Projektion der inneren Organe auf die Körperoberfläche; Ansicht von ventral (**a**) und von dorsal (**b**).
Nieren und Nebennieren liegen **retroperitoneal.** Die Nebennieren sitzen dem oberen Pol der Nieren auf und sind mit diesen in eine gemeinsame Fettkapsel (Capsula adiposa) eingebettet, die von einem Fasziensack (Fascia renalis, GEROTA-Faszie) umhüllt wird.

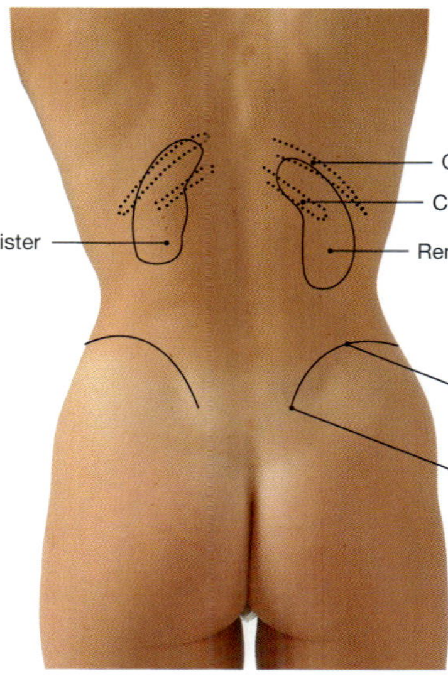

Abb. 7.5 Projektion der Nieren auf die dorsale Rumpfwand.
- oberer Pol: 12. Brustwirbel, XI. Rippe
- Hilum: 2. Lendenwirbel
- unterer Pol: 3. Lendenwirbel

Diese Angaben betreffen die linke Niere.
Die rechte Niere sitzt wegen der Ausdehnung der Leber ca. einen halben Wirbel tiefer. Der obere Pol liegt damit rechts knapp unterhalb der XI. Rippe.
Aufgrund der Nähe zum Zwerchfell ist die Lage der Nieren atemabhängig, so dass sich beide Nieren bei der Einatmung um bis zu 3 cm senken.
Die Nebennieren projizieren sich auf den Hals der XI. und XII. Rippe.

Klinik

Bei der klinischen Untersuchung erfolgt zuerst eine grob orientierende **Untersuchung der Niere** auf Schmerzempfindlichkeit durch einen wohldosierten Faustschlag in die Lendenregion auf Höhe der Nieren, d. h. auf der Rückseite knapp unterhalb der Rippen. Man darf den Patienten dabei allerdings nicht vorwarnen, da sonst durch das Anspannen der Rückenmuskulatur der Schlag zu sehr abgedämpft würde. Bei Entzündung des Nierenbeckens (Pyelonephritis) würde der Patient beispielsweise nicht nur überrascht zusammenzucken, sondern angeben, einen deutlichen Schmerz zu spüren. Diese diagnostische Maßnahme ist auch bei korrekter Durchführung immer eine gewisse Belastungsprobe für die Arzt-Patient-Beziehung.

Entwicklung der Niere

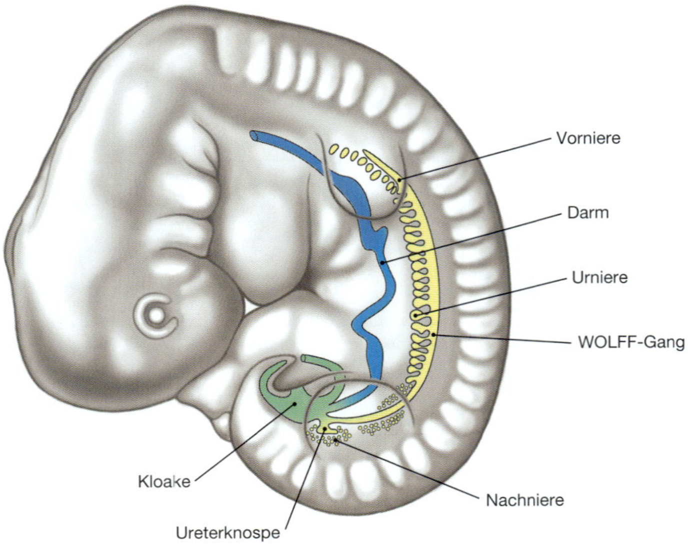

Abb. 7.6 Entwicklung der Nieren in der 5. Entwicklungswoche. (nach [1])
Die Nieren und die ableitenden Harnwege entstehen aus dem Mesoderm, das zunächst beidseits der Somiten einen **nephrogenen Strang** bildet. Aus diesem entwickeln sich von kranial nach kaudal nacheinander **drei Nierengenerationen:**
Die erste Generation ist die **Vorniere** (Pronephros), die sich vollständig zurückbildet.
Die **Urniere** (Mesonephros) hat zwar vorübergehend Ausscheidungsfunktion, bildet sich dann aber, mit Ausnahme ihres primitiven Harnleiters (WOLFF-Gang), ebenfalls zurück. Aus ihr geht beim Mann ein Teil des Kanälchensystems zwischen Hoden und Nebenhoden hervor.
Ab der 5. Woche wird die **Nachniere** (Metanephros) nach Induktion durch die Ureterknospe aus dem WOLFF-Gang zum Parenchym der definitiven Niere (Nephrone).
Die Sammelrohre und die proximalen ableitenden Harnwege (Nierenbecken und Ureter) gehen aus der Ureterknospe selbst hervor.

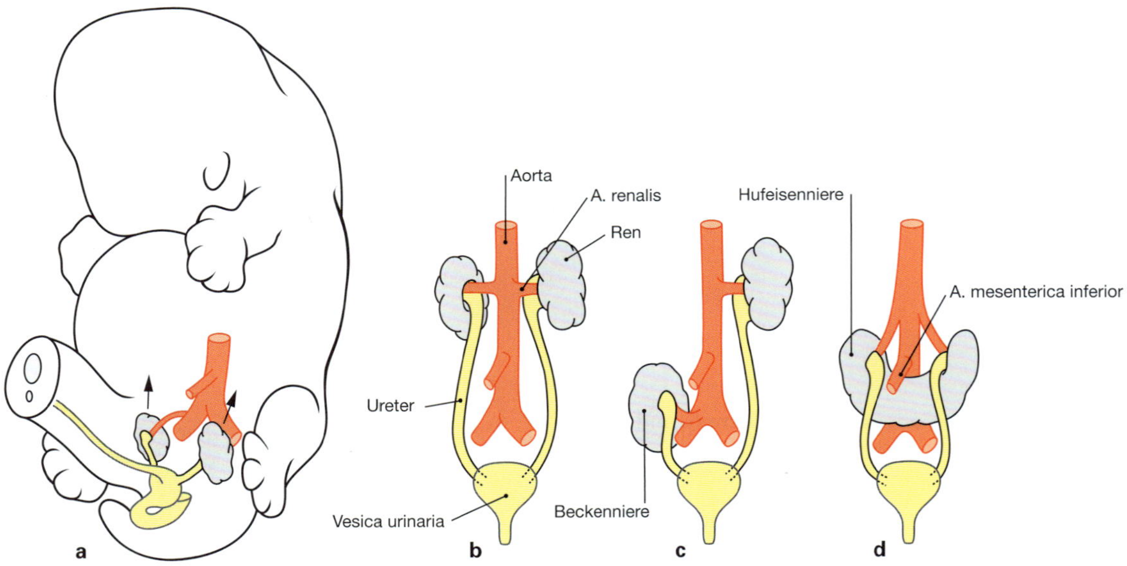

Abb. 7.7a bis d Aszensus der Nieren. (nach [1])
Die Nachniere wird auf Höhe des 1. bis 4. Sakralwirbels angelegt und steigt während der Entwicklung zwischen der 6. und 9. Woche auf (Aszensus). Eigentlich handelt es sich dabei um eine relative Verlagerung, da der kaudal der Nieren lagernde Körperanteil stärker wächst (**a** und **b**).
Bei fehlendem Aszensus kommt es zur Bildung einer Beckenniere (**c**). Wenn sich die beiden Nieren beim Aufstieg zu nahe kommen, können sie zu einer Hufeisenniere (**d**) verschmelzen. Diese bleibt meist unterhalb der definitiven Position zurück, weil sie durch die A. mesenterica inferior am Aszensus gehindert wird.

Klinik

Beckennieren und auch **Hufeisennieren** sind meist Zufallsbefunde und haben keine klinische Bedeutung, solange der Verlauf des Harnleiters dabei nicht beeinträchtigt wird. Verlagerungen des Harnleiters können einen Harnstau bedingen, was durch Druckerhöhung und durch aufsteigende Infektionen zu Nierenschädigungen führen kann.

Entwicklung der Urogenitalorgane

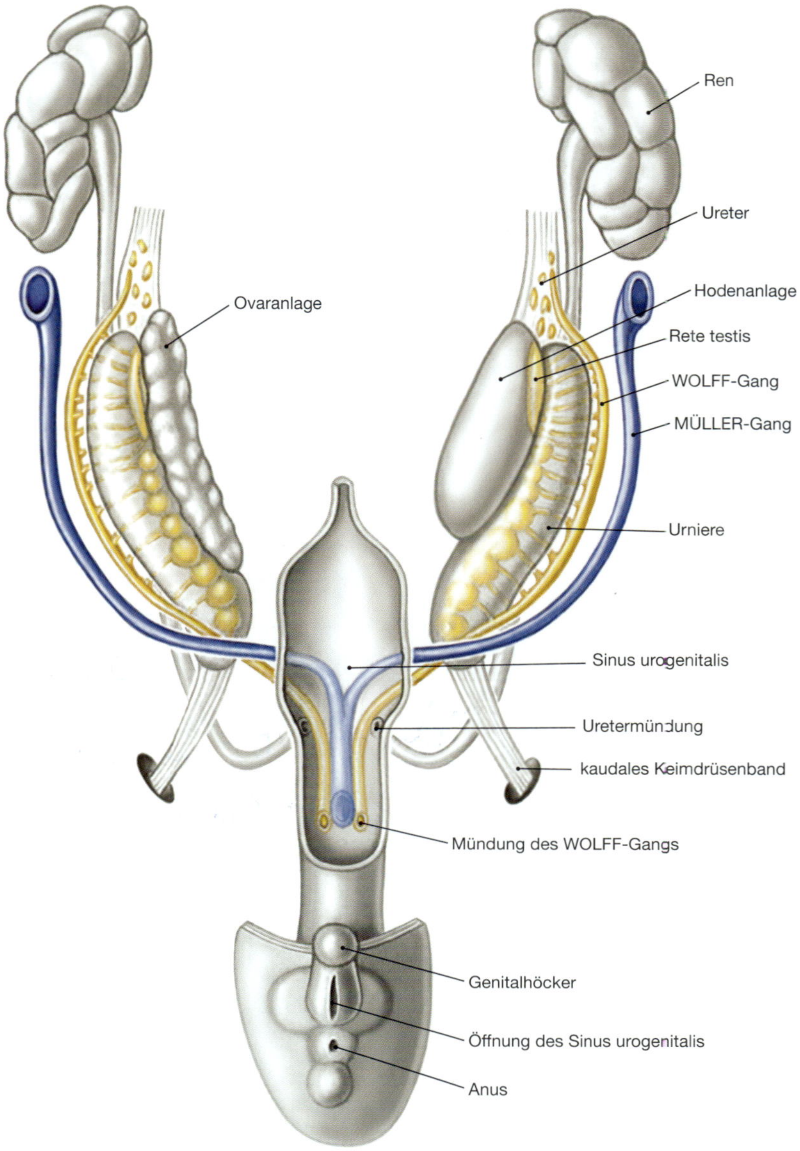

Abb. 7.8 Entwicklung der Harnorgane und frühe Entwicklung der inneren Geschlechtsorgane bei beiden Geschlechtern in der 8. Entwicklungswoche. (nach [1])
Die Nieren entwickeln sich aus der Nachniere (Metanephros) und der Ureterknospe, die aus dem WOLFF-Gang hervorgeht. Die Ureterknospe bildet die proximalen ableitenden Harnwege (Nierenbecken und Ureter), während Harnblase und Harnröhre aus dem Sinus urogenitalis (vorderer Teil der Kloake des Darmrohrs) entstehen.
Die inneren Geschlechtsorgane entwickeln sich bei beiden Geschlechtern bis zur 7. Woche gleich (sexuell indifferentes Stadium). Neben einer Gonade, die sich noch nicht zu Hoden oder Ovar differenziert hat, existieren zwei parallel verlaufende Gangpaare: Urnierengang (Ductus mesonephricus) oder **WOLFF-Gang** und **MÜLLER-Gang** (Ductus paramesonephricus). Im Unterschied zum WOLFF-Gang verschmelzen die distalen Enden des MÜLLER-Gangs vor ihrer Einmündung in den Sinus urogenitalis. Am Ende der 7. Woche entwickelt sich beim männlichen Geschlecht aus der Gonadenanlage der Hoden, beim weiblichen Geschlecht das Ovar. Die Hormone des Hodens (Testosteron und Anti-MÜLLER-Hormon) bewirken dann die Ausdifferenzierung des WOLFF-Gangs zu den inneren männlichen Genitalwegen (→ Abb. 7.43) und die Unterdrückung der Entwicklung des MÜLLER-Gangs. Wenn beide Hormone fehlen, entwickeln sich die inneren weiblichen Genitalwege (→ Abb. 7.73).

Topographie von Niere und Nebenniere

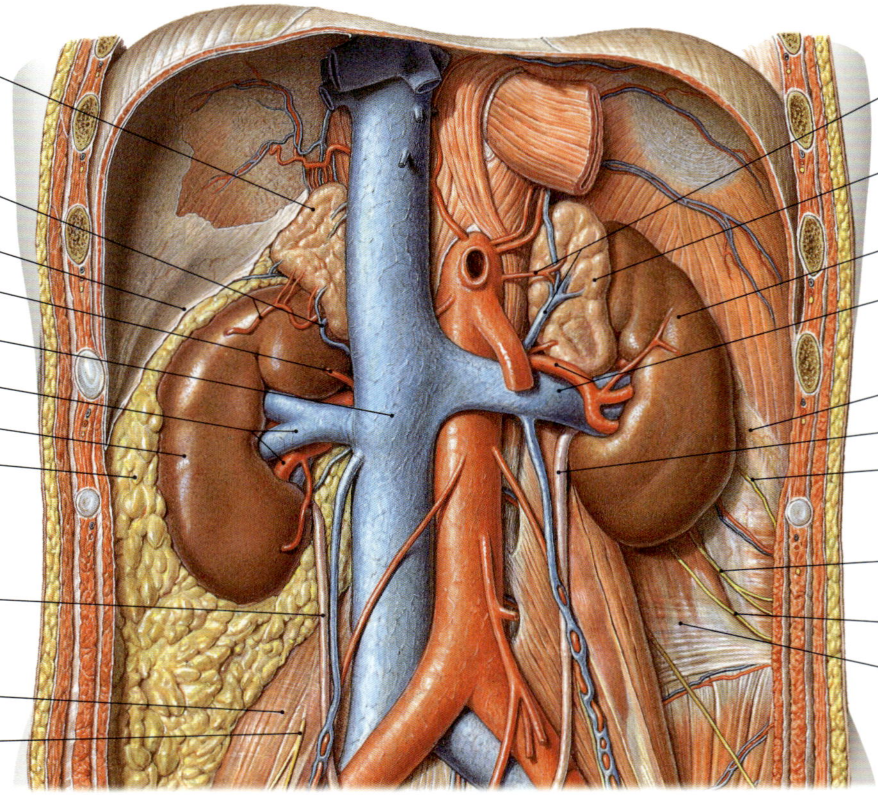

Abb. 7.9 Lage von Niere, Ren [Nephros], und Nebenniere, Glandula suprarenalis, im Retroperitonealraum; Ansicht von ventral.
Niere und Nebenniere liegen im Retroperitonealraum ventral des M. psoas major und des M. quadratus lumborum.
Hüllsysteme: Die Niere besitzt auf ihrer Oberfläche eine Organkapsel aus straffem Bindegewebe (Capsula fibrosa). Zusammen mit der Nebenniere ist sie von einer Fettkapsel (Capsula adiposa) umhüllt. Diese ist von einem Fasziensack (Fascia renalis) umgeben, der nach unten medial für den Durchtritt der Leitungsbahnen und des Harnleiters offen ist. Das vordere Blatt des Fasziensacks wird von den Klinikern als GEROTA-Faszie bezeichnet.
Nähe zu den Nerven des Plexus lumbalis: Zwischen der Nierenfaszie im Bereich des unteren Nierenpols und den Muskeln der dorsalen Rumpfwand verlaufen der N. iliohypogastricus und der N. ilioinguinalis aus dem Plexus lumbalis, die u.a. die Leistenregion sensibel innervieren. Der N. genitofemoralis dagegen verläuft weiter kaudal und hat daher keinen Kontakt zur Niere, sondern nur zum Harnleiter.
Weiter kranial liegen der Nierenrückseite unterhalb der beiden untersten Rippen der 11. und 12. Interkostalnerv an (der 12. Interkostalnerv = N. subcostalis).

Klinik

Die Hüllsysteme und die Lagebeziehungen der Niere sind von klinischer Bedeutung. Bei **bösartigen Tumoren** der Niere werden immer Niere und Nebenniere zusammen einschließlich der GEROTA-Faszie entfernt (Nephrektomie).

Der enge Kontakt der Niere zu N. iliohypogastricus und N. ilioinguinalis erklärt, warum Erkrankungen der Niere, wie Nierenbeckenentzündung (Pyelonephritis) oder eingeklemmte Nierensteine im Becken (Nephrolithiasis), bis **in die Leistenregion ausstrahlende Schmerzen** verursachen können.

Segmente und Lagebeziehungen der Niere

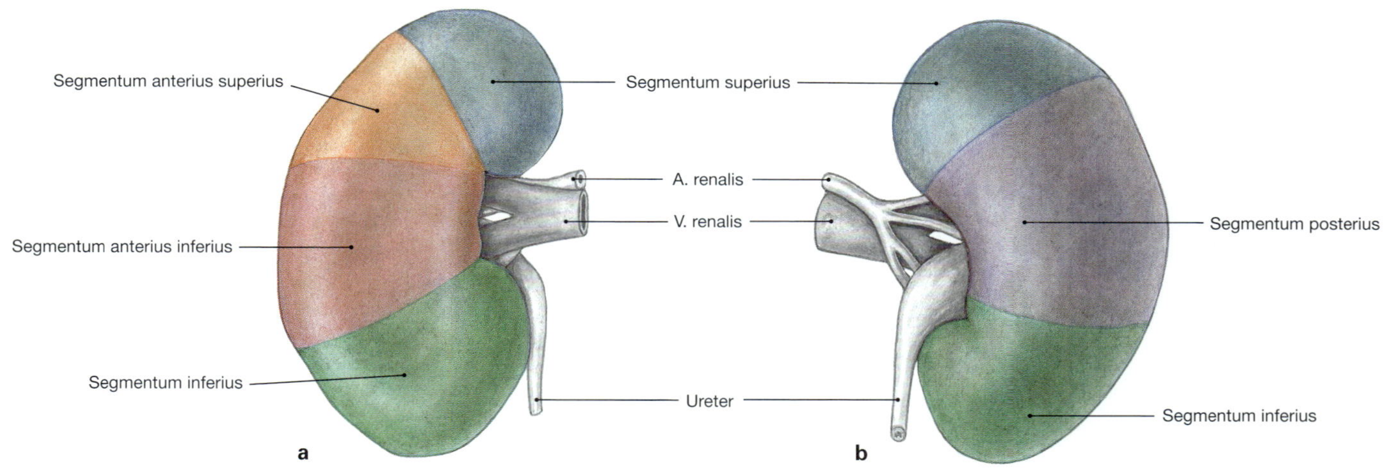

Abb. 7.10a und b Nierensegmente, Segmenta renalia, rechts; Ansicht von ventral (**a**) und von dorsal (**b**).
Die Nierenarterie (A. renalis) verzweigt sich im Bereich des Hilums in einen R. principalis anterior, der mit verschiedenen Ästen das obere, die beiden vorderen und das untere Segment versorgt, und einen R. principalis posterior für das hintere Segment. Bei Verschluss der Äste der A. renalis entspricht die Ausdehnung der **Niereninfarkte** den Segmentgrenzen. Die Verzweigungsmuster sind jedoch sehr variabel.

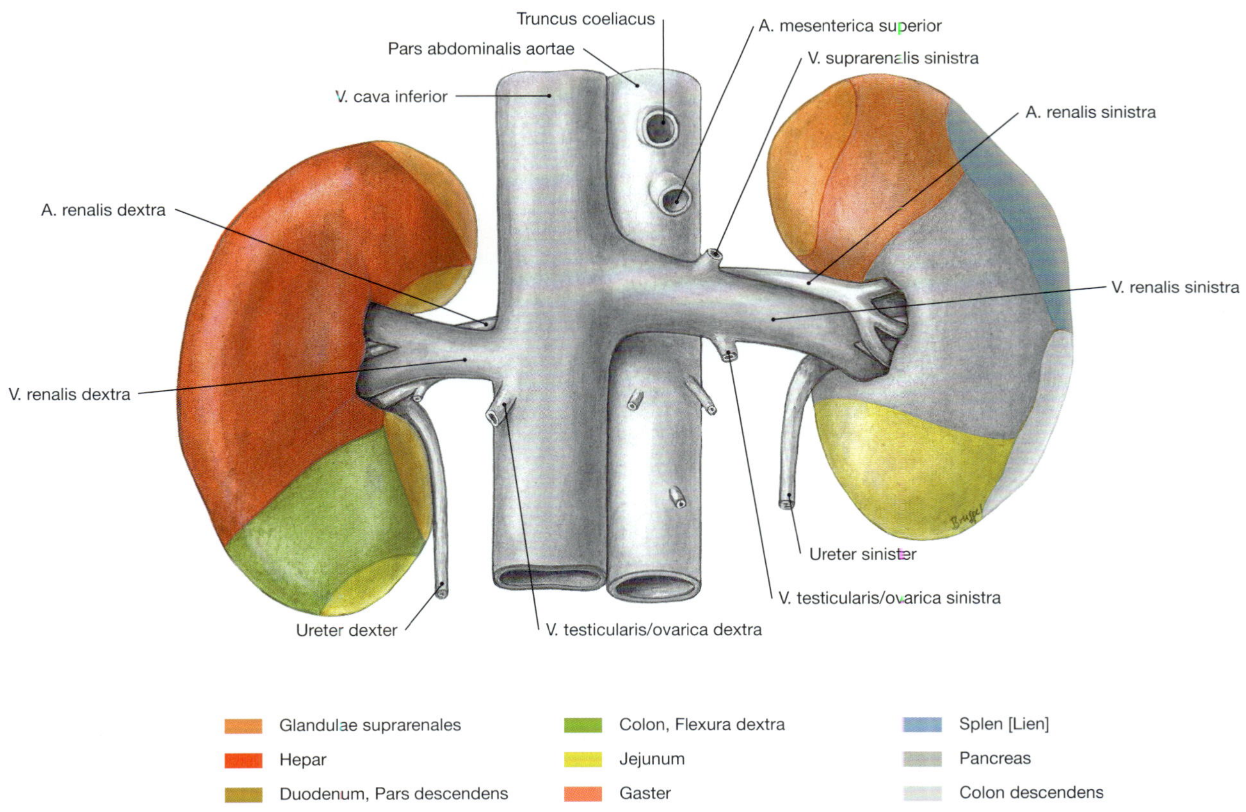

Abb. 7.11 Kontaktflächen der Niere, Ren [Nephros], mit benachbarten Organen; Ansicht von ventral.
Während die Dorsalseite der Niere der hinteren Rumpfwand anliegt, haben die Vorderseiten zu verschiedenen Organen Kontakt. Zusammen mit den Nebennieren sind die Nieren von den Bauchorganen durch Peritoneum parietale, Nierenfaszie und Fettkapsel getrennt, so dass die Kontaktflächen keine klinische Bedeutung haben.

Aufbau der Niere

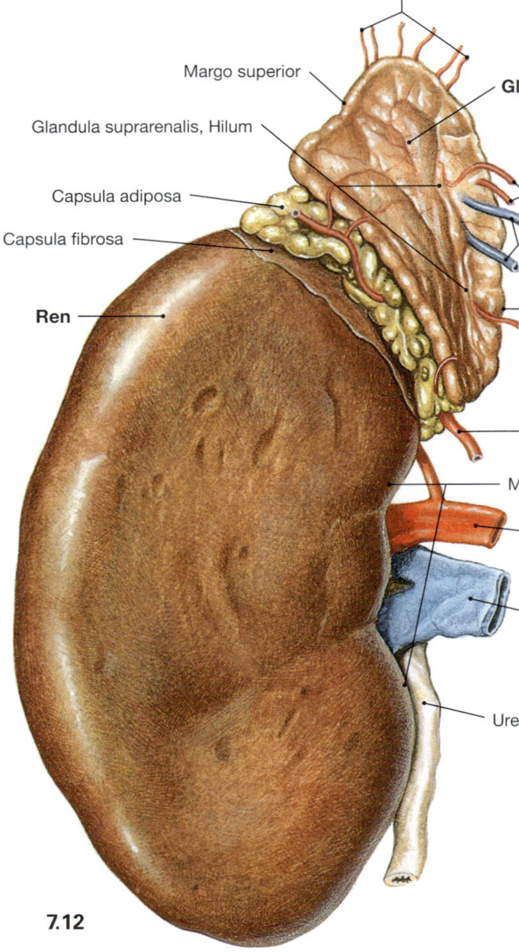

7.12

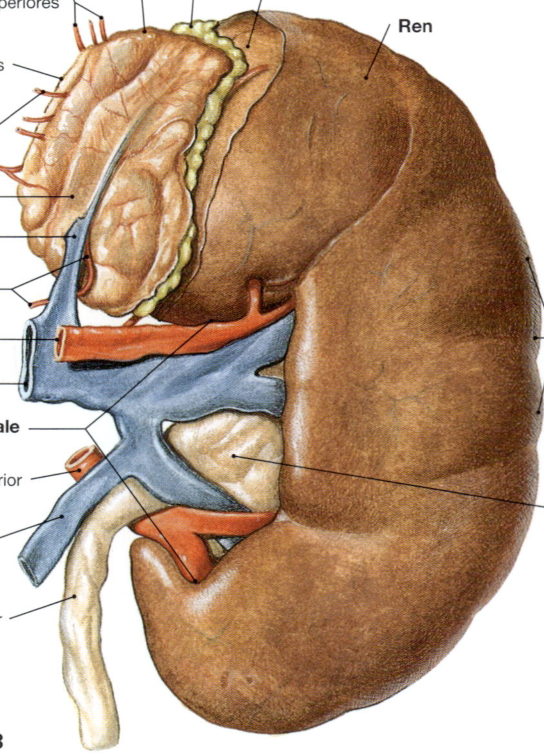

7.13

Abb. 7.12 und Abb. 7.13 Niere, Ren [Nephros], und Nebenniere, Glandula suprarenalis; rechts (→ Abb. 7.12), links (→ Abb. 7.13); Ansicht von ventral.

Die Niere ist „nierenförmig". Sie besitzt einen oberen und einen unteren Pol und dazwischen nach medial ausgerichtet das Nierenhilum (Hilum renale), das den Zugang zu einer Einbuchtung im Inneren (Sinus renalis) darstellt und von Leitungsbahnen und Harnleiter als Ein- und Austrittsöffnung genutzt wird. Die Nebenniere sitzt mit einer abgeplatteten Basis der Niere auf. Die Eintrittsstelle der Blutgefäße am medialen Rand wird manchmal ebenfalls als Hilum bezeichnet.

Aufbau der Niere

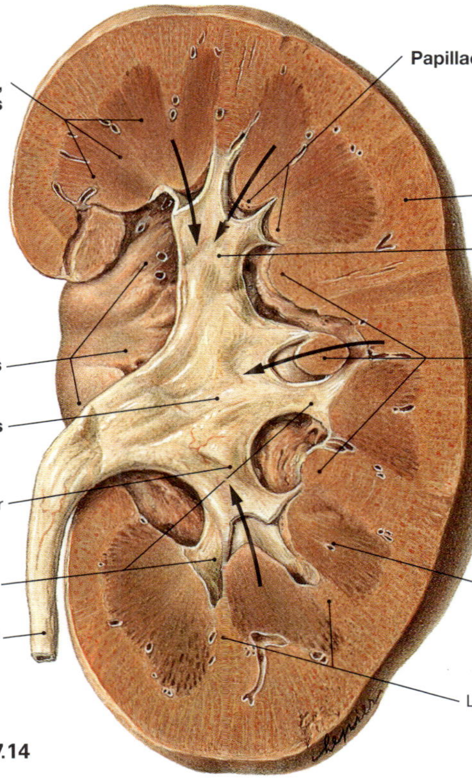

7.14

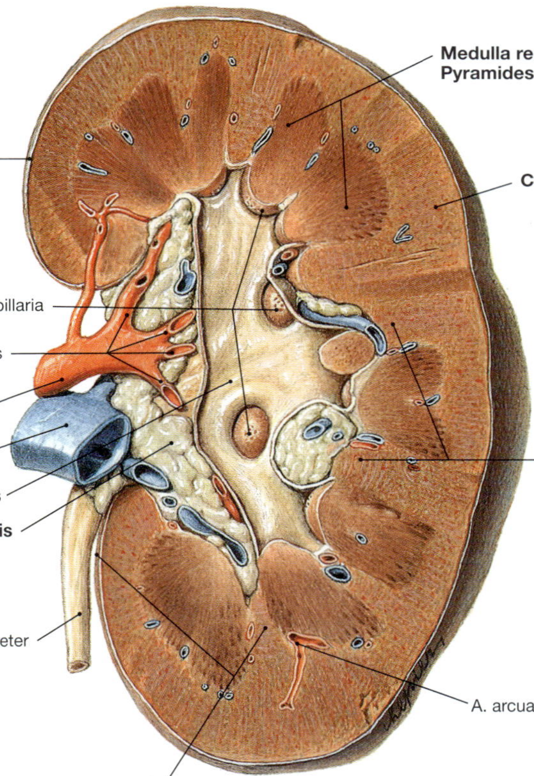

7.15

Abb. 7.14 und Abb. 7.15 Niere, Ren [Nephros], links; Ansicht von ventral; nach vertikaler Halbierung (→ Abb. 7.14), mit freigelegtem und eröffnetem (→ Abb. 7.15) Nierenbecken.

Die Niere gliedert sich in **Rinde** (Cortex renalis) und **Mark** (Medulla renalis). Das Mark ist in verschiedene Abschnitte gegliedert, die nach ihrer Form als **Markpyramiden** (Pyramides renales) bezeichnet werden. Zwischen den Pyramiden liegen Rindenanteile (Columnae renales). Eine Pyramide mit den angrenzenden Rindenanteilen wird als **Nierenlappen** (Lobus renalis) bezeichnet. Die Grenze zwischen den meist ca. 14 Lappen ist auf der äußeren Oberfläche in der Regel beim Erwachsenen nicht erkennbar. Die Pyramiden münden mit ihren Spitzen (Papillae renales) in die **Nierenkelche** (Calices renales majores und minores), wo der Harn abgegeben wird (Pfeile). Das **Nierenbecken** (Pelvis renalis) liegt zusammen mit Fettgewebe und den Leitungsbahnen in einer Einbuchtung des Nierenparenchyms (Sinus renalis).

Aufbau der Niere

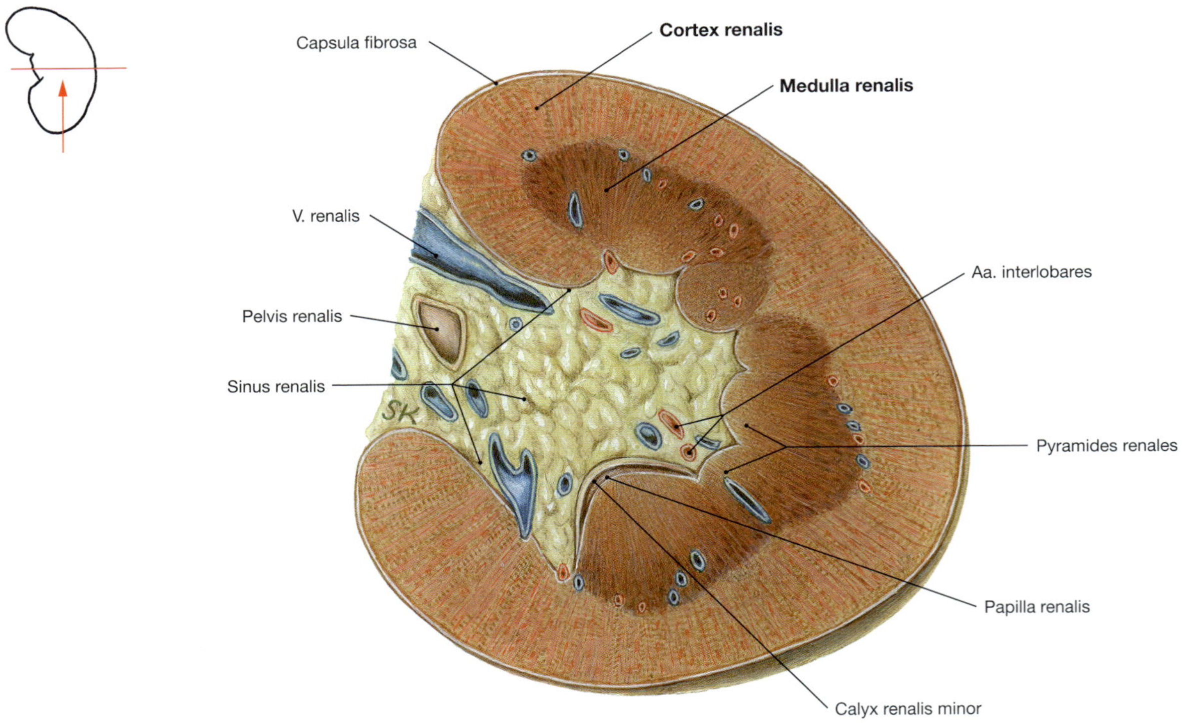

Abb. 7.16 Niere, Ren [Nephros]; Transversalschnitt durch die Nierenbucht (Sinus renalis); Ansicht von kaudal.

Das Parenchym der Niere gliedert sich in Rinde (Cortex renalis) und Mark (Medulla renalis).

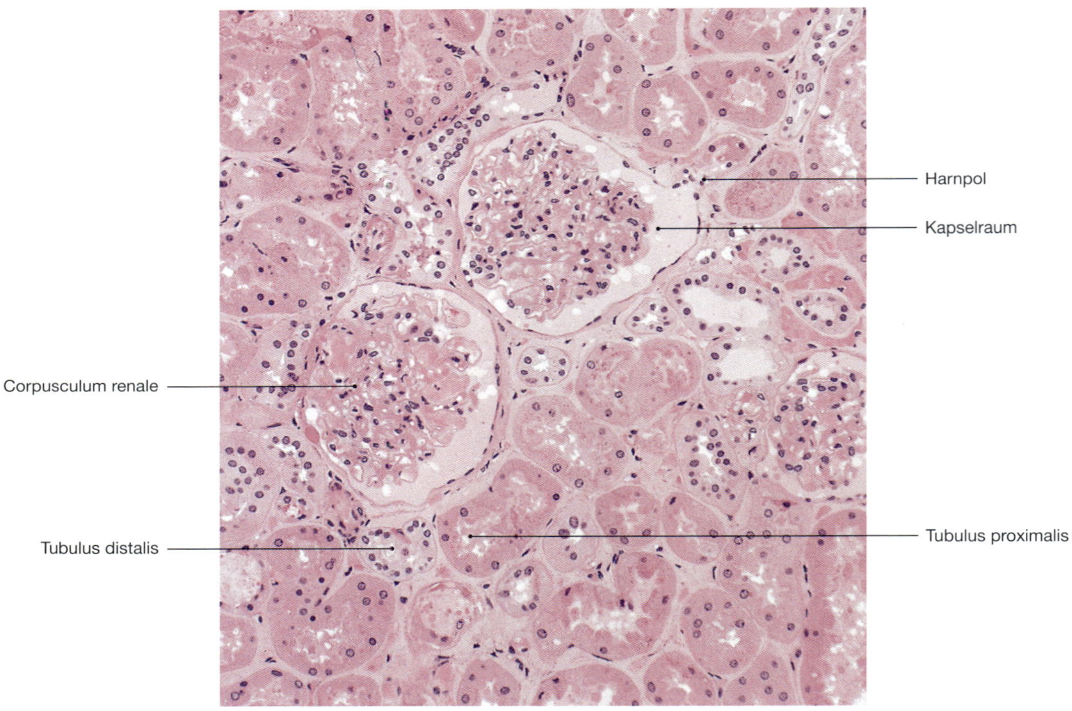

Abb. 7.17 Nierenrinde, Cortex renalis; mikroskopischer Ausschnitt 100-fach. [26]
Das gesamte Parenchym der Niere besteht aus Nephronen und Sammelrohren. Die Nephrone setzen sich aus den Nierenkörperchen und einem Tubulussystem zusammen. In der Rinde befinden sich im Unterschied zum Mark Nierenkörperchen (Corpuscula renalia). Im Kapillarknäuel (Glomerulus) des Nierenkörperchens wird der Primärharn als Ultrafiltrat aus dem Blut in den Kapselraum abgepresst (170 l/Tag). Von dort gelangt er am Harnpol in den proximalen Tubulus (Tubulus proximalis). Im Tubulussystem und im Sammelrohr wird der überwiegende Teil des Primärharns durch Resorption wieder aufgenommen und zusätzlich durch Sekretion in seiner Zusammensetzung verändert, bevor er als Endharn an den Nierenpapillen in das Nierenbecken abgegeben wird (1,7 l/Tag).

Aufbau der Niere

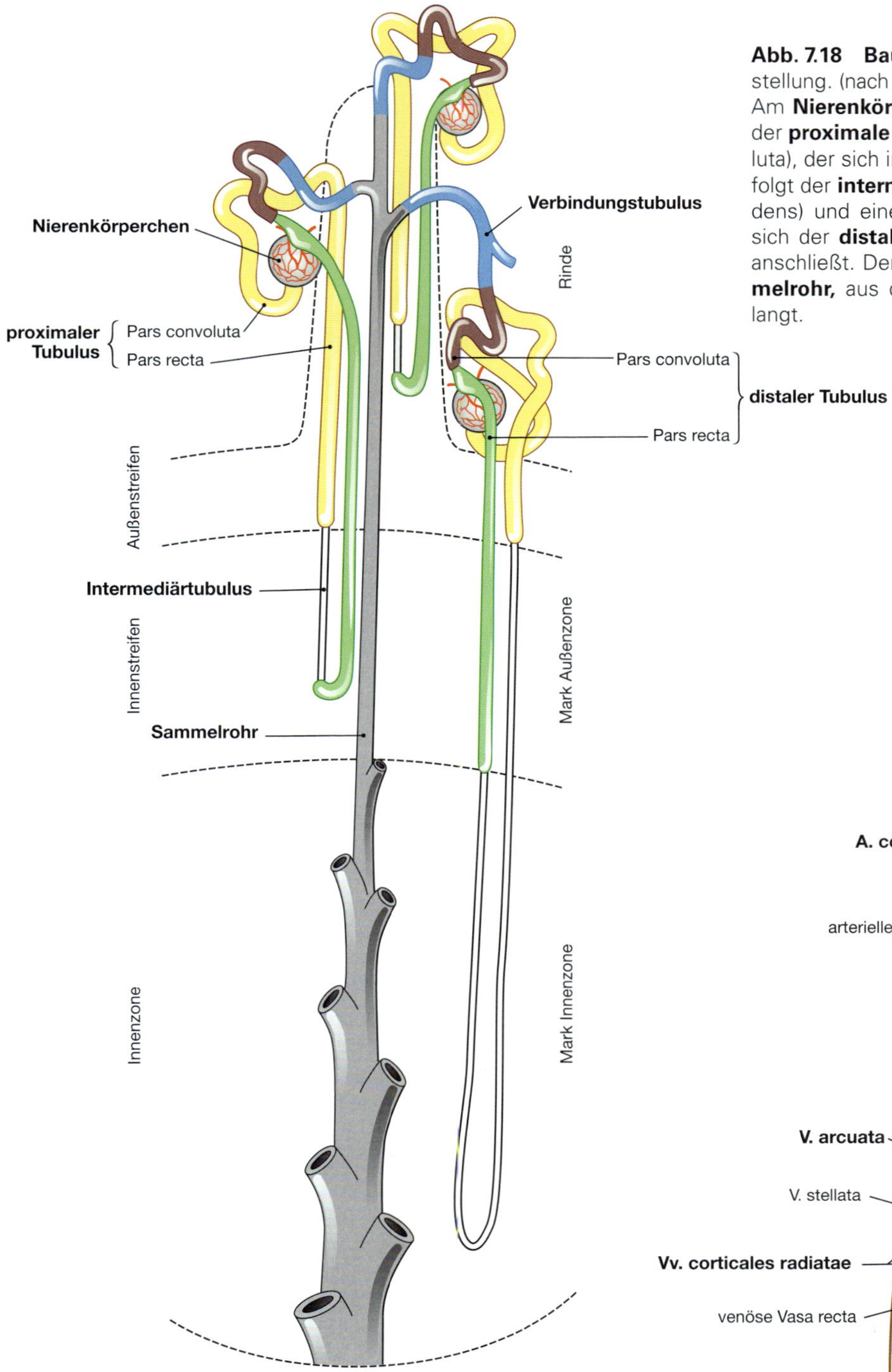

Abb. 7.18 Bau von Nephron und Sammelrohr; schematische Darstellung. (nach [1])
Am **Nierenkörperchen,** in dem der Primärharn gebildet wird, beginnt der **proximale Tubulus** mit einem gewundenen Abschnitt (Pars convoluta), der sich in einen geraden Abschnitt (Pars recta) fortsetzt. Danach folgt der **intermediäre Tubulus** mit einem absteigenden (Pars descendens) und einem aufsteigenden Schenkel (Pars ascendens), an den sich der **distale Tubulus** (wieder mit Pars recta und Pars convoluta) anschließt. Der **Verbindungstubulus** bildet den Übergang zum **Sammelrohr,** aus dem der Endharn schließlich in das Nierenbecken gelangt.

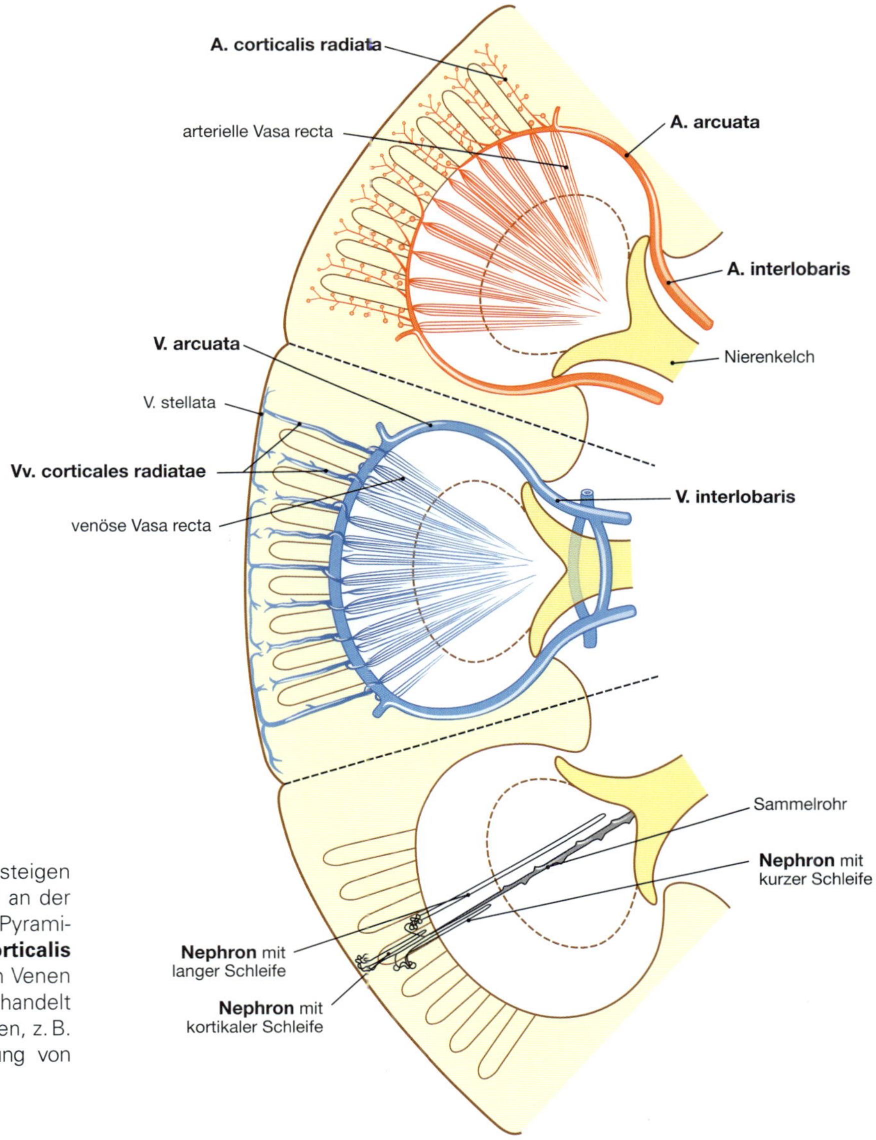

Abb. 7.19 Verlauf von Arterien (rot), Venen (blau) und Nephronen (grau) im Parenchym der Niere; schematische Darstellung. (nach [1])
A. und **V. renalis** verzweigen sich im Bereich des Hilums und steigen als **A.** und **V. interlobaris** am Rand der Pyramiden auf, ziehen an der Rinden-Mark-Grenze als **A.** und **V. arcuata** bogenförmig um die Pyramiden herum und verlassen diese an deren Basis als **A.** und **V. corticalis radiata,** die zur Kapsel hin aufsteigen. Im Unterschied zu den Venen bilden die Arterien keine geschlossenen Gefäßbögen, d. h., es handelt sich um Endarterien. Daher kommt es bei Verschluss der Arterien, z. B. durch ein verschlepptes Blutgerinnsel (Embolie), zur Ausbildung von **Niereninfarkten.**
In den Nierenlappen sind die Nephrone radiär angeordnet.

Aufbau der Nebenniere

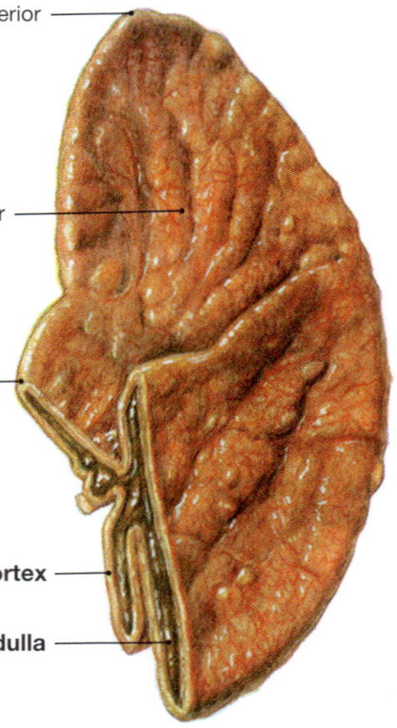

Abb. 7.20 Nebenniere, Glandula suprarenalis, rechts; Ansicht von ventral.
Die Nebenniere besteht aus Rinde (Cortex) und Mark (Medulla), die entwicklungsgeschichtlich und funktionell völlig verschieden sind. Die Rinde entsteht aus dem Mesoderm in der Wand der Leibeshöhle (Zölomepithel), das Mark dagegen aus der Neuralleiste und entspricht daher einem modifizierten sympathischen Ganglion.

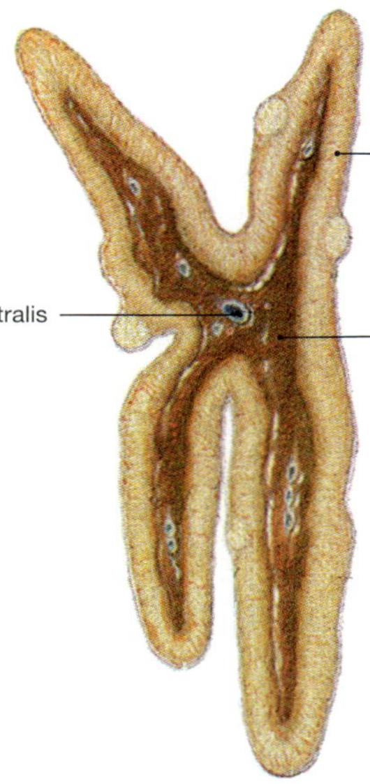

Abb. 7.21 Nebenniere, Glandula suprarenalis, rechts; Sagittalschnitt; Ansicht von lateral.
Die Nebenniere ist eine lebensnotwendige endokrine Drüse. Die **Rinde** produziert **Steroidhormone** (Mineralokortikoide, Glukokortikoide, Androgene), das **Mark Katecholamine** (Adrenalin und Noradrenalin), die Stoffwechsel und Blutdruck regulieren.

Klinik

Wenn beide Nebennieren aufgrund von Erkrankungen entfernt werden, müssen Mineralo- und Glukokortikoide medikamentös ersetzt werden, da es sonst zu **lebensgefährlichen Schockzuständen** durch zu niedrigen Blutzucker (Hypoglykämie) und durch Blutdruckabfall (Hypotonie) kommen kann. Dies kann auch bei Insuffizienz der Nebennieren der Fall sein (Morbus ADDISON).

Blutgefäße der Niere

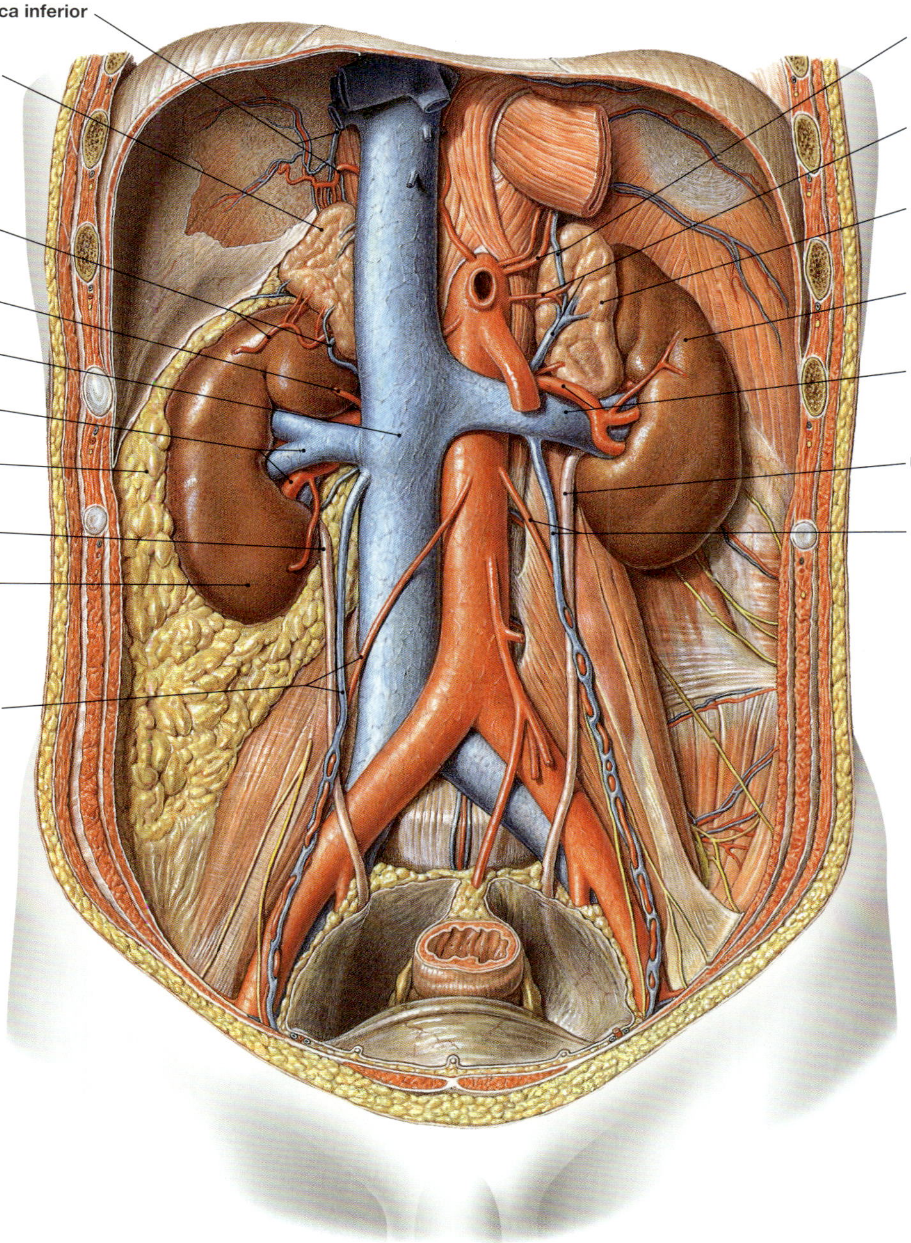

Abb. 7.22 Verlauf der A. und V. renalis; Ansicht von ventral.

Die **Aa. renales** entspringen paarig aus dem Bauchabschnitt der Aorta und verlaufen dorsal der Venen zum Hilum der Niere, wobei die rechte A. renalis hinter der V. cava inferior entlang zieht. Am Hilum verzweigen sie sich in mehrere Äste.

Die **Vv. renales** münden beidseits in die V. cava inferior. Auf der **linken Seite** nimmt die V. renalis drei Venen auf, rechts münden die entsprechenden Venen eigenständig in die V. cava inferior:

- V. suprarenalis sinistra
- V. testicularis/ovarica sinistra
- V. phrenica inferior sinistra

Die **regionären Lymphknoten** der Niere sind die Nodi lymphoidei lumbales um Aorta und V. cava inferior.

Die **vegetative Innervation** der Niere erfolgt durch postganglionäre sympathische Nervenfasern aus dem Ganglion aorticorenale, die um die A. renalis den Plexus renalis bilden.

Klinik

Da Nierenkarzinome oft in die Nierenvenen einwachsen, kann es beim Mann bei einem Tumor auf der linken Seite zu einem Rückstau in die V. testicularis mit einer knäuelartigen Erweiterung der Venen im Hodensack kommen **(Varikozele).** Daher muss bei einer linksseitigen Varikozele immer auch ein Nierentumor ausgeschlossen werden!

Blutgefäße von Niere und Nebenniere

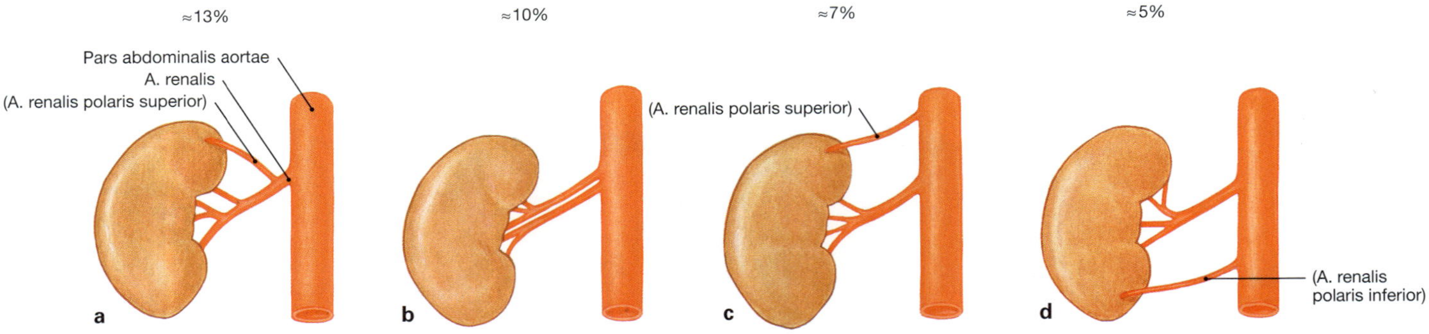

Abb. 7.23a bis d Varietäten der arteriellen Nierenversorgung; Ansicht von ventral.
Polarterien gelangen nicht über das Hilum, sondern direkt in das Nierenparenchym hinein. **Akzessorische** Arterien entspringen dagegen selbstständig aus der Aorta.

- **a** A. renalis mit einem Ast als oberer Polarterie
- **b** zwei Aa. renales zum Nierenhilum
- **c** akzessorische obere Polarterie
- **d** akzessorische untere Polarterie

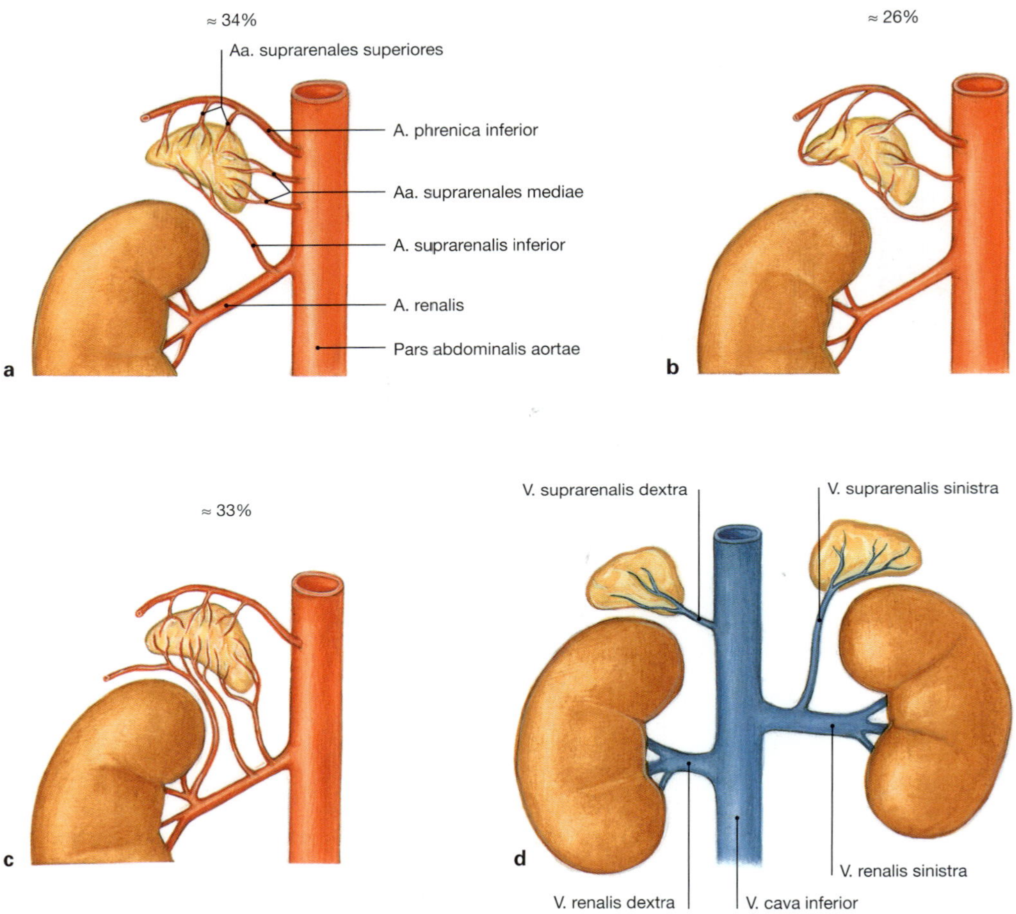

Abb. 7.24a bis d Nebennierenarterien, Aa. suprarenales, und Nebennierenvene, V. suprarenalis; Ansicht von ventral.
Im Regelfall gibt es **drei Nebennierenarterien:**

- A. suprarenalis superior: entspringt aus der A. phrenica inferior
- A. suprarenalis media: direkt aus der Aorta
- A. suprarenalis inferior: Ast der A. renalis

Diese „Luxusperfusion" verhindert, dass es zu Organinfarkten kommt, die das lebenswichtige Organ gefährden könnten.
Varietäten der Nebennierenarterien:

- **a** arterielle Versorgung über drei Arterien (Lehrbuchfall)
- **b** arterielle Versorgung ohne Zufluss aus der A. renalis
- **c** arterielle Versorgung ohne Arterie direkt aus der Aorta

Dagegen gibt es pro Nebenniere nur **eine Nebennierenvene,** die das Blut sammelt und rechts in die V. cava inferior bzw. links in die V. renalis leitet (**d**).
Die **regionären Lymphknoten** der Nebenniere sind die Nodi lymphoidei lumbales um Aorta und V. cava inferior.
Die **vegetative Innervation** erfolgt durch präganglionäre (!) sympathische Nervenfasern aus den Nn. splanchnici (das Nebennierenmark entspricht einem modifizierten sympathischen Ganglion).

Niere, Bildgebung

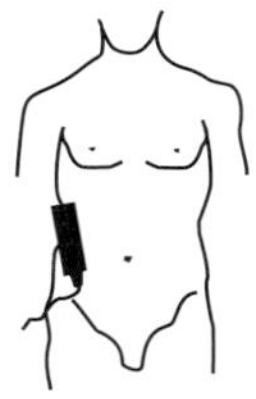

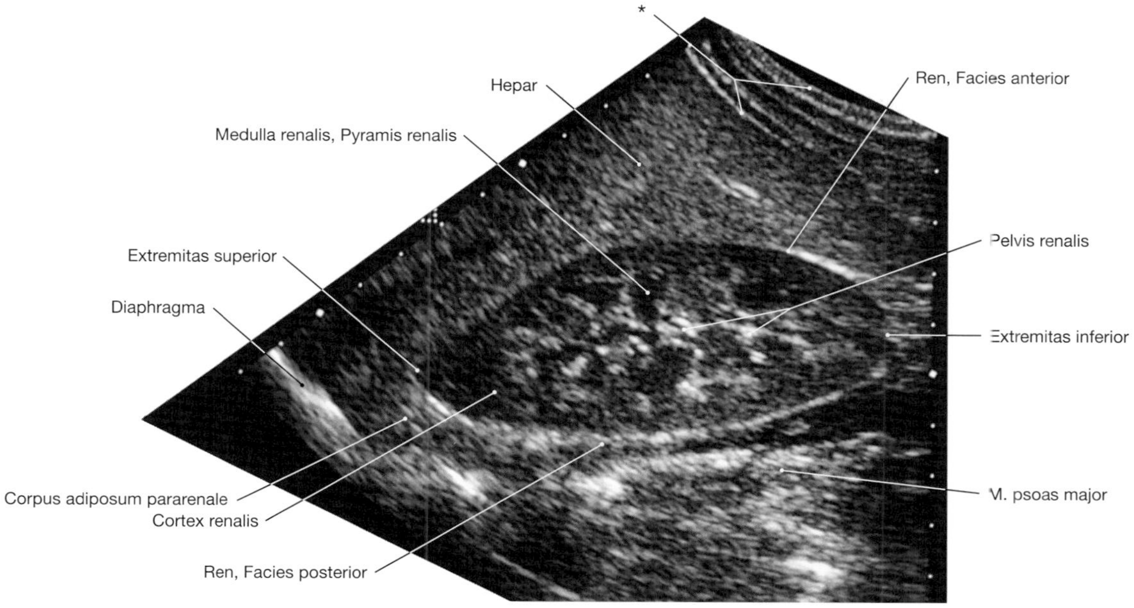

Abb. 7.25 Niere, Ren [Nephros], rechts; Ultraschallbild; Ansicht von lateral; Schallkopf annähernd senkrecht gestellt.

* Bauchwand

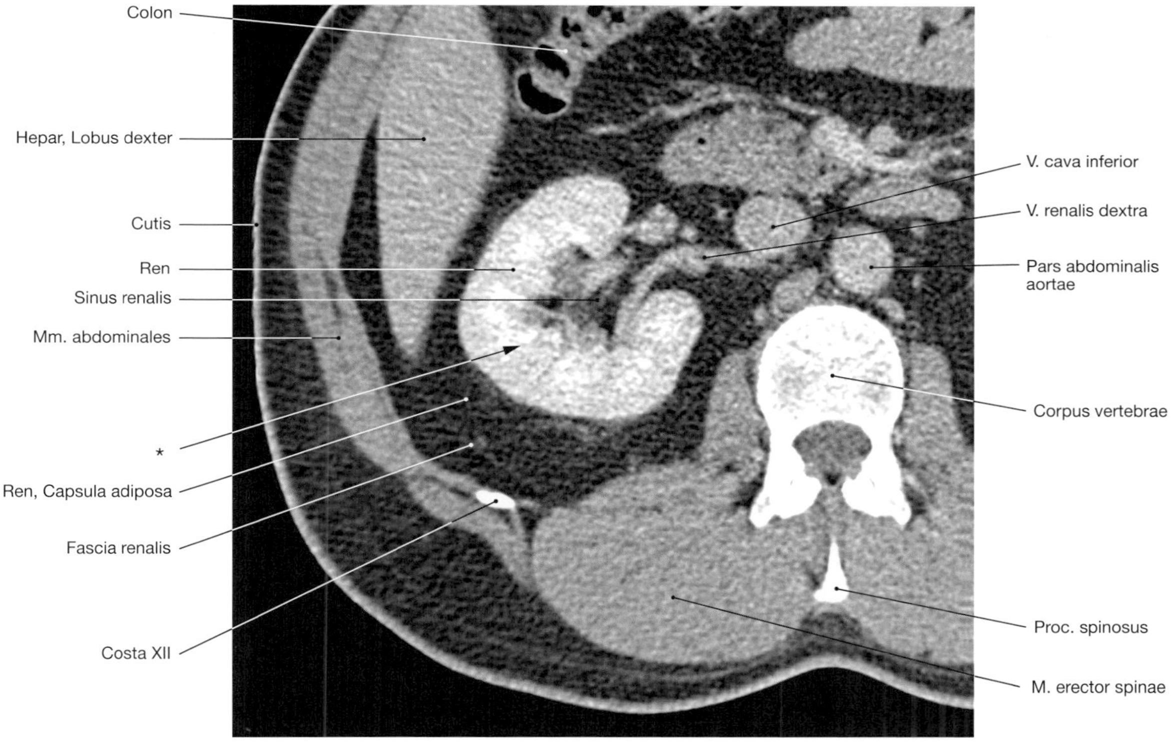

Abb. 7.26 Niere, Ren [Nephros], rechts; computertomographischer Querschnitt (CT); Ansicht von kaudal.

Es kann auch CT-gesteuert punktiert werden, um z. B. unklare Funktionsstörungen abzuklären

* Führung der Nadel zur Nierenbiopsie

Klinik

Die **Sonographie** eignet sich gut zur Darstellung der Nieren. Raumforderungen, wie Zysten oder Tumoren, können meist gut erkannt werden. Bei unklaren Befunden bietet sich die **CT-Untersuchung** an, mit der man auch zuverlässig Lymphknotenmetastasen in lumbalen Lymphknoten erkennen und einen Einbruch der Tumoren in die Nierenvenen nachweisen kann.

Nierenbecken und Harnleiter

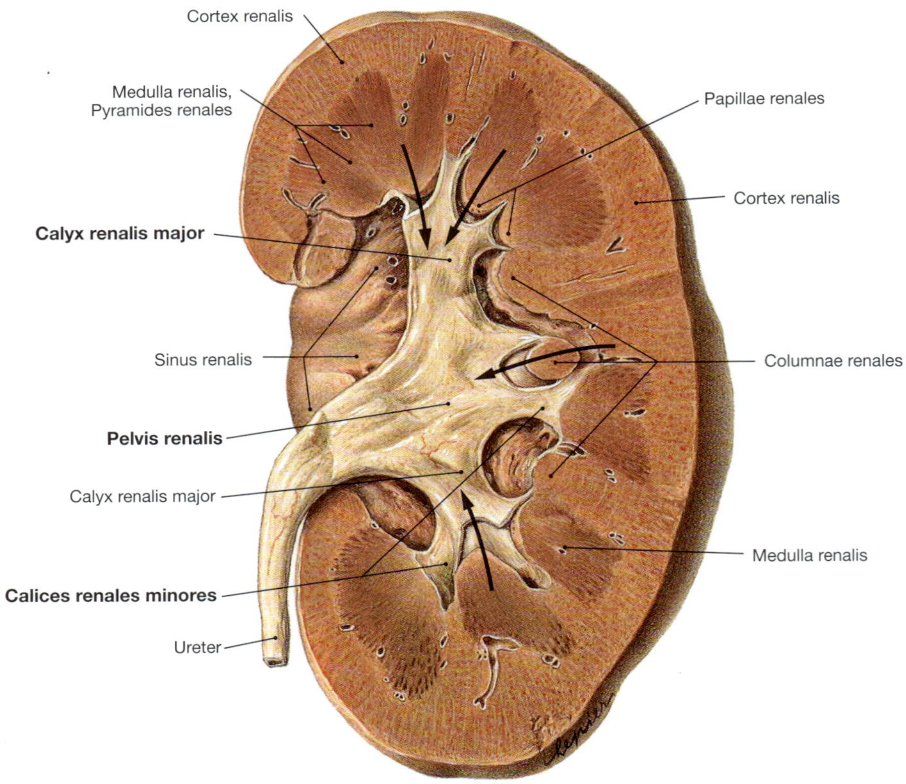

Abb. 7.27 Nierenbecken, Pelvis renalis, links; Ansicht von ventral.

Von den Pyramiden wird der Endharn in die Nierenkelche (Calices renales) abgegeben (Pfeile).

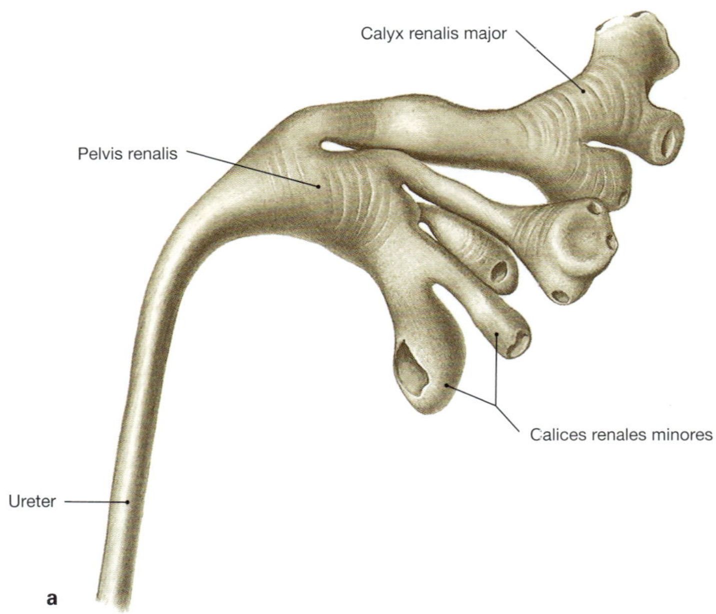

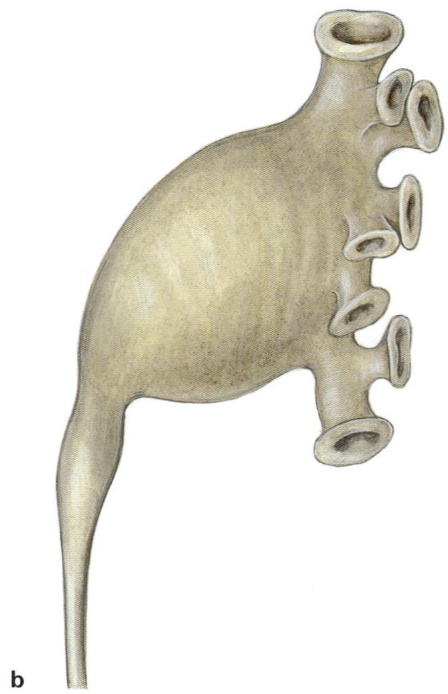

Abb. 7.28a und b Nierenbecken, Pelvis renalis, links; Ausgusspräparate, Ansicht von ventral.

Nach der Weite und der Länge der Nierenkelche unterscheidet man beim Nierenbecken einen dendritischen Typ (**a**) und einen ampullären Typ (**b**).

Harnleiter

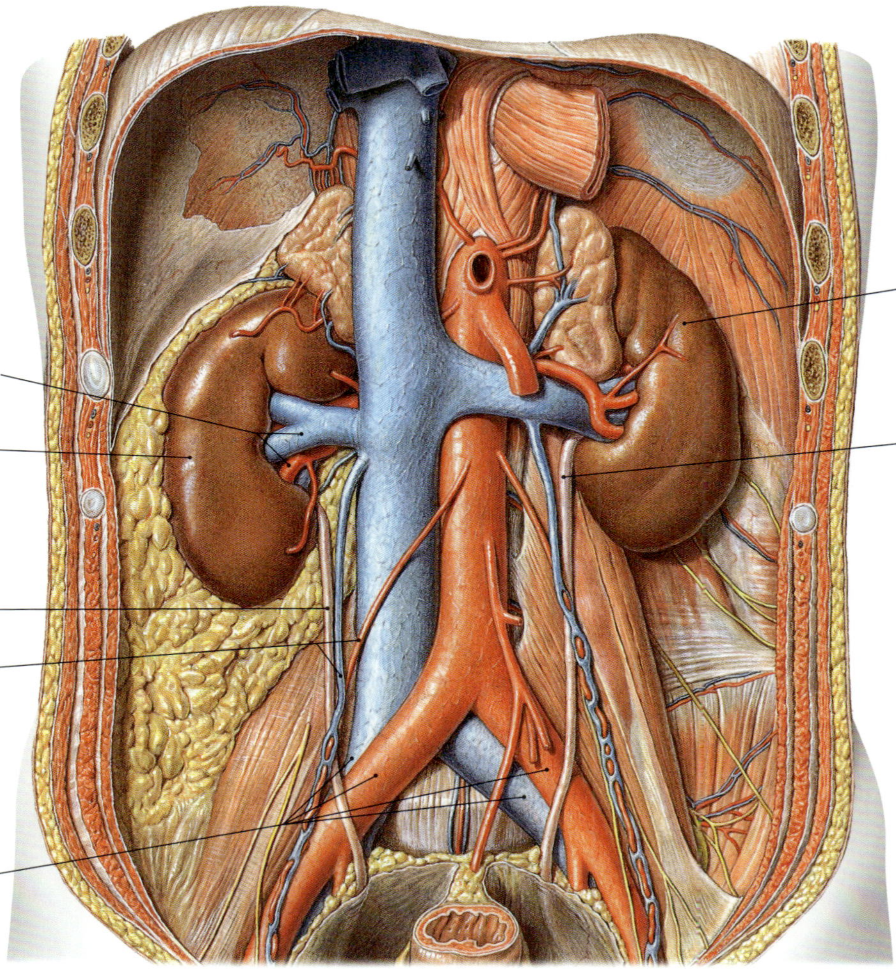

Abb. 7.29 Abschnitte, Engstellen und Verlauf des Harnleiters, Ureter; Ansicht von ventral.

Abschnitte:

- Pars abdominalis: im Retroperitonealraum
- Pars pelvica: im kleinen Becken
- Pars intramuralis: durchquert die Harnblasenwand

Engstellen:

- am Abgang vom Nierenbecken
- an der Überkreuzung der A. iliaca communis oder externa
- am Durchtritt durch die Harnblasenwand (engste Stelle)

Verlauf:

Über-unter-über-unter-Regel: Der Harnleiter zieht erst **über** den N. genitofemoralis, **unter**quert A. und V. testicularis/ovarica, **über**quert A. und V. iliaca und **unter**kreuzt dann beim Mann den Ductus deferens und bei der Frau die A. uterina.

Klinik

Abgehende **Nierensteine** können an den Engstellen stecken bleiben und dann sehr starke, wellenförmig verlaufende Schmerzen (Nierenkoliken) verursachen. Die Nähe des Ureters zur A. uterina muss bei **Entfernung des Uterus** (Hysterektomie) berücksichtigt werden, damit nicht mit der Arterie auch der Ureter abgebunden wird. Ein Harnstau würde zu einer irreversiblen Schädigung der Niere führen.

Nierenbecken und Harnleiter, Bildgebung

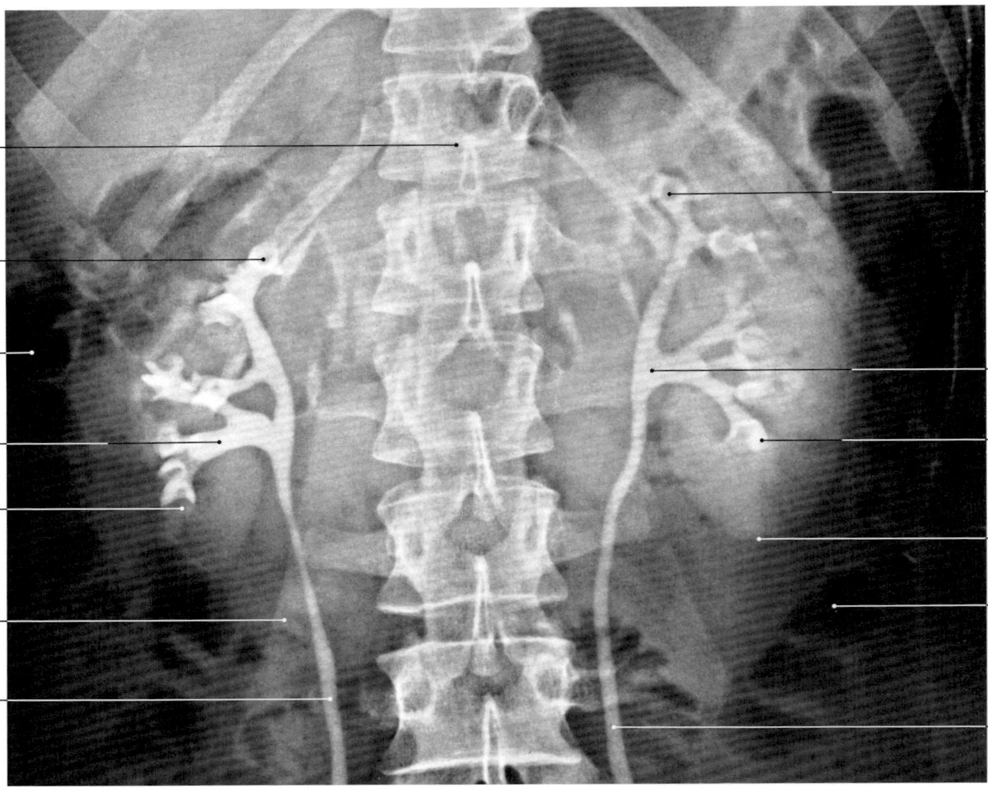

Abb. 7.30 Nierenbecken, Pelvis renalis, und Harnleiter, Ureter; Röntgenbild im antero-posterioren (ap) Strahlengang nach retrograder Injektion eines Röntgenkontrastmittels über beide Ureteren; Ansicht von ventral.

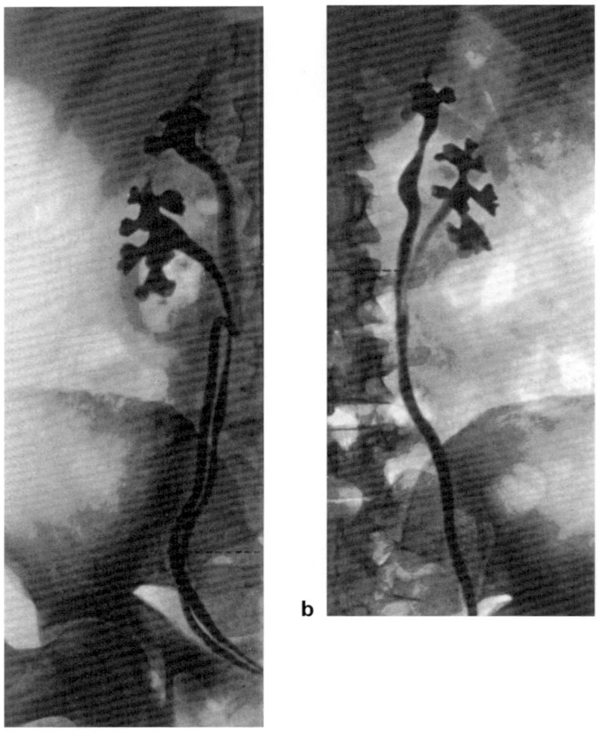

Abb. 7.31a und b Häufige Varietäten des Harnleiters, Ureter; Röntgenbilder im antero-posterioren (ap) Strahlengang nach retrograder Injektion eines Röntgenkontrastmittels; Ansicht von ventral. [18]
a doppelter Harnleiter (Ureter duplex)
b gespaltener Harnleiter (Ureter fissus)
In beiden Fällen sind zwei Nierenbecken vorhanden.

Klinik

Der **Ureter fissus** ist meist ein Zufallsbefund und hat keine klinische Bedeutung. Dagegen kommt es beim **Ureter duplex** oft zu Fehleinmündungen im Bereich der Harnblase, die zu Harnreflux oder Inkontinenz führen können. Meist überkreuzen sich die beiden Harnleiter (MEYER-WEIGERT-Regel). In der Regel mündet der dem höher gelegenen Nierenbecken entspringende Harnleiter an einer tiefer gelegenen Stelle in die Harnblase oder sogar noch weiter distal in die Harnröhre, was eine Harninkontinenz zur Folge haben kann. Der höher einmündende, meist dem unteren Nierenbecken entspringende Harnleiter hat dagegen meist eine kürzere Pars intramuralis im Bereich der Harnblasenwand, so dass es hier zu Harnreflux kommen kann. Ein Reflux begünstigt aufsteigende Infektionen, die zu einer dauerhaften Schädigung der Niere führen können.

Aufbau der Harnblase

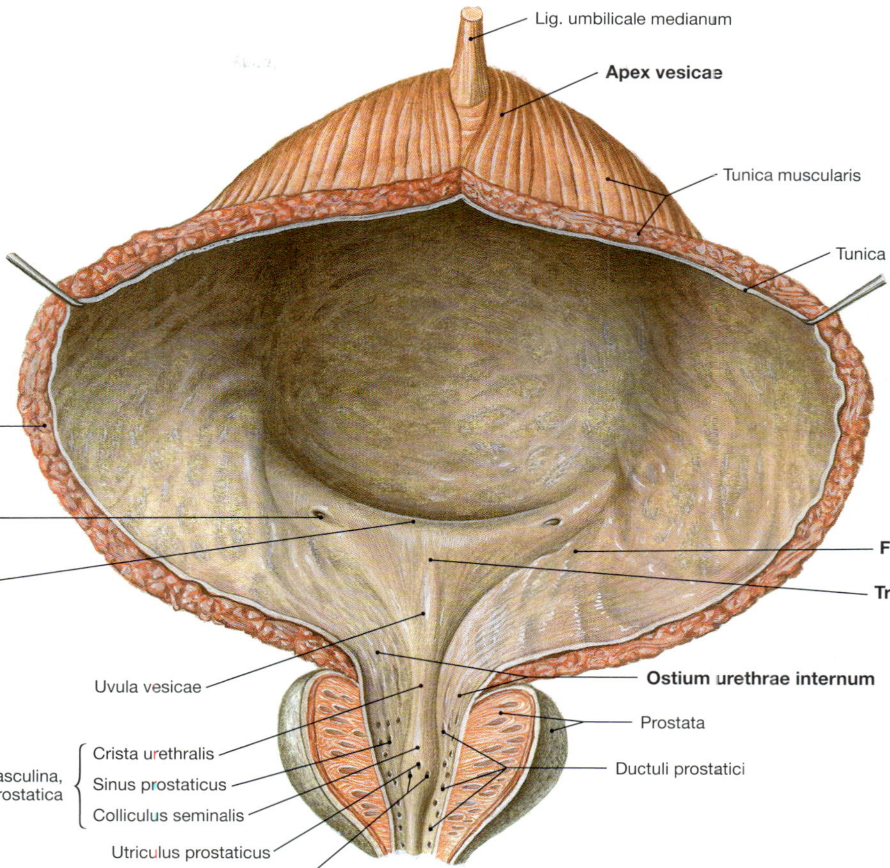

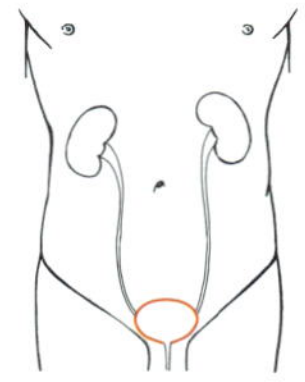

Abb. 7.32 Harnblase, Vesica urinaria, und Abgang der Harnröhre, Urethra, beim Mann; Ansicht von ventral.
Die Harnblase liegt **subperitoneal** und gliedert sich in einen Körper (Corpus vesicae), der nach oben zur Spitze (Apex vesicae) ausläuft und unten einen Blasengrund (Fundus vesicae) besitzt. Am Fundus bildet der Abgang der Harnröhre (Ostium urethrae internum) mit der beidseits gelegenen Einmündung der Harnleiter (Ostium ureteris) das **Blasendreieck** (Trigonum vesicae). Die Harnblase hat ein Fassungsvermögen von 500–1500 ml, bei 250–500 ml tritt allerdings bereits Harndrang auf. Die Wand besteht innen aus Schleimhaut (Tunica mucosa), gefolgt von einer parasympathisch aktivierten dreischichtigen Muskelschicht (Tunica muscularis = M. detrusor vesicae) aus glatter Muskulatur und außen von einer Tunica adventitia bzw. kranial der Tunica serosa des Peritoneums.

Die Harnblase ist von paravesikalem Fettgewebe umgeben und durch verschiedene **Bänder** fixiert. Von der Spitze zieht das Lig. umbilicale medianum (enthält den Urachus = Relikt des Allantoisgangs vom späteren Sinus urogenitalis in die Nabelschnur) zum Bauchnabel. Bei der Frau bewirkt beidseits das Lig. pubovesicale (→ Abb. 7.116), beim Mann das Lig. puboprostaticum (→ Abb. 7.115) eine Verankerung am knöchernen Becken. Beim Mann liegt die Vorsteherdrüse (Prostata) direkt unter dem Blasengrund und wird von der Harnröhre durchquert.

a
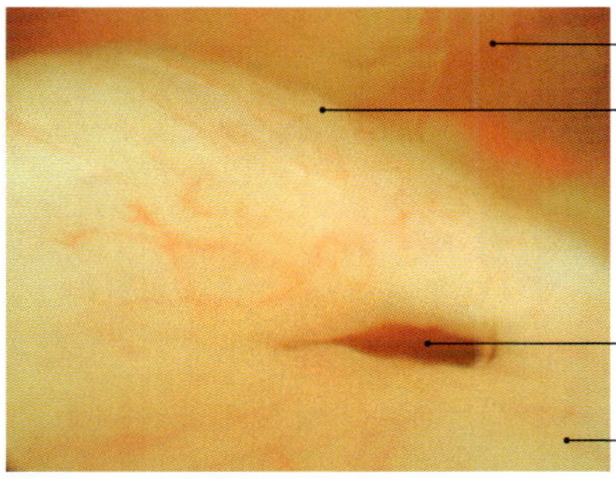

b
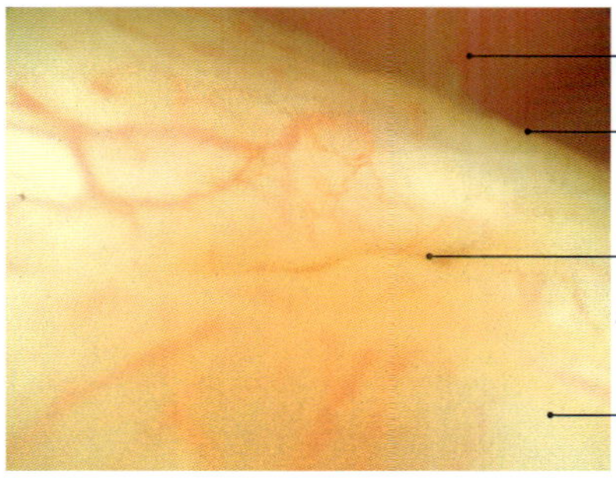

Abb. 7.33 a und b Ureteröffnung, Ostium ureteris; Zystoskopie.
- **a** Uretermündung geöffnet, eine peristaltische Welle hat Urin in die Harnblase transportiert
- **b** Uretermündung geschlossen

Die klappenähnlich ausgebildete Form der Ureteröffnung trägt entscheidend dazu bei, einen Harnreflux zu vermeiden, der durch aufsteigende Infektionen die Niere gefährden kann.

Harnblase und Harnröhre beim Mann

Abb. 7.34 Harnblase, Vesica urinaria, Samenleiter, Ductus deferentes, Bläschendrüsen, Glandulae vesiculosae, sowie Vorsteherdrüse, Prostata; Ansicht von dorsal.
Beim Mann liegen der Harnblase auf der Rückseite von **medial nach lateral** paarig an:

- erweiterter Abschnitt des Samenleiters (Ampulla ductus deferentis)
- Bläschendrüse (Glandula vesiculosa)
- Harnleiter (Ureter)

Die Harnblase sitzt der Vorsteherdrüse direkt auf.

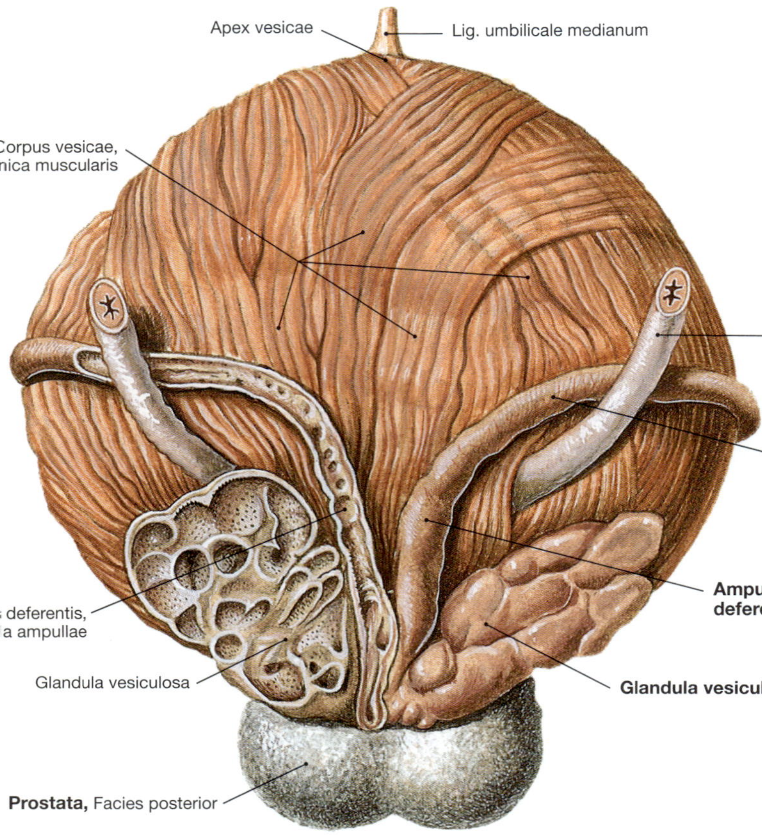

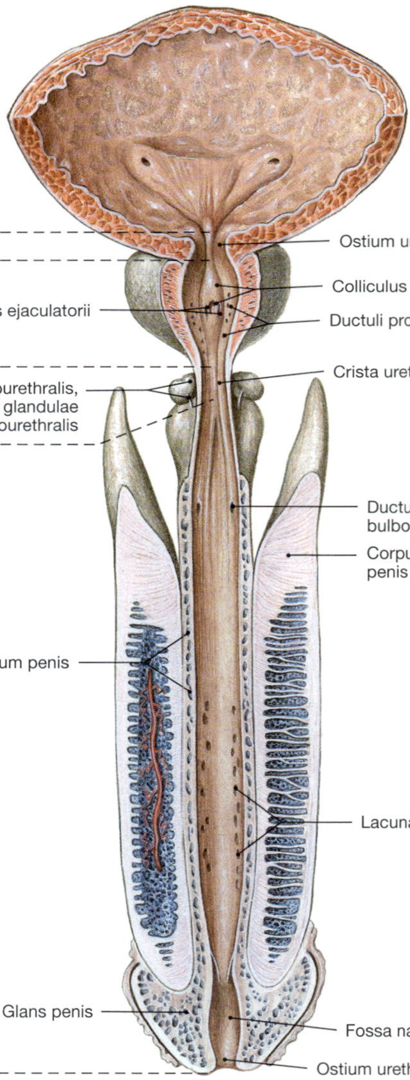

Abb. 7.35 Harnblase, Vesica urinaria, und Harnröhre, Urethra masculina; Ansicht von ventral; Harnblase und Harnröhre von vorne eröffnet.

Abschnitte der Harnröhre:

- **Pars intramuralis** (1 cm): in der Harnblasenwand
- **Pars prostatica** (3,5 cm): durchquert die Prostata. Hier münden die Ductus ejaculatorii (gemeinsamer Ausführungsgang von Samenleiter und Bläschendrüse) auf dem Colliculus seminalis und beidseits davon die Prostatadrüsen.
- **Pars membranacea** (1–2 cm): am Durchtritt durch den Beckenboden
- **Pars spongiosa** (15 cm): verläuft im Corpus spongiosum des Penis bis zur äußeren Öffnung (Ostium urethrae externum). Hier münden die COWPER-Drüsen (Glandulae bulbourethrales) und die LITTRÉ-Drüsen (Glandulae urethrales). Der Endabschnitt ist zur Fossa navicularis erweitert.

Die Urethra besitzt folgende **Engstellen:**

- Ostium urethrae internum
- Pars membranacea
- Ostium urethrae externum

Harnröhre beim Mann

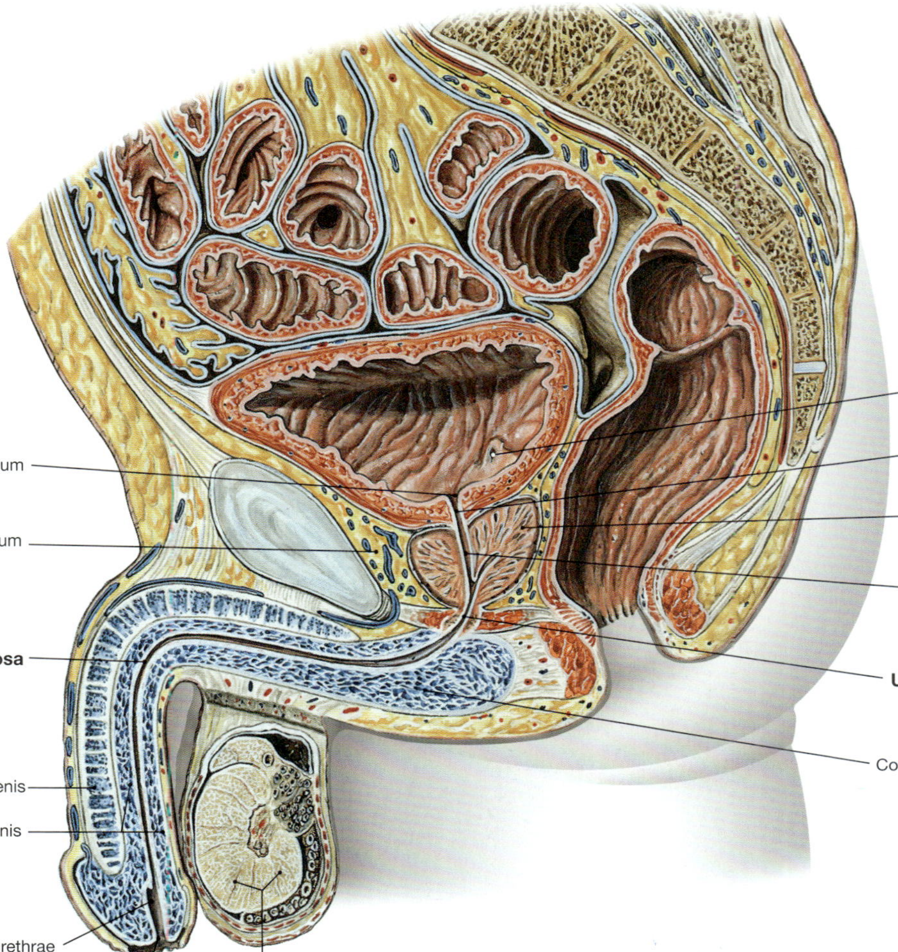

Abb. 7.36 Becken, Pelvis, eines Mannes; Medianschnitt; Ansicht von links.
Die Abbildung zeigt Verlauf und Abschnitte der männlichen Harnröhre (Urethra masculina):

- **Pars intramuralis:** in der Harnblasenwand
- **Pars prostatica:** durchquert die Prostata
- **Pars membranacea:** durchsetzt den Beckenboden
- **Pars spongiosa:** verläuft im Corpus spongiosum des Penis, mündet auf der Eichel (Glans penis)

Die Urethra besitzt zwei **Biegungen:**

- am Übergang von Pars membranacea und Pars spongiosa
- im Mittelteil der Pars spongiosa

Harnröhre bei der Frau

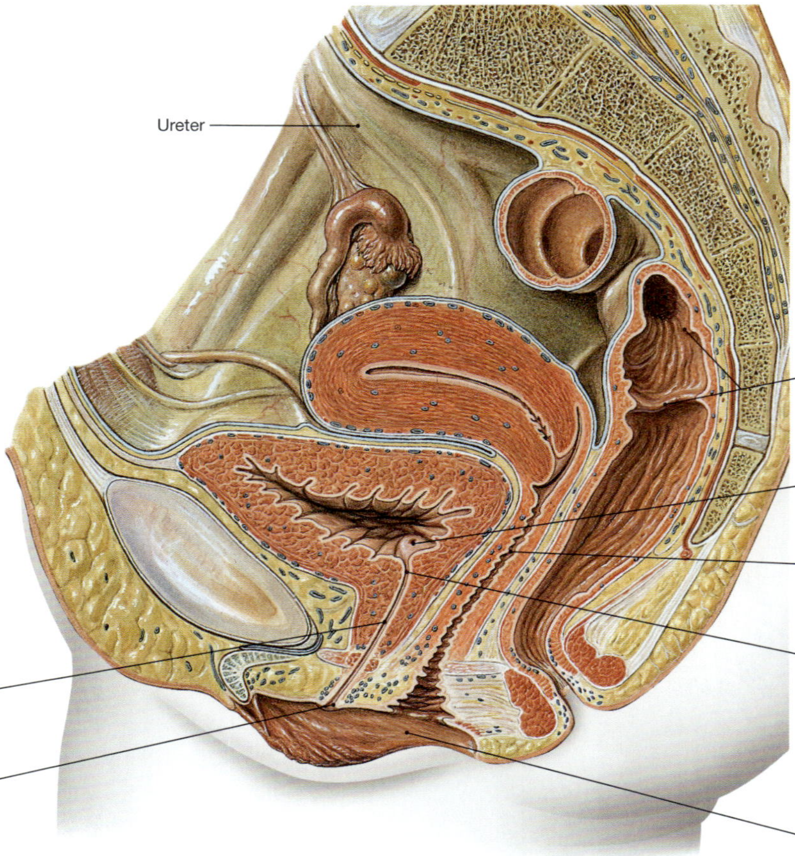

Abb. 7.37 Becken, Pelvis, einer Frau; Medianschnitt; Ansicht von links.
Die Abbildung zeigt den Verlauf und die Mündung der Harnröhre (Urethra) bei der Frau. Die weibliche Harnröhre ist 3–5 cm lang und mündet direkt vor der Vagina in den Scheidenvorhof (Vestibulum vaginae).

Klinik

Aufgrund der geringeren Länge der weiblichen Harnröhre sind aufsteigende Infektionen der Harnblase **(Zystitis)** bei Frauen viel häufiger als beim Mann.
Wegen des gestreckten Verlaufs der weiblichen Harnröhre ist das Legen eines **Blasenkatheters** viel einfacher. Allerdings muss beachtet werden, dass die Öffnung der Harnröhre im Scheidenvorhof **vor** der Öffnung der Vagina liegt.
Beim Mann dagegen müssen die Biegungen der Harnröhre durch Ausrichtung des Penis ausgeglichen werden, um Perforationen besonders in das Gewebe der Prostata zu verhindern, die schmerzhaft sind und stark bluten können. Zunächst wird der Blasenkatheter nach Streckung des Penis eingeführt, um den Knick in der Pars spongiosa aufzuheben. Bei Widerstand ist die zweite Krümmung vor der Engstelle der Pars membranacea erreicht. Zum leichteren Ausgleich dieser zweiten Krümmung wird der Penis nach schräg unten zwischen die Beine des Patienten gelegt.

Verschlussmechanismen der Harnblase

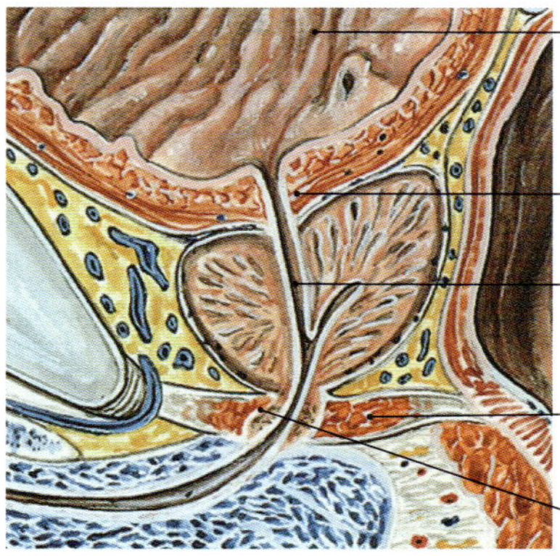

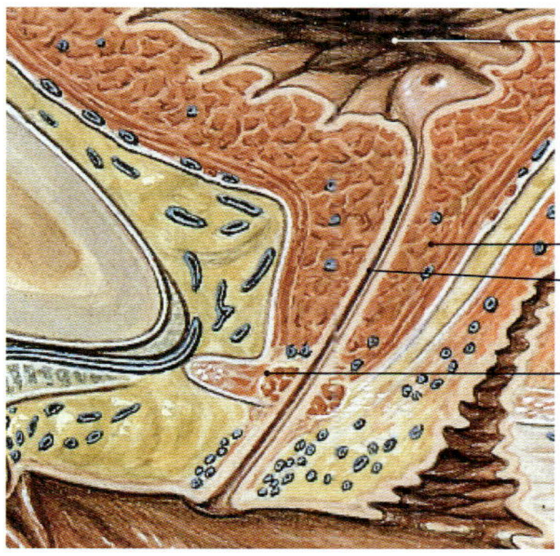

Abb. 7.38a und b Verschlussmechanismen von Harnblase, Vesica urinaria, und Harnröhre, Urethra, beim Mann (a) und bei der Frau (b); Medianschnitt; Ansicht von links.

An den Verschlussmechanismen sind sowohl Muskelzüge aus glatter Muskulatur in der Wand der Harnröhre als auch quergestreifte Muskulatur im Dammbereich beteiligt:

- **glatte Muskulatur** der Ringmuskelschicht der **Urethra** („M. sphincter urethrae internus"): Ein echter Sphinkter ist morphologisch nicht abgrenzbar.
- **M. sphincter urethrae externus:** Beim Mann eine Abspaltung des M. transversus perinei profundus, der bei der Frau keinen eigenständigen Muskel bildet

Zusätzlich ist auch die Form des Beckenbodens (Diaphragma pelvis) für die Kontinenz entscheidend, da er die Harnblase stützt.

Beim Wasserlassen (Miktion) kontrahiert sich, aktiviert durch den sakralen Parasympathicus, die glatte Muskulatur der Harnblasenwand (M. detrusor vesicae). Dann erschlafft der Beckenboden, so dass die Harnblase tiefer tritt, und der Tonus der glatten und quergestreiften Schließmuskeln lässt nach.

* glatte Muskulatur der Harnröhre

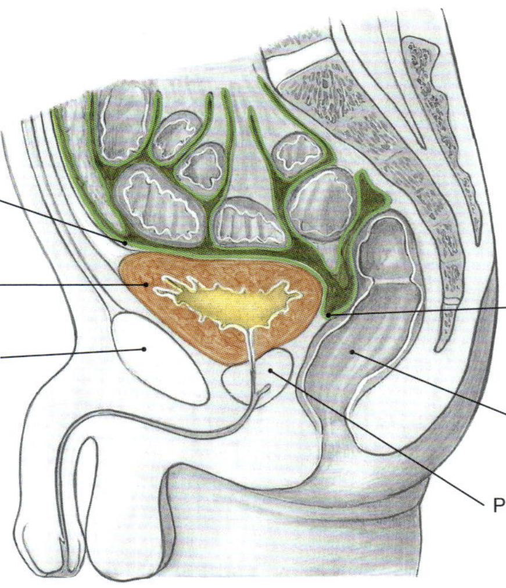

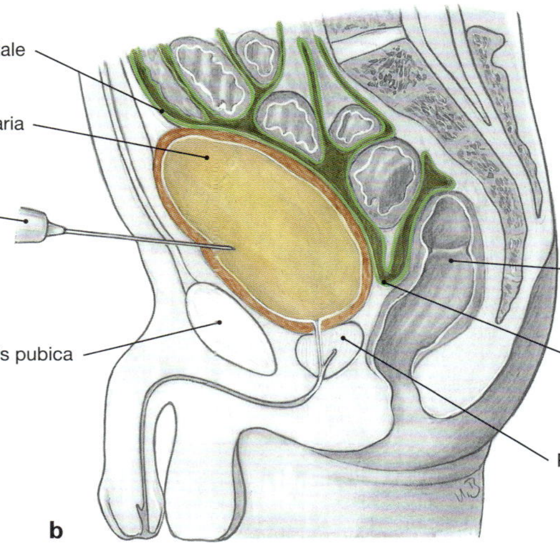

Abb. 7.39a und b Harnblase, Vesica urinaria, im fast entleerten Zustand (a) und im gefüllten Zustand (b); schematischer Medianschnitt; Ansicht von links.

Die Harnblase liegt subperitoneal und wird auf ihrer Oberseite von Peritoneum parietale bedeckt. In entleertem Zustand liegt sie weitgehend hinter der Schambeinfuge (Symphysis pubica). Im gefüllten Zustand überragt sie dagegen das Schambein und kann punktiert werden, ohne die Peritonealhöhe zu eröffnen (suprapubischer Blasenkatheter).

* Punktionsnadel

Äußere männliche Geschlechtsorgane

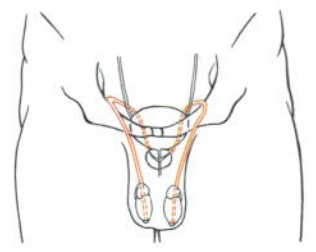

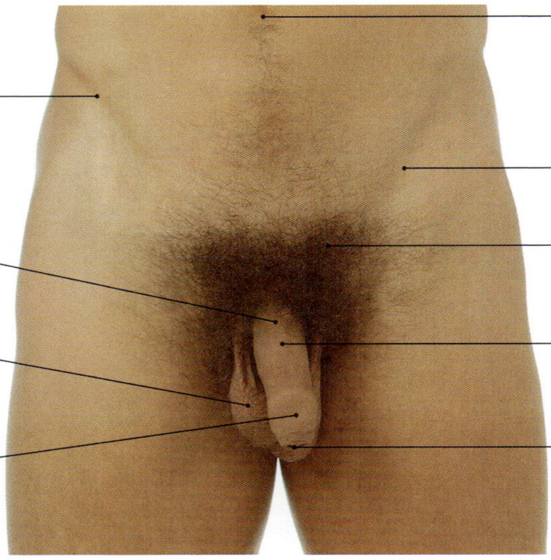

Abb. 7.40 Äußere männliche Geschlechtsorgane, Organa genitalia masculina externa; Ansicht von ventral.
Bei den männlichen Geschlechtsorganen lassen sich äußere Geschlechtsorgane (Organa genitalia masculina externa) und innere Geschlechtsorgane (Organa genitalia masculina interna → Abb. 7.41) unterscheiden.
Zu den **äußeren Geschlechtsorganen** zählen:

- Glied (Penis)
- Harnröhre (Urethra masculina)
- Hodensack (Scrotum)

Die äußeren Geschlechtsorgane sind die **Sexualorgane.** Der Penis dient dem Geschlechtsverkehr.
Die Harnröhre wird bei den ableitenden Harnwegen beschrieben (→ S. 22 und 23).

Innere männliche Geschlechtsorgane

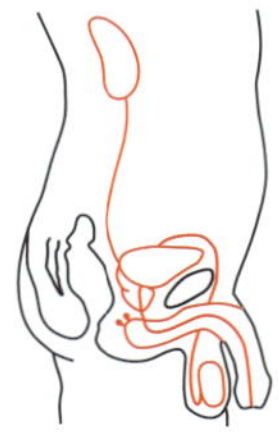

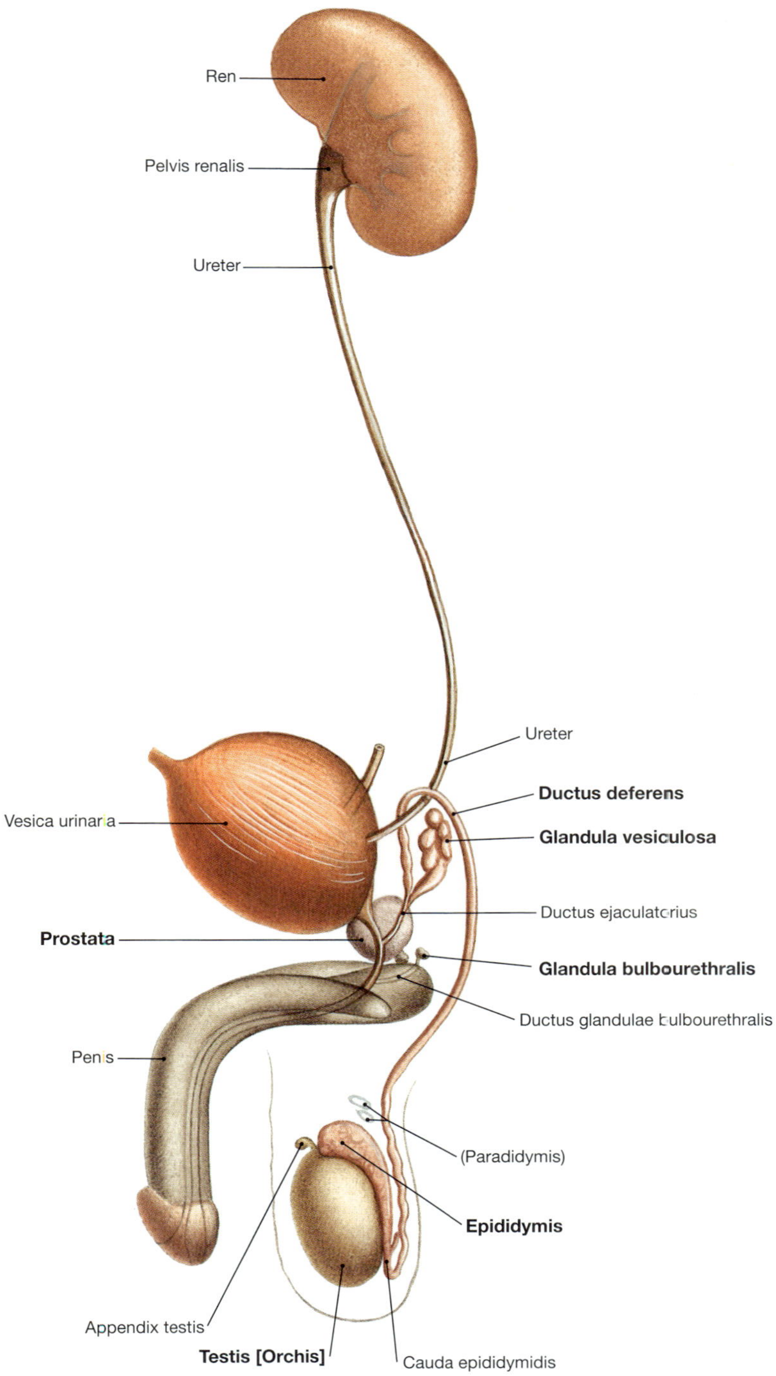

Abb. 7.41 Männliche Harn- und Geschlechtsorgane, Organa urogenitalia masculina; Ansicht von rechts.
Zu den **inneren Geschlechtsorganen** gehören:

- Hoden (Testis)
- Nebenhoden (Epididymis)
- Samenleiter (Ductus deferens)
- Samenstrang (Funiculus spermaticus)
- akzessorische Geschlechtsdrüsen:
  - Vorsteherdrüse (Prostata)
  - Bläschendrüse (Glandula vesiculosa), paarig
  - COWPER-Drüse (Glandula bulbourethralis), paarig

Hoden und Nebenhoden gehören zu den inneren Geschlechtsorganen, weil sie bei der Entwicklung zusammen mit einer Peritonealhülle (Cavitas serosa scroti) aus der Bauchhöhle in den Hodensack (Scrotum) verlagert wurden.
Die inneren Geschlechtsorgane sind **Fortpflanzungsorgane.** Sie dienen der Bildung, der Reifung und dem Transport der Spermien und der Produktion der Samenflüssigkeit. Der Hoden produziert zusätzlich männliche Geschlechtshormone (Testosteron).

Entwicklung der äußeren männlichen Geschlechtsorgane

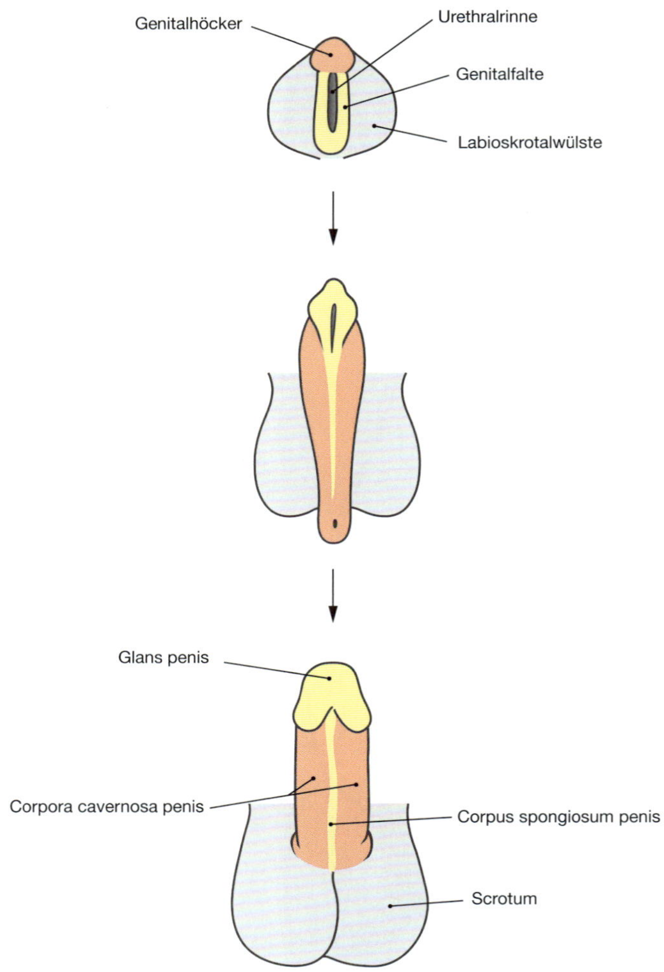

Abb. 7.42 Entwicklung der äußeren männlichen Geschlechtsorgane, Organa genitalia masculina externa.
Das äußere Genitale entwickelt sich aus dem kaudalen Abschnitt des Sinus urogenitalis. Dieser geht aus der Kloake des Darmrohrs hervor und bildet u.a. die Harnblase und Teile der Harnröhre (→ Abb. 7.8). Daneben ist auch das Ektoderm mit dem unter diesem gelegenen Bindegewebe (Mesenchym) beteiligt. Zunächst entwickelt sich bei beiden Geschlechtern das äußere Genitale gleich (sexuell indifferentes Stadium). Dabei senkt sich die vordere Wand des Sinus urogenitalis zunächst zur **Urethralrinne** ein, die auf beiden Seiten von den **Genitalfalten** begrenzt wird. Seitlich von diesen liegen die **Labioskrotalwülste** und am Vorderrand der Rinne der **Genitalhöcker.**
Danach entwickelt sich beim Mann unter dem Einfluss der vom Hoden produzierten männlichen Geschlechtshormone (Testosteron) der Genitalhöcker zum **Penis** (Corpora cavernosa). Die Genitalfalten schließen sich über der Urethralrinne zum Corpus spongiosum und bilden die Eichel (Glans penis). Dadurch entsteht zugleich die Pars spongiosa der **Harnröhre.** Pars prostatica und Pars membranacea entstehen weiter proximal aus dem Sinus urogenitalis. Die Labioskrotalwülste vergrößern sich und vereinigen sich zum **Scrotum.**

Klinik

Wenn der Verschluss der Urethralrinne unvollständig ist, befindet sich die Urethralöffnung nicht auf der Glans penis, sondern liegt weiter proximal. Bei der **Hypospadie** mündet die Urethra auf der Unterseite des Penis im Verlauf zwischen Scrotum und Glans.

Bei der **Epispadie** tritt die Urethra in einer Rinne auf der Dorsalseite des Penis aus. Neben Störungen beim Wasserlassen kann es auch zu einer Verkrümmung des Penis kommen, so dass in den ersten Lebensjahren eine operative Korrektur vorgenommen werden muss.

Entwicklung der inneren männlichen Geschlechtsorgane

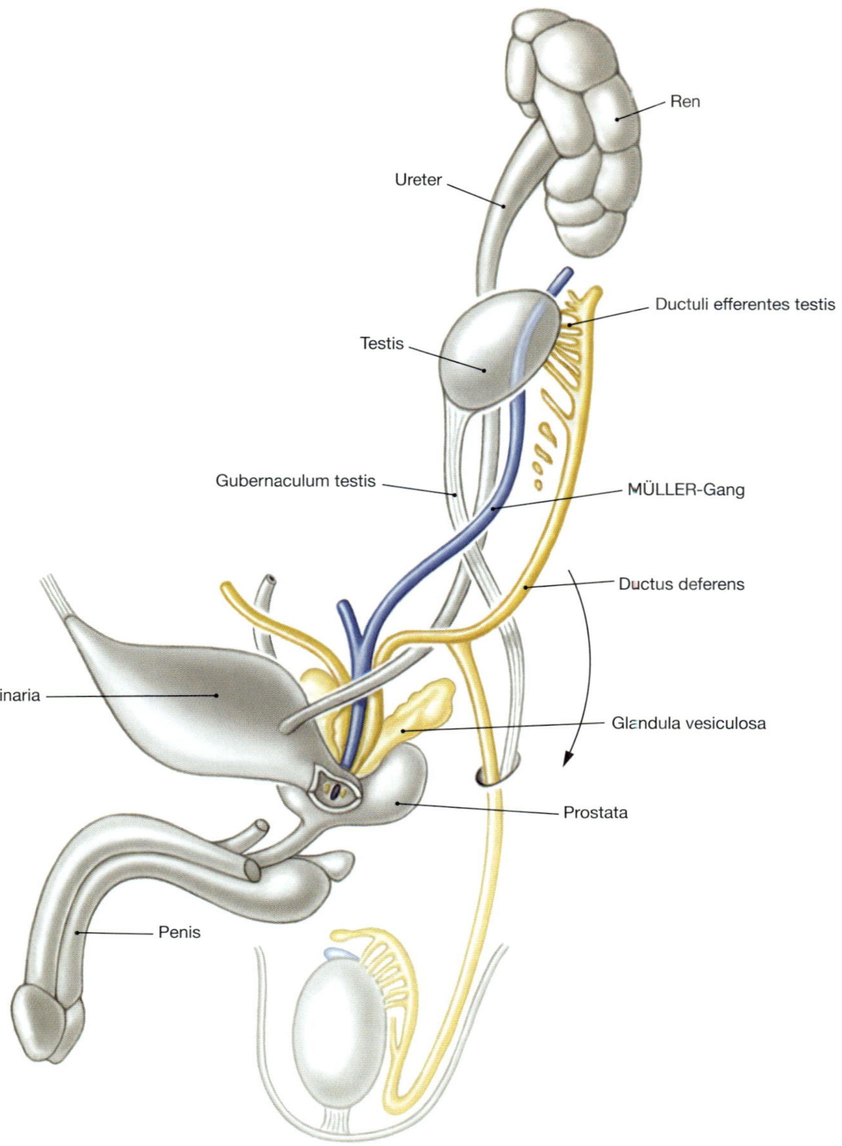

Abb. 7.43 Entwicklung der inneren männlichen Geschlechtsorgane, Organa genitalia masculina interna. (nach [1])
Die inneren Geschlechtsorgane entwickeln sich bei beiden Geschlechtern bis zur 7. Woche gleich (sexuell indifferentes Stadium → Abb. 7.8). Beim männlichen Geschlecht bildet sich dann aus der Gonadenanlage der Hoden. Er wird im Lumbalbereich auf Höhe der Urniere angelegt, die auch einige Kanälchen als Verbindung zum Nebenhoden bereitstellt. Im Zuge des Körperwachstums wird der Hoden dann nach kaudal verlagert **(Descensus testis),** wobei er seine Leitungsbahnen mitnimmt. Dabei bildet sich entlang des unteren Keimbands (Gubernaculum testis) zunächst eine Peritonealausstülpung (Proc. vaginalis peritonei) bis in den Bereich des späteren Scrotums aus, an der der Hoden bis zur Geburt absteigt. Um die Geburt schließt sich der Proc. vaginalis peritonei im Bereich des Samenstrangs. Der distale Teil des Proc. vaginalis bleibt bestehen und bildet einen Teil der Hodenhüllen (Tunica vaginalis testis).
Die Geschlechtshormone des Hodens (Testosteron) bewirken die **Ausdifferenzierung des WOLFF-Gangs** zu den inneren männlichen Genitalwegen (Epididymis, Samenleiter), zu den Bläschendrüsen sowie zur Bildung der übrigen akzessorischen Geschlechtsdrüsen (Prostata, COWPER-Drüsen) aus dem Sinus urogenitalis. Das Anti-MÜLLER-Hormon unterdrückt die Ausdifferenzierung der MÜLLER-Gänge zu den weiblichen Genitalwegen.

Klinik

Der Deszensus des Hodens lässt verstehen, dass die Blutgefäße des Hodens ungefähr auf Höhe der Nieren entspringen und auch die regionären Lymphknoten des Hodens auf dieser Höhe im Retroperitonealraum liegen. Dort und nicht in der Leiste sind daher bei **Hodenkarzinomen** die ersten Lymphknotenmetastasen zu erwarten. Wenn der Deszensus innerhalb der ersten Lebensjahre unvollständig bleibt **(Hodenhochstand, Kryptorchismus),** kann dies zu Unfruchtbarkeit führen und ist mit einem erhöhten Risiko für Hodenkarzinome assoziiert. Neue Ergebnisse deuten an, dass eine hormonelle oder operative Therapie im 1. Lebensjahr eine Unfruchtbarkeit verhindern kann. Das Karzinomrisiko lässt sich allerdings offenbar nicht therapeutisch beeinflussen. Wenn der Proc. vaginalis peritonei nicht obliteriert, kann es (auch im Erwachsenenalter noch) zu Flüssigkeitsansammlungen im Scrotum **(Hydrocele testis)** oder zu einer Verlagerung von Baucheingeweiden **(kongenitale Leistenhernie)** kommen.

Männliches Glied

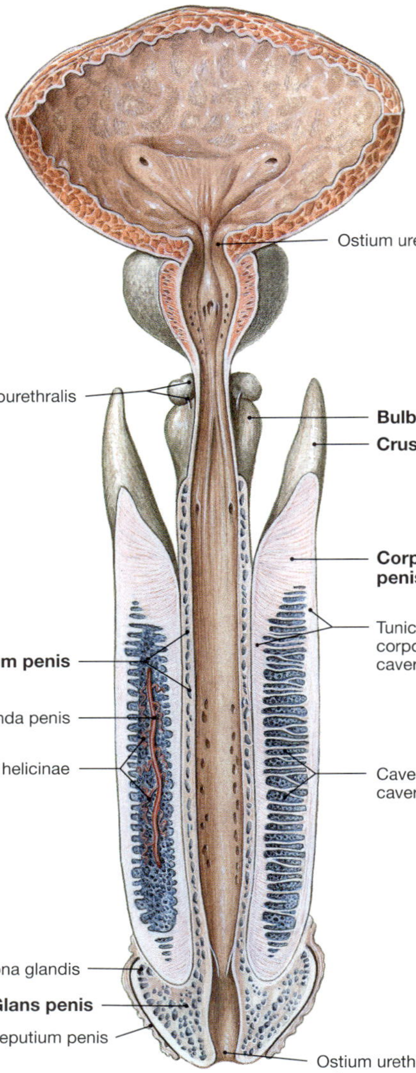

7.44

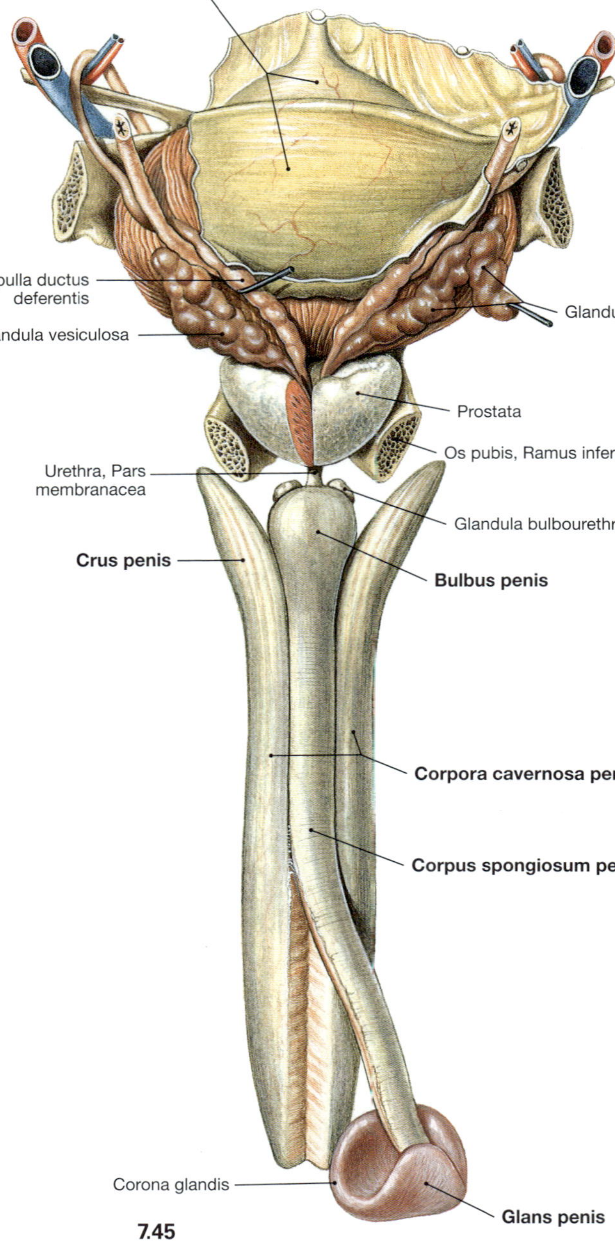

7.45

Abb. 7.44 und Abb. 7.45 Harnblase, Vesica urinaria, Vorsteherdrüse, Prostata und männliches Glied, Penis, mit freigelegten Schwellkörpern; Ansicht von ventral, Harnblase und Harnröhre eröffnet (→ Abb. 7.44) und von dorsal (→ Abb. 7.45).
Der Penis ist im erschlafften Zustand ca. 10 cm lang und gliedert sich in Schaft (Corpus penis), Eichel (Glans penis) und Wurzel (Radix penis). Er besteht aus den paarigen Penisschwellkörpern (Corpora cavernosa), die von einer derben Hülle (Tunica albuginea) umgeben und durch ein Septum penis getrennt sind, und aus dem Harnröhrenschwellkörper (Corpus spongiosum), der die Urethra umgibt. Die Corpora cavernosa sind mit den proximalen Enden (Crura penis) an den unteren Schambeinästen fixiert. Das Corpus spongiosum ist proximal zum Bulbus penis erweitert und bildet distal die Glans penis. Außen werden alle Schwellkörper zusammen von der Penisfaszie (Fascia penis) umhüllt, die hier in der Abbildung entfernt wurde.
Zur Gliederung der Harnröhre (Urethra masculina) → Abb. 7.35 und 7.36.

Klinik

Wenn die Vorhaut zu eng ist **(Phimose)** und sich nicht zurückstreifen lässt, kann es zu Störungen beim Wasserlassen und zu Infektionen kommen. Dann muss die Vorhaut durch Umschneidung (Zirkumzision) entfernt werden.

Männliches Glied und Hodensack

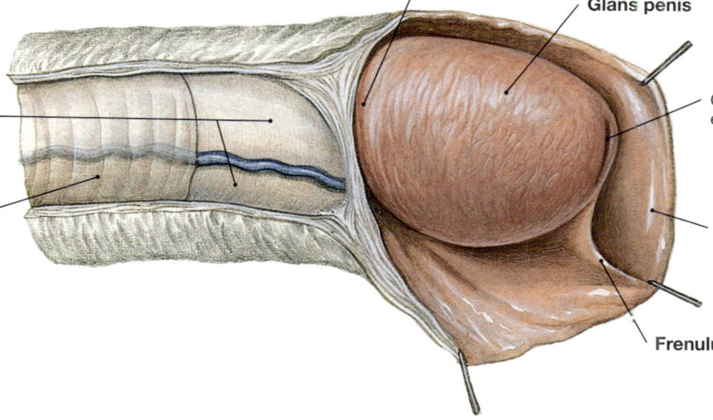

Abb. 7.46 Männliches Glied, Penis, mit Eichel, Glans penis, und Vorhaut, Preputium penis; Ansicht von rechts.
Das distale Ende des Penis ist zur Eichel (Glans penis) verdickt, die an der Basis einen Wall (Corona glandis) aufweist. Die Eichel wird im erschlafften Zustand des Penis von der Vorhaut (Preputium penis) bedeckt, die an der Unterseite durch ein Bändchen (Frenulum preputii) befestigt ist.

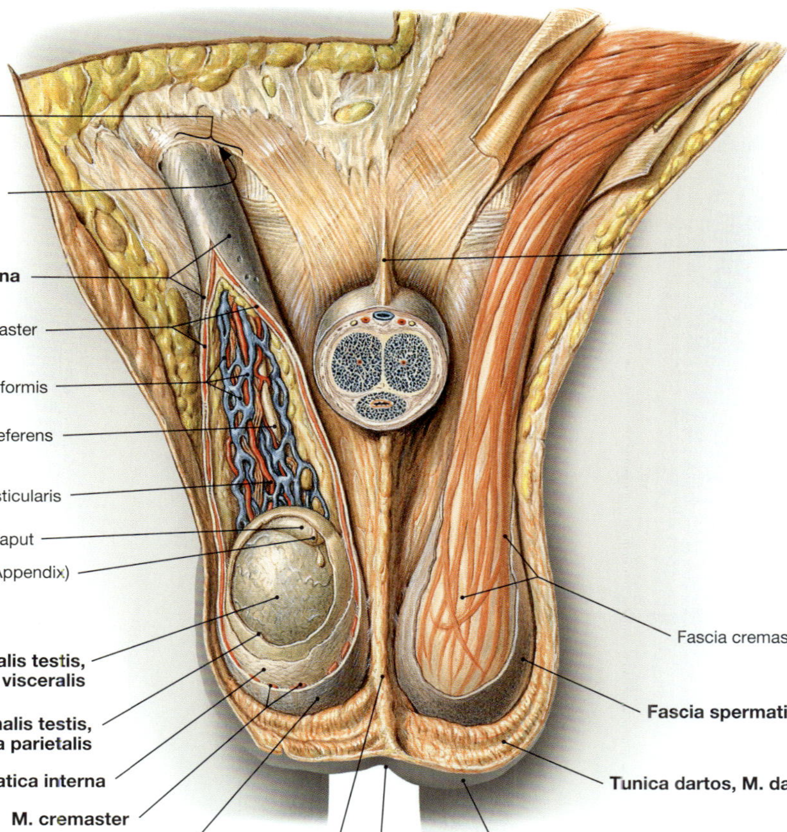

Abb. 7.47 Hodensack, Scrotum; Ansicht von ventral; Hodensack eröffnet und Penis frontal durchtrennt.
Die Peniswurzel ist an der vorderen Rumpfwand durch das oberflächliche Lig. fundiforme penis und das darunterliegende Lig. suspensorium penis befestigt. Der Hodensack (Scrotum) ist innen durch ein Septum geteilt, dem außen eine Naht (Raphe scroti) entspricht.
Hoden und **Samenstrang** weisen folgende **Hüllen** auf:
- Skrotalhaut
- Tunica dartos: Subcutis mit glatter Muskulatur
- Fascia spermatica externa: Fortsetzung der oberflächlichen Körperfaszie (Fascia abdominalis superficialis)
- M. cremaster mit Fascia cremasterica
- Fascia spermatica interna: Fortsetzung der Fascia transversalis

Der Hoden besitzt als weitere Hülle auf seiner Oberfläche die Tunica vaginalis testis mit einer Lamina parietalis (Periorchium) außen und einer Lamina visceralis (Epiorchium) innen, die durch das Mesorchium miteinander verbunden sind und zwischen sich die Cavitas serosa scroti bilden.

Hoden und Nebenhoden

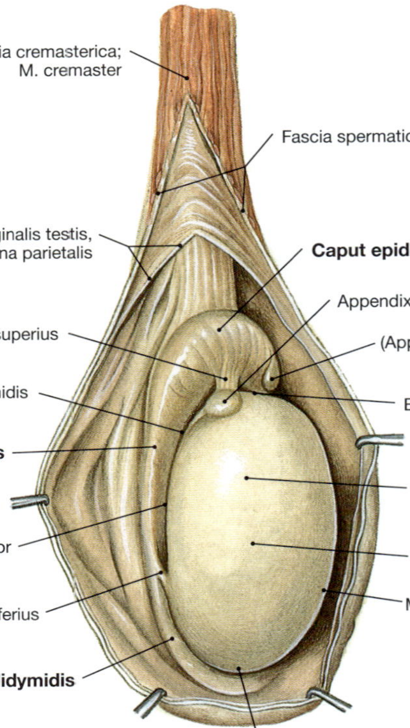

Abb. 7.48 Hoden, Testis [Orchis], und Nebenhoden, Epididymis; Ansicht von rechts.
Der Hoden ist eiförmig und 4 × 3 cm groß (20–30 g). Er besitzt einen **oberen** und einen **unteren Pol** (Extremitas superior und Extremitas inferior). Oben und dorsal sitzt dem Hoden der **Nebenhoden** (Epididymis) auf, der durch ein oberes und ein unteres Band (Ligg. epididymidis superius und inferius) befestigt ist. Der Nebenhoden gliedert sich in Kopf (Caput), Körper (Corpus) und Schwanzabschnitt (Cauda), der sich in den Samenleiter fortsetzt.

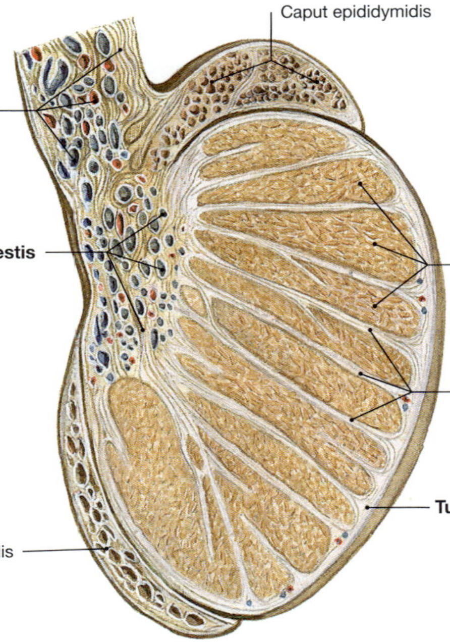

Abb. 7.49 Hoden, Testis [Orchis], und Nebenhoden, Epididymis; Sagittalschnitt; Ansicht von rechts.
Der Hoden ist von einer straffen Hülle (Tunica albuginea) umgeben, von der Septen in das Innere ziehen und das Hodenparenchym in 370 **Läppchen** (Lobuli testis) gliedern. Innerhalb der Läppchen werden in den **Hodenkanälchen** die Spermien gebildet. Zwischen den Kanälchen liegen die testosteronproduzierenden Zellen (LEYDIG-Zellen). Die Hodenkanälchen sind im Bereich des Mediastinum testis, an dem die Leitungsbahnen ein- und austreten, mit dem Kopf des Nebenhodens verbunden.

Hoden und Nebenhoden

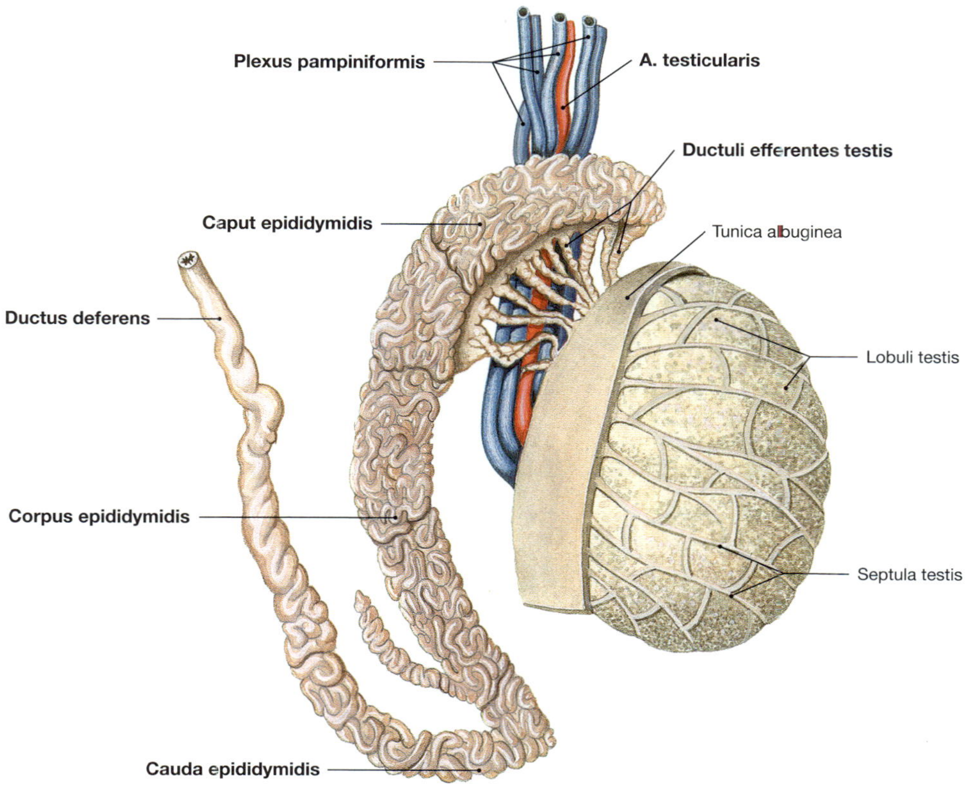

Abb. 7.50 Hoden, Testis [Orchis], und Nebenhoden, Epididymis, mit Blutgefäßen; Ansicht von rechts.
Der Hoden ist über feine Kanälchen (Ductuli efferentes testis) mit dem Kopf des Nebenhodens (Caput epididymidis) verbunden. Der Nebenhoden selbst besteht aus einem 6 m langen aufgeknäuelten Gang, der sich am Schwanzabschnitt in den Samenleiter (Ductus deferens) fortsetzt. Der Samenleiter ist 35–40 cm lang und 3 mm dick und zieht durch den Samenstrang und den Leistenkanal bis zur Dorsalseite der Harnblase, bevor er zusammen mit der Bläschendrüse im Ductus ejaculatorius in die Pars prostatica der Harnröhre mündet.
Hoden und Nebenhoden werden von einer **A. testicularis** und einem Geflecht aus Venen **(Plexus pampiniformis)** versorgt.

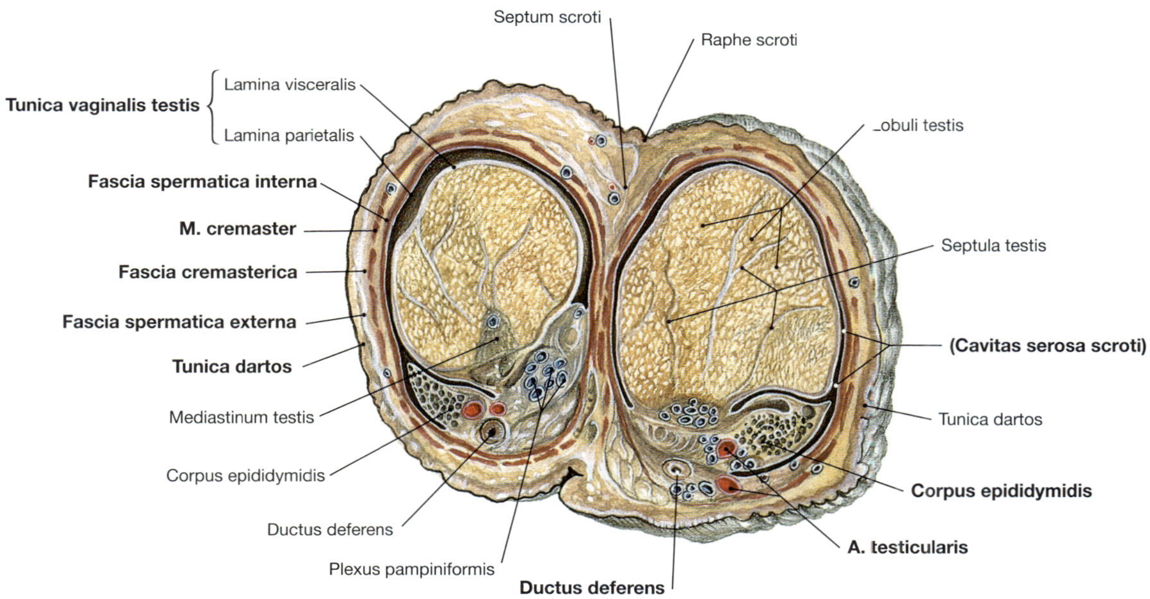

Abb. 7.51 Hoden, Testis [Orchis], und Nebenhoden, Epididymis; Transversalschnitt; Ansicht von kranial.
Neben den Hodenhüllen (→ Abb. 7.55) sind die Leitungsbahnen und der Samenleiter (Ductus deferens) angeschnitten.

Akzessorische männliche Geschlechtsdrüsen

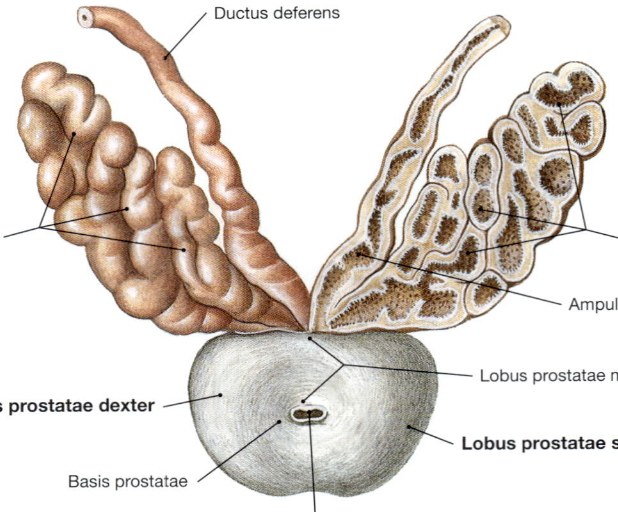

7.52

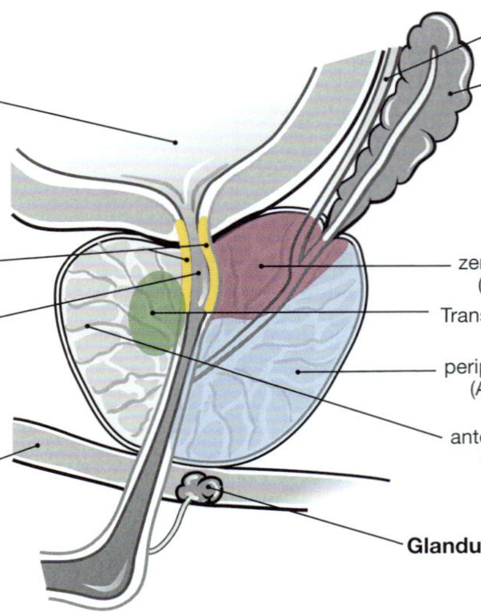

7.53

Abb. 7.52 und Abb. 7.53 Bläschendrüsen, Glandulae vesiculosae, und Vorsteherdrüse, Prostata; Ansicht von kranial (→ Abb. 7.52) und von links; Medianschnitt (→ Abb. 7.53).

Zu den **akzessorischen Geschlechtsdrüsen** zählen:

- **Vorsteherdrüse** (Prostata): unpaare Drüse unter dem Blasengrund. Die Prostata ist 4 × 3 × 2 cm groß (20 g) und besitzt oben eine Basis und unten eine Spitze (Apex). Sie ist in einen rechten und einen linken Lappen (Lobus dexter und Lobus sinister), die durch eine flache Rinne getrennt werden, sowie in einen Lobus medius gegliedert. Innen wird die Prostata von der Harnröhre (Pars prostatica) durchquert, in die sie ihr Sekret abgibt.
- **Bläschendrüse** (Glandula vesiculosa): paarige Drüse auf der Dorsalseite der Harnblase (→ Abb. 7.34). Die Bläschendrüsen sind länglich oval (5 × 1 × 1 cm). Ihr jeweiliger Ausführungsgang vereinigt sich mit dem Ductus deferens zum Ductus ejaculatorius und endet in der Pars prostatica der Harnröhre.
- **COWPER-Drüse** (Glandula bulbourethralis): paarige Drüse, die in die Dammmuskulatur eingelagert ist (→ Abb. 7.35). Die COWPER-Drüsen sind linsengroß und münden mit ihren Ausführungsgängen in die Pars spongiosa.

Bläschendrüsen und Prostata bilden die Flüssigkeit des Ejakulats, die zur Ernährung der Spermien dient. Die COWPER-Drüsen geben ihr Sekret, das als Gleitmittel wirkt, bereits vor der Ejakulation ab.

Klinik

Prostatakarzinome gehören zu den drei häufigsten bösartigen Tumoren des Mannes. Sie gehen meist von der Außenzone der Drüse aus, die man im Mikroskop abgrenzen kann. Daher verursachen sie erst spät Symptome. Weil die Prostata aber nur durch die dünne Fascia rectoprostatica (DENONVILLIER-Faszie) vom Rectum getrennt ist (→ Abb. 7.115), sind die Tumoren bei der klinischen Untersuchung von rektal tastbar. Daher gehört die rektale Untersuchung bei einem über 50-jährigen Mann zu einer vollständigen Untersuchung.
Prostataadenome sind gutartige Vergrößerungen (Prostatahyperplasie) der Drüse bis zu einem Gewicht von über 100 g und kommen in unterschiedlicher Ausprägung bei nahezu jedem Mann über 70 Jahre vor. Da diese Adenome von der Innenzone ausgehen, kommt es hier frühzeitig zu Störungen beim Wasserlassen.

Samenstrang

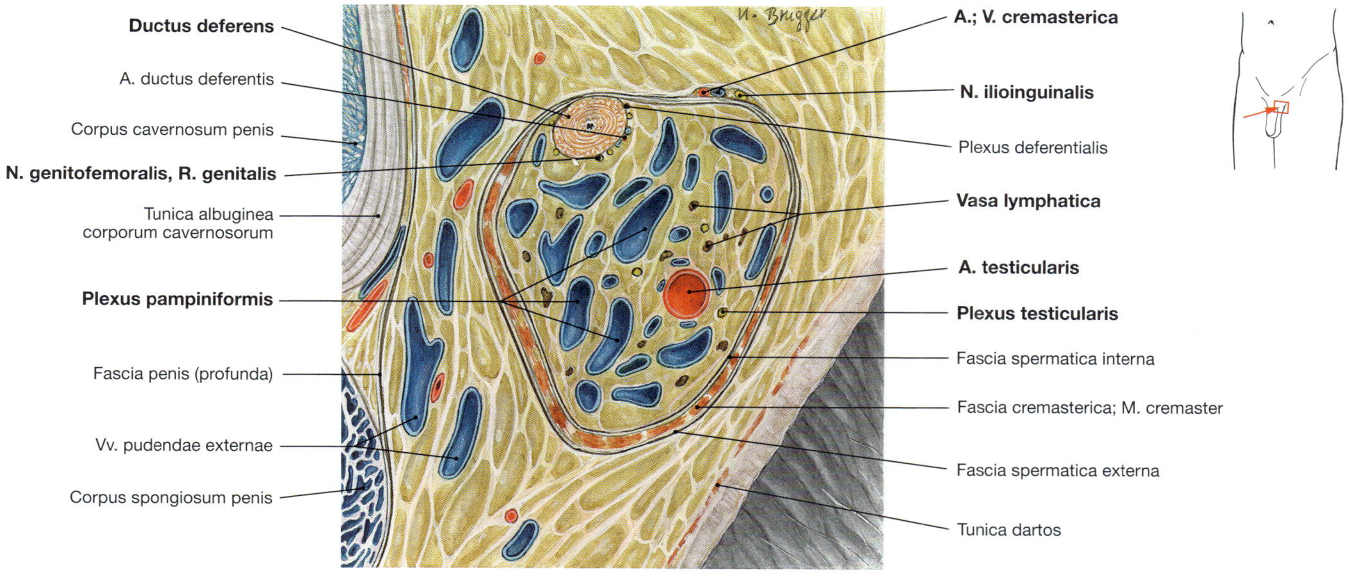

Abb. 7.54 Samenstrang, Funiculus spermaticus, links; Frontalschnitt; Ansicht von ventral, Vergrößerung 2,5-fach.
Der Samenstrang besitzt folgenden Inhalt:

- Samenleiter (Ductus deferens) mit A. ductus deferentis (aus der A. umbilicalis)
- A. testicularis aus der Bauchaorta und als venöse Begleitgefäße den Plexus pampiniformis
- N. genitofemoralis, R. genitalis (→ Abb. 7.56)
- Lymphgefäße (Vasa lymphatica) zu den lumbalen Lymphknoten
- vegetative Nervenfasern (Plexus testicularis) aus den Geflechten der Bauchaorta

Außen lagern sich dem Samenstrang der N. ilioinguinalis sowie A. und V. cremasterica an (→ Abb. 7.55 und 7.56).

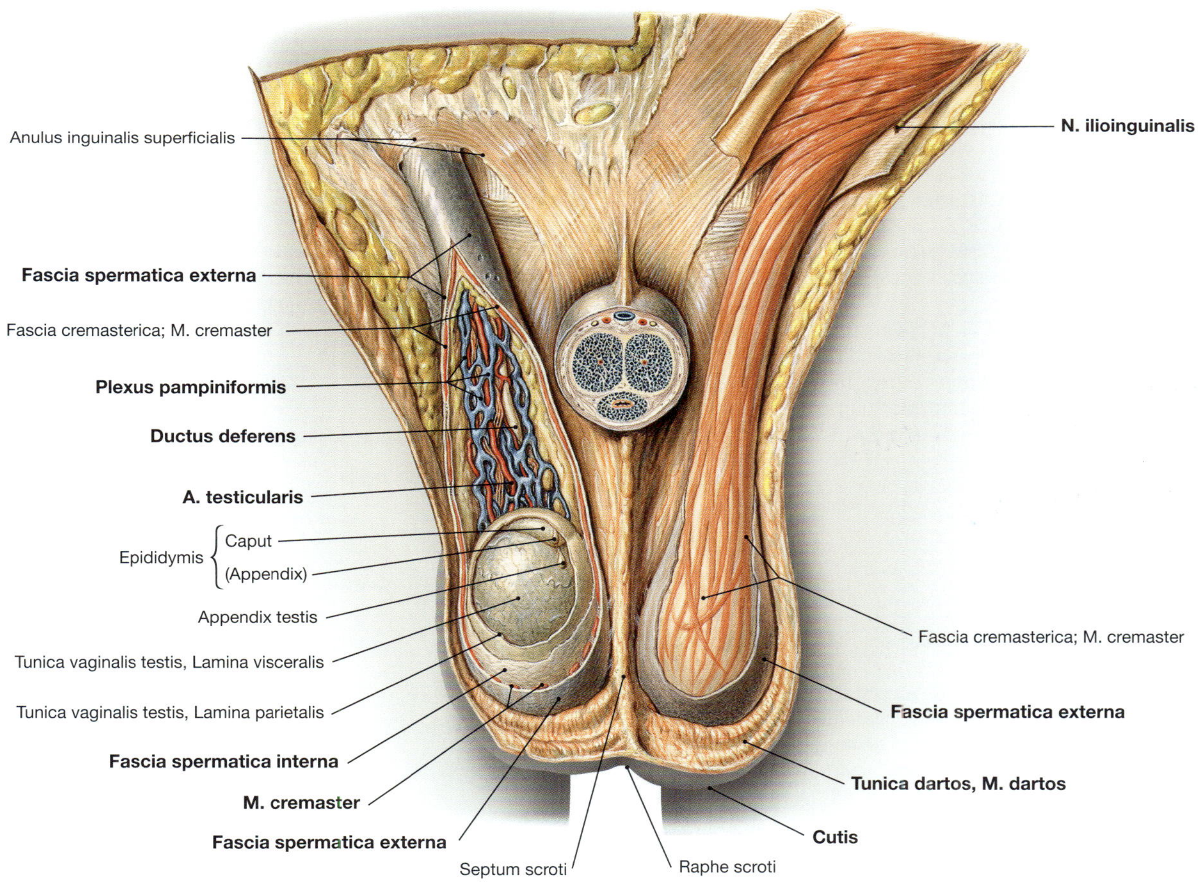

Abb. 7.55 Hüllen des Samenstrangs, Funiculus spermaticus, und des Hodens, Testis; Ansicht von ventral; Hodensack eröffnet.
Hoden und **Samenstrang** besitzen folgende **Hüllen:**

- Skrotalhaut (Cutis)
- Tunica dartos: Subcutis mit glatter Muskulatur
- Fascia spermatica externa: Fortsetzung der oberflächlichen Körperfaszie (Fascia abdominalis superficialis)
- M. cremaster mit Fascia cremasterica
- Fascia spermatica interna: Fortsetzung der Fascia transversalis

Blutgefäße und Nerven des männlichen Gliedes

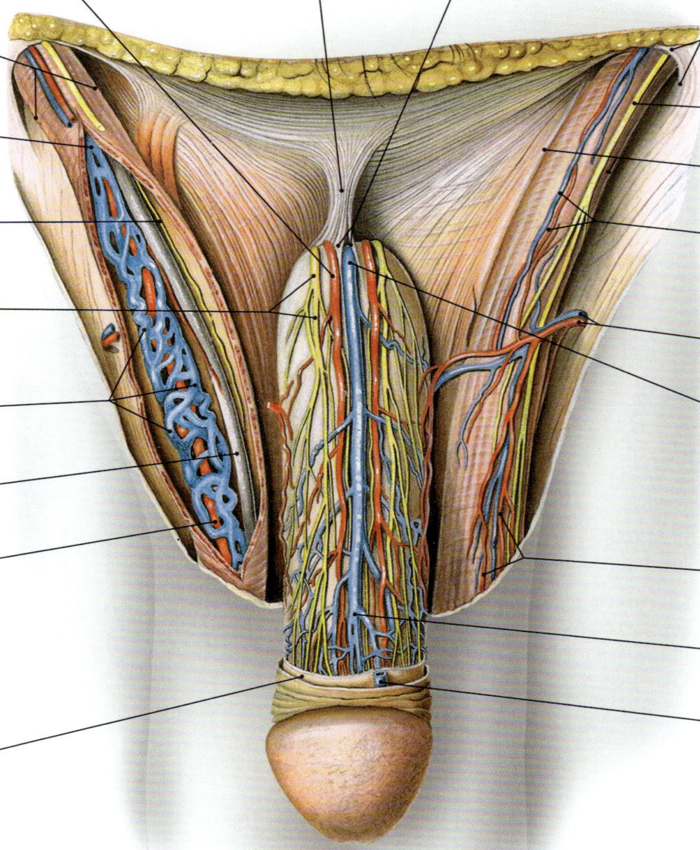

Abb. 7.56 Äußere männliche Geschlechtsorgane, Organa genitalia masculina externa, mit Leitungsbahnen; Ansicht von ventral; nach Entfernung der Penisfaszie.

Der Penis wird von **drei paarigen Arterien** aus der A. pudenda interna versorgt:
- A. dorsalis penis: verläuft subfaszial, versorgt Penishaut und Glans
- A. profunda penis: in den Corpora cavernosa, für deren Füllung sie zuständig ist
- A. bulbi penis: dringt in den Bulbus penis ein, versorgt Glandula bulbourethralis und als A. urethralis Harnröhre und Corpus spongiosum

Das Blut wird von **drei Venensystemen** aufgenommen:
- V. dorsalis superficialis penis: paarig oder unpaar, epifaszial, leitet Blut aus der Penishaut zur V. pudenda externa
- V. dorsalis profunda penis: unpaar, subfaszial, drainiert die Schwellkörper zum Plexus venosus prostaticus
- V. bulbi penis: paarig, bringt Blut vom Bulbus penis zur V. dorsalis profunda penis

Nerven:
- sensorisch: N. dorsalis penis (aus N. pudendus)
- vegetativ: Nn. cavernosi penis (aus Plexus hypogastricus inferior) durchbohren den Beckenboden und lagern sich dem N. dorsalis penis an (Sympathicus vasokonstriktorisch; Parasympathicus vasodilatatorisch und damit erigierend)

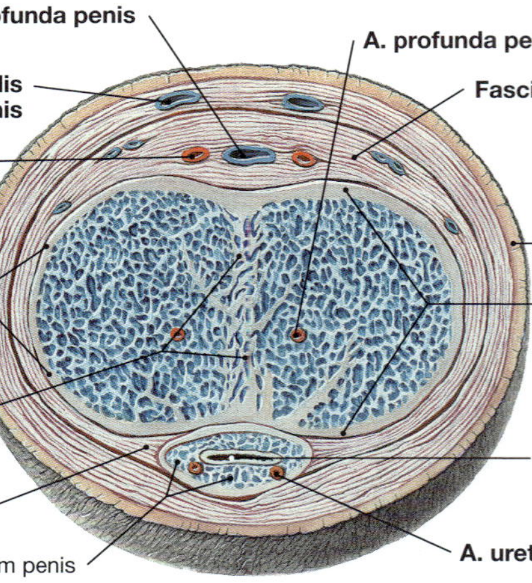

Abb. 7.57 Männliches Glied, Penis; Querschnitt im Bereich der Schaftmitte; Ansicht von ventral.

Die Lage der Blutgefäße ist für die Erektion des Penis wichtig. Parasympathisch aktiviert kommt es zu einer Dilatation der A. profunda penis und damit zu einer Füllung der Corpora cavernosa. Diese komprimieren die V. dorsalis profunda penis unter der straffen Penisfaszie (Fascia penis), so dass das Blut nicht abfließen kann. Unter zusätzlicher Kontraktion der Mm. ischiocavernosi (vom N. pudendus innerviert) kommt es zur Erektion.

Klinik

Die parasympathischen Nervenfasern setzen Stickoxid (NO) frei, das in den glatten Muskelzellen der Blutgefäße zu einer Erhöhung des sekundären Botenstoffs cGMP führt, der die Kontraktion der Zellen hemmt. **Hemmstoffe der Phosphodiesterase** (z. B. Viagra®) verzögern den Abbau von cGMP und verbessern damit die **Erektion.**

Blutgefäße von Hoden und Nebenhoden

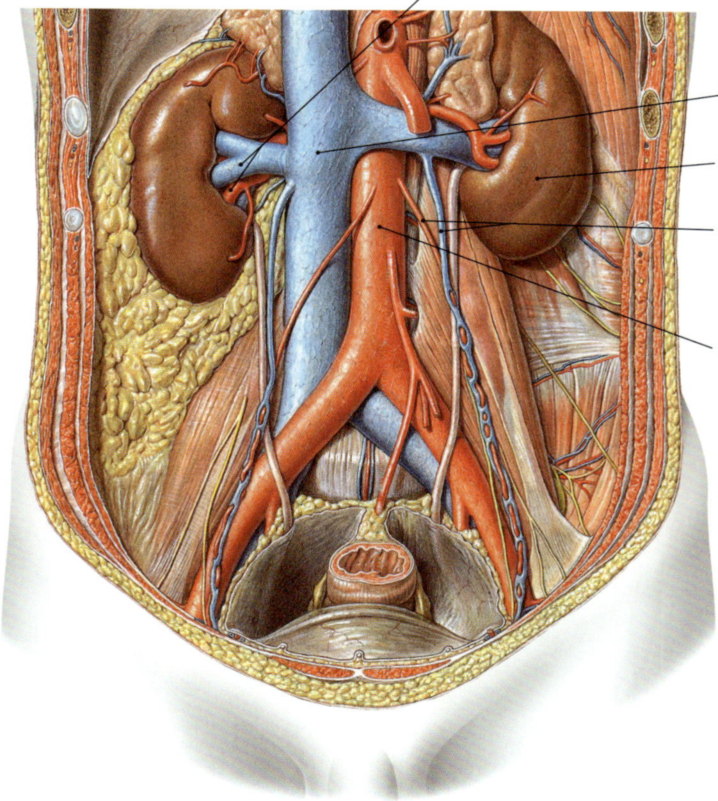

Abb. 7.58 Verlauf der A. und V. testicularis; Ansicht von ventral.

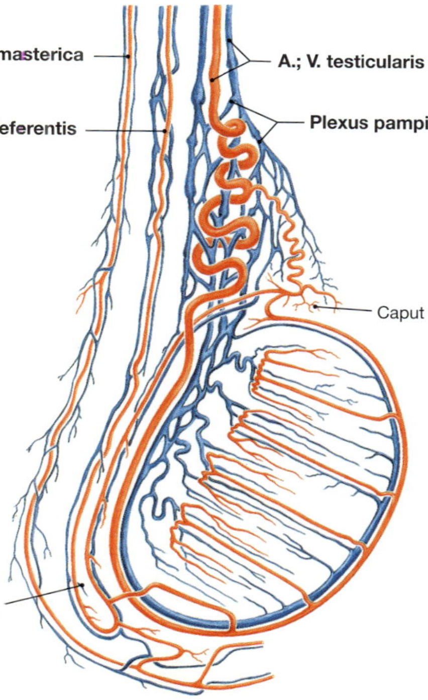

Abb. 7.59 Blutgefäße der inneren männlichen Geschlechtsorgane; Ansicht von rechts.

Blutgefäße der inneren Geschlechtsorgane

	Organ	Blutgefäße
Arterien	Hoden und Nebenhoden	A. testicularis (aus der Pars abdominalis der Aorta)
	Samenleiter	A. ductus deferentis (meist aus A. umbilicalis)
	Samenstrang (M. cremaster)	A. cremasterica (aus A. epigastrica inferior)
	akzessorische Geschlechtsdrüsen	A. vesicalis inferior und A. rectalis media (aus A. iliaca interna)
Venen	Hoden, Nebenhoden, Samenleiter und Samenstrang	Plexus pampiniformis: Venengeflecht, dessen Äste sich zur V. testicularis vereinigen, die rechts in die V. cava inferior, links in die V. renalis sinistra mündet
	akzessorische Geschlechtsdrüsen	Plexus venosi vesicalis und prostaticus mit Anschluss an die V. iliaca interna

Klinik

Abflussbehinderungen an der Einmündung in die linke V. renalis oder **Nierentumoren,** die in die Nierenvene eingewachsen sind, können einen Blutrückstau und dadurch eine sicht- und tastbare Erweiterung des Plexus pampiniformis in der linken Scrotumhälfte hervorrufen **(Varikozele).** Daher muss bei einer linksseitigen Varikozele ein Nierentumor ausgeschlossen werden. Eine länger bestehende Varikozele kann darüber hinaus zu Unfruchtbarkeit führen.

Innervation der männlichen Geschlechtsorgane

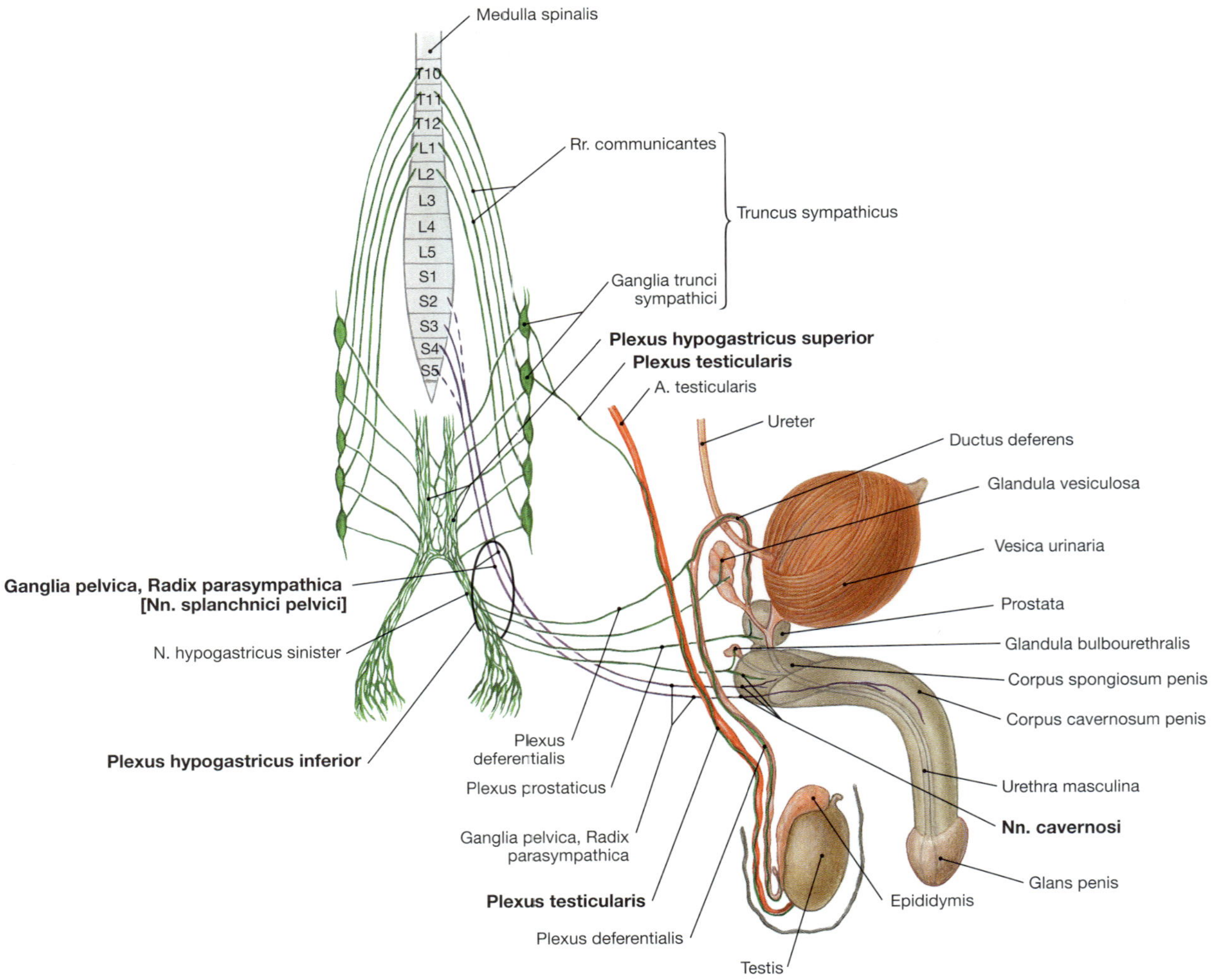

Abb. 7.60 Innervation der männlichen Geschlechtsorgane; Ansicht von ventral bzw. von lateral; schematische Darstellung. Der Plexus hypogastricus inferior enthält sympathische (grün) und parasympathische (violett) Nervenfasern.

Die präganglionären **sympathischen Nervenfasern** (T10–L2) steigen vom Plexus aorticus abdominalis über den Plexus hypogastricus superior und aus den sakralen Ganglien des Grenzstrangs (Truncus sympathicus) über die Nn. splanchnici sacrales ab und werden überwiegend im Plexus hypogastricus inferior synaptisch auf postganglionäre Neurone verschaltet. Diese erreichen die Beckenorgane und damit auch die akzessorischen Geschlechtsdrüsen. Fasern zum Ductus deferens (Plexus deferentialis) bewirken durch Aktivierung der glatten Muskulatur die **Emission** der Spermien in die Harnröhre. Einige Fasern schließen sich auch den Nn. cavernosi an, die den Beckenboden durchdringen und die Schwellkörper des Penis versorgen. Die (vorwiegend) postganglionären sympathischen Nervenfasern für Hoden und Nebenhoden verlaufen im Plexus testicularis entlang der A. testicularis, nachdem sie bereits in den Ganglia aorticorenalia oder im Plexus hypogastricus superior umgeschaltet wurden.

Die präganglionären **parasympathischen Nervenfasern** gelangen aus dem sakralen Parasympathicus (S2–S4) über die Nn. splanchnici pelvici in die Ganglien des Plexus hypogastricus inferior. Entweder hier oder in der Umgebung der Organe (hier: Ganglia pelvica) werden sie auf postganglionäre Fasern umgeschaltet, die die akzessorischen Drüsen erreichen. Die Nn. cavernosi durchdringen den Beckenboden und ziehen (teils unter Anlagerung an den N. dorsalis penis) in die Schwellkörper, wo sie die **Erektion** auslösen.

Die somatische Innervation durch den **N. pudendus** innerviert den Penis über den N. dorsalis penis sensorisch und bewirkt mit den motorischen Fasern der Nn. perineales zum M. bulbospongiosus und M. ischiocavernosus im Dammbereich die **Ejakulation** des Spermas aus der Harnröhre.

Der **Parasympathicus** bewirkt die **Erektion,** der **Sympathicus** die **Emission** und der **N. pudendus** die **Ejakulation.**

Klinik

Bei einer operativen Entfernung der paraaortalen Lymphknoten, z.B. bei Hodenkarzinomen oder Kolonkarzinomen im Bereich des Colon descendens oder bei Operationen an der Bauchaorta und den großen Beckenarterien, kann der Sympathicus geschädigt werden, wodurch eine Emission und damit die Ejakulation unmöglich werden kann **(Impotentia generandi).** Bei Operationen der Prostata, z.B. bei Prostatakarzinomen oder ausgeprägter Hyperplasie, können die parasympathischen Fasern zum Penis durchtrennt werden, so dass eine Erektion nicht mehr möglich ist **(Impotentia coeundi).**

Lymphgefäße der männlichen Geschlechtsorgane

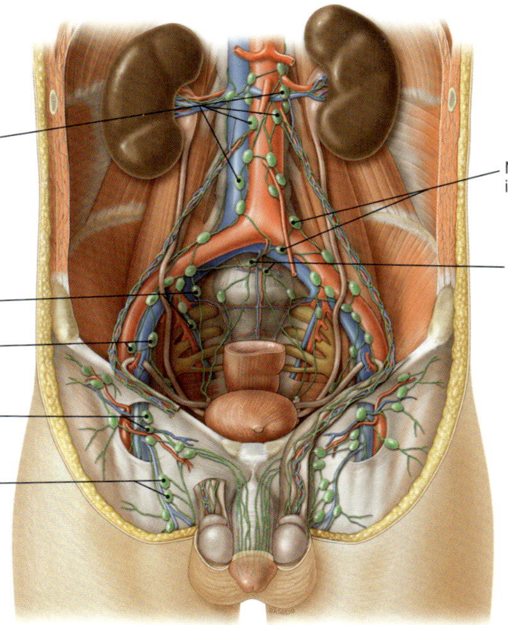

Abb. 7.61 Lymphgefäße und Lymphknoten der äußeren und inneren männlichen Geschlechtsorgane; Ansicht von ventral.
Die regionären Lymphknoten für die äußeren Geschlechtsorgane sind die Leistenlymphknoten **(Nodi lymphoidei inguinales).** Dagegen liegt die erste Lymphknotenstation von Hoden und Nebenhoden retroperitoneal auf Höhe der Nieren **(Nodi lymphoidei lumbales).**

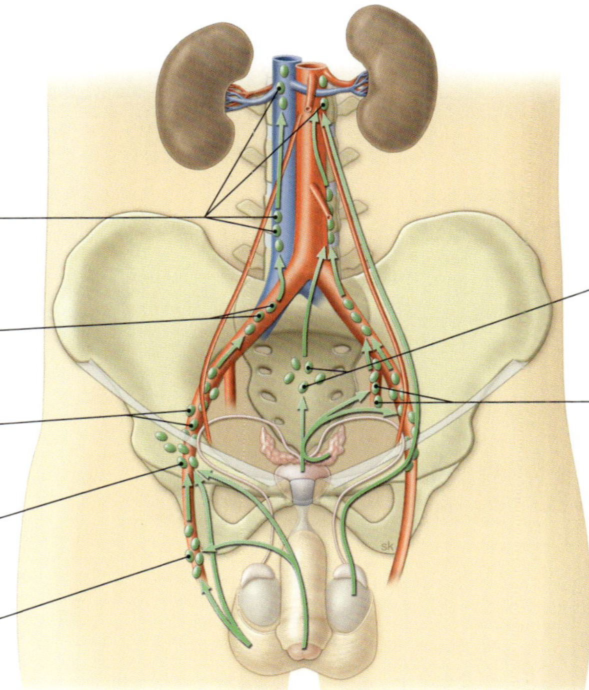

Abb. 7.62 Lymphabflusswege der äußeren und inneren männlichen Geschlechtsorgane; Ansicht von ventral.
Äußere und innere Geschlechtsorgane haben beim Mann völlig getrennte Lymphabflusswege.
Äußere Geschlechtsorgane:
- Penis und Scrotum: Nodi lymphoidei inguinales

Innere Geschlechtsorgane:
- Hoden und Nebenhoden: Nodi lymphoidei lumbales auf Höhe der Nieren
- Samenleiter, Samenstrang und akzessorische Geschlechtsdrüsen: Nodi lymphoidei iliaci interni/externi und Nodi lymphoidei sacrales

Klinik

Aufgrund der unterschiedlichen Lymphabflusswege befinden sich die ersten **Lymphknotenmetastasen** bei Peniskarzinomen in der Leiste, bei Hodentumoren dagegen im Retroperitonealraum. Da die Lymphabflusswege der inneren und der äußeren Geschlechtsorgane nicht miteinander kommunizieren, darf bei Verdacht auf einen **Hodentumor keine transskrotale Biopsie** vorgenommen werden, weil dadurch Tumorzellen in die Lymphbahnen zu den Leistenlymphknoten verschleppt werden können. Die Biopsie muss in diesem Fall immer vom Leistenkanal aus erfolgen.

Beckenboden beim Mann

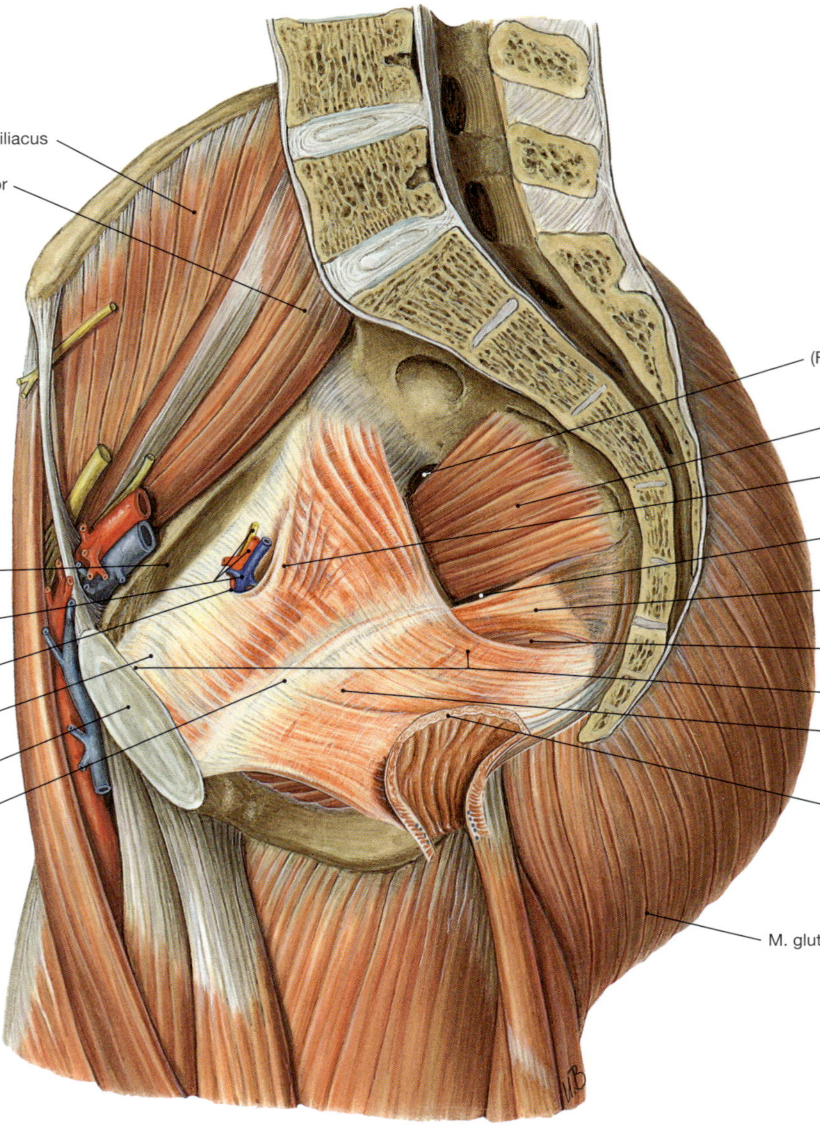

Abb. 7.63 Muskeln von Beckenboden, Diaphragma pelvis, Oberschenkel und Hüfte beim Mann; Ansicht von links.
Der Beckenboden verschließt die Beckenhöhle nach kaudal.
Bau:
- M. levator ani, der sich aus M. pubococcygeus, M. iliococcygeus und M. puborectalis zusammensetzt
- M. ischiococcygeus

Im Unterschied zu M. pubococcygeus und M. ischiococcygeus entspringt der M. iliococcygeus nicht von den Knochen des Hüftbeins, sondern vom Arcus tendineus musculi levatoris ani, der eine Verstärkung der Faszie des M. obturatorius internus darstellt.
Die Muskeln beider Seiten lassen das Levatortor (Hiatus levatorius) zwischen sich frei (→ Abb. 7.87), das durch das Bindegewebe des Corpus perineale (Centrum perinei) in einen **Hiatus urogenitalis** (vorne) als Durchtritt für die Urethra und einen **Hiatus analis** (hinten) für das Rectum unterteilt wird.
Der Beckenboden wird von direkten Ästen aus dem Plexus sacralis (S3–S4) innerviert.
Funktion: Der Beckenboden stabilisiert die Lage der Beckenorgane und gewährleistet damit Harn- und Stuhlkontinenz. Beckenbodeninsuffizienz mit Inkontinenz ist beim Mann relativ selten, weil der Beckenboden nicht durch Geburten strapaziert wird wie bei der Frau.

→ T 20a

Dammmuskulatur beim Mann

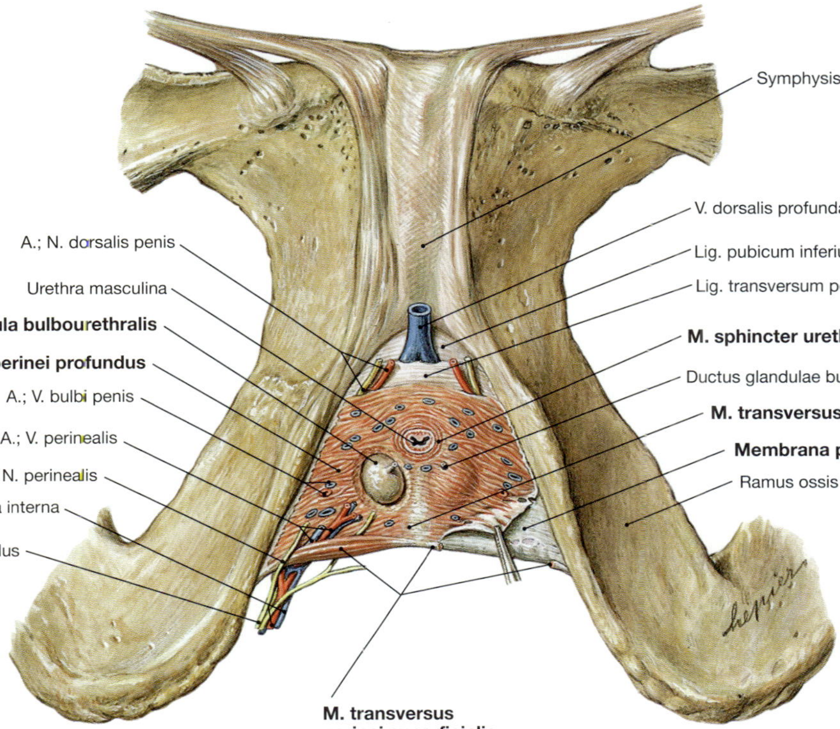

Abb. 7.64 Dammmuskulatur beim Mann; Ansicht von kaudal; nach Entfernung aller übrigen Muskeln.
Beim Mann wird das durch die Levatorschenkel frei gelassene Levatortor (Hiatus levatorius) durch die darunterliegende Dammmuskulatur weitgehend verschlossen, so dass nur der Durchtritt der Harnröhre (Urethra masculina) frei bleibt.
Die Dammmuskulatur besteht beim Mann aus einem relativ kräftigen **M. transversus perinei profundus,** an dessen Hinterrand der dünne **M. transversus perinei superficialis** gelegen ist. Da diese Muskeln eine Art Muskelplatte bilden, wurden sie früher mit dem Begriff „Diaphragma urogenitale" dem Diaghragma pelvis des Beckenbodens gegenübergestellt. Da aber kein echtes Diaphragma besteht und eine vergleichbare Muskelplatte bei der Frau nicht vorhanden ist, wurde der Begriff fallengelassen.
Der M. transversus perinei profundus bildet auch den M. sphincter urethrae externus, der den willkürlichen Schließmuskel der Harnblase darstellt.
Auf Ober- und Unterseite ist der M. transversus perinei profundus von einer Faszie bedeckt. Sie ist auf der Unterseite verstärkt und wird hier als **Membrana perinei** bezeichnet.
Der Raum zwischen beiden Faszien, der vom M. transversus perinei profundus nahezu komplett ausgefüllt wird, ist der **tiefe Dammraum** (Spatium profundum perinei). Dieser enthält beim Mann neben der Urethra die COWPER-Drüsen (Glandulae bulbourethrales) und wird von den tiefen Ästen des N. pudendus und der A. und V. pudenda interna auf ihrem Weg zur Peniswurzel durchquert.
Der **oberflächliche Dammraum** (Spatium superficiale perinei) schließt sich kaudal an die Membrana perinei an und enthält unter anderem den M. transversus perinei superficialis.

→ T 20b

Beckenboden und Dammmuskulatur beim Mann

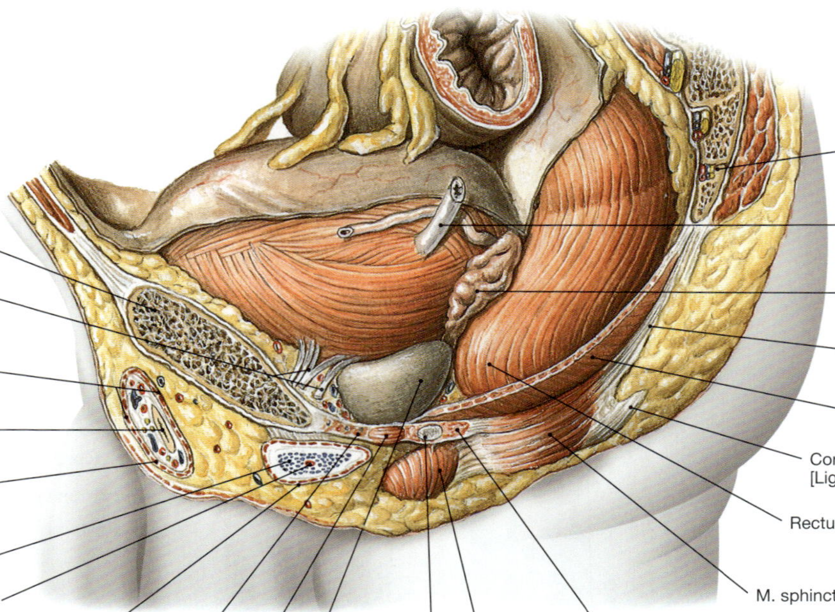

Abb. 7.65 Beckenboden, Diaphragma pelvis, und Dammmuskulatur beim Mann; Ansicht von links.
Der Beckenboden besteht vorne aus dem M. levator ani und hinten aus dem M. ischiococcygeus. Unter dem Beckenboden liegt der M. transversus perinei profundus der Dammmuskulatur, der auch den M. sphincter urethrae externus als Schließmuskel für die Harnblase bildet. In den M. transversus perinei profundus sind die COWPER-Drüsen (Glandulae bulbourethrales) eingebettet.

→ T 20

Dammregion beim Mann

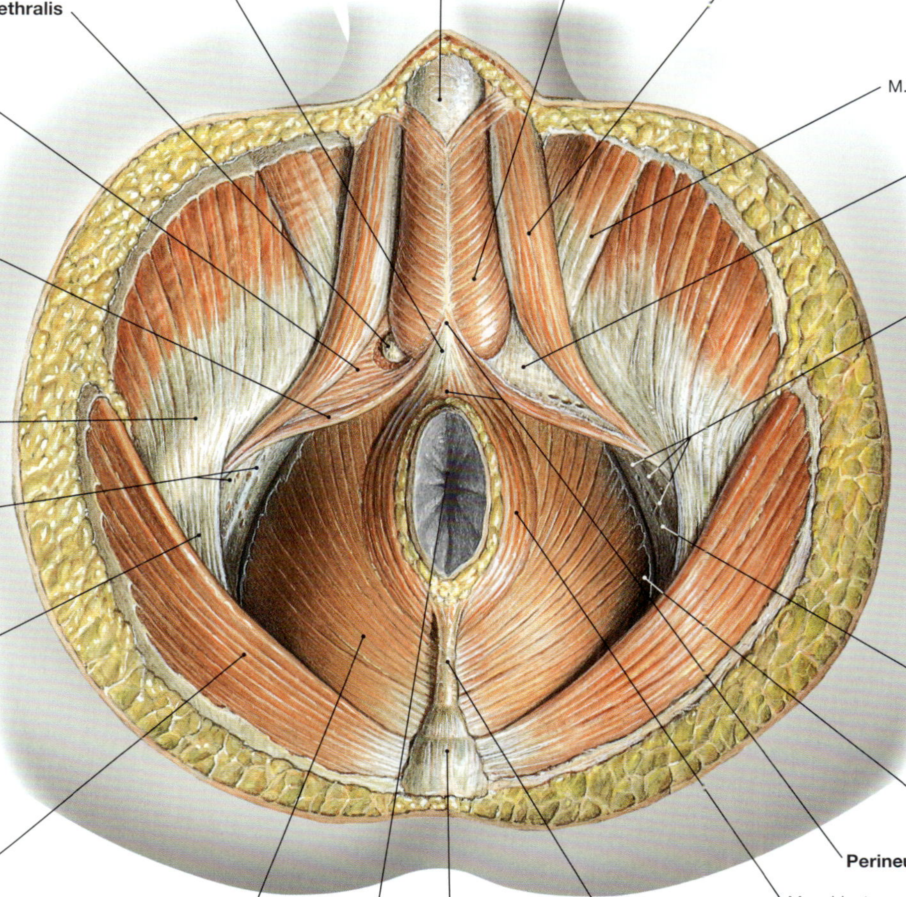

Abb. 7.66 Dammregion, Regio perinealis, beim Mann; Ansicht von kaudal; nach Entfernung sämtlicher Leitungsbahnen.

Die **Dammregion** reicht vom Unterrand der Schambeinfuge (Symphysis pubica) bis zur Spitze des Steißbeins (Os coccygis). Im Unterschied dazu beschreibt der Begriff **Damm** (Perineum) beim Mann nur die schmale Weichteilbrücke zwischen Peniswurzel und Anus. Die Dammregion lässt sich in eine **vordere Regio urogenitalis** mit Geschlechtsorganen und Harnröhre und in eine **hintere Regio analis** um den Anus einteilen. Beide Regionen enthalten Räume:

- Die Regio analis enthält die **Fossa ischioanalis** (→ Tabelle), die einen pyramidenförmigen Raum beidseits des Anus darstellt. Nach kranial wird der Raum vom M. levator ani des Beckenbodens begrenzt. In der lateralen Wand befindet sich in einer Faszienduplikatur des M. obturatorius internus (Fascia obturatoria) der Canalis pudendalis (ALCOCK-Kanal). In diesem verlaufen A. und V. pudenda interna und der N. pudendus, die durch das Foramen ischiadicum minus aus der Regio glutealis kommen.

Die Regio urogenitalis enthält die beiden **Dammräume:**

- Der **tiefe Dammraum** (Spatium profundum perinei) wird weitgehend vom M. transversus perinei profundus eingenommen und enthält auch die COWPER-Drüsen (Glandulae bulbourethrales).
- Im **oberflächlichen Dammraum** (Spatium superficiale perinei) liegen der M. transversus perinei superficialis, der M. bulbospongiosus und der M. ischiocavernosus, die die Schwellkörper der Peniswurzel stabilisieren und die Ejakulation bewirken.

Begrenzung der Fossa ischioanalis	
medial und kranial	M. sphincter ani externus und M. levator ani
lateral	M. obturatorius internus
dorsal	M. gluteus maximus und Lig. sacrotuberale
ventral	Hinterrand des oberflächlichen und des tiefen Dammraums, Ausläufer reichen bis zur Symphyse
kaudal	Faszie und Haut des Damms

Dammregion beim Mann

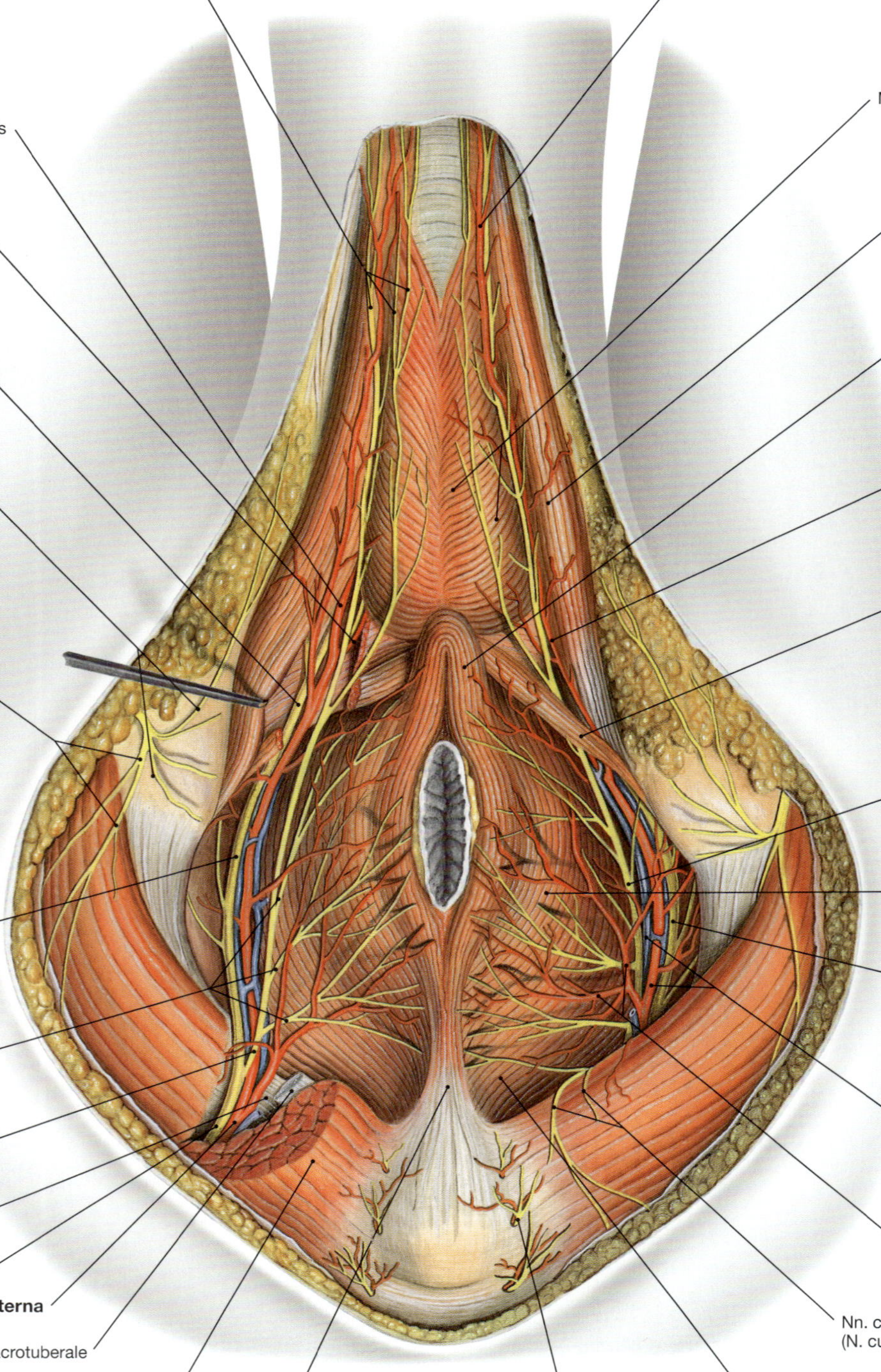

Abb. 7.67 Gefäße und Nerven der Dammregion, Regio perinealis, beim Mann; Ansicht von kaudal.

Die Leitungsbahnen gelangen in dem durch eine Faszienduplikatur des M. obturatorius internus gebildeten Canalis pudendalis (ALCOCK-Kanal) von dorsolateral in die mit Fett ausgefüllte pyramidenförmige **Fossa ischioanalis.** Sie geben zunächst die Äste zu Anus und Analkanal ab und durchqueren den Raum, um ventral durch die beiden Dammräume zur Peniswurzel zu gelangen.

Inhalt der Fossa ischioanalis:

- A. und V. pudenda interna und N. pudendus: im Canalis pudendalis (ALCOCK-Kanal)
- A., V. und N. rectalis inferior: zum Analkanal

Klinik

Die Fossa ischioanalis hat wegen ihrer Ausdehnung beidseits des Anus große klinische Bedeutung. **Eiteransammlungen** (Abszesse), z. B. bei Fisteln aus dem Analkanal, können sich in der gesamten Fossa ischioanalis bis nach vorne zur Symphyse ausdehnen. Derartige Abszesse fallen neben unspezifischen Entzündungssymptomen nur durch einen starken Druckschmerz in der Dammregion auf.

Dammräume beim Mann

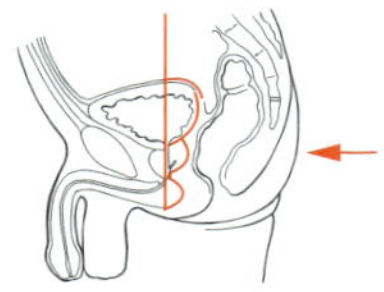

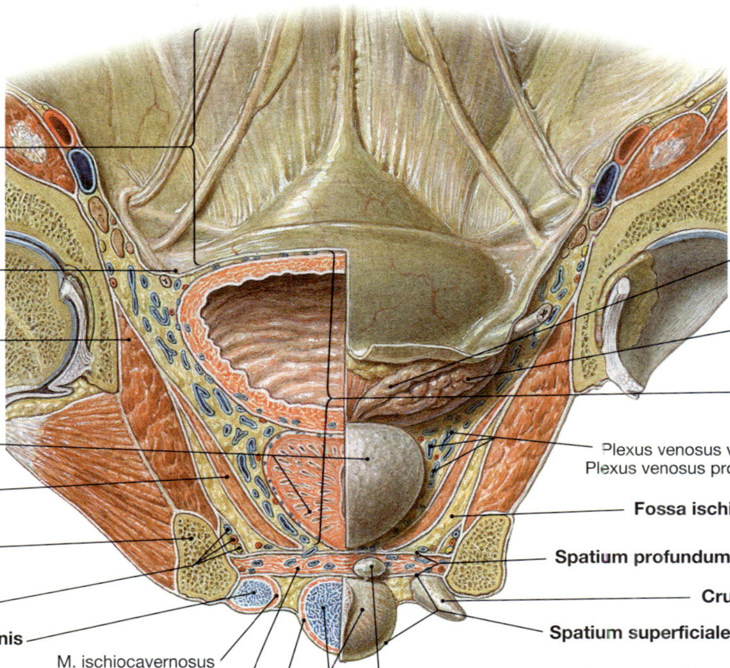

Abb. 7.68 Dammräume beim Mann; links; Frontalschnitt auf Höhe des Hüftkopfes; Ansicht von dorsal.

Der Frontalschnitt zeigt die **drei Etagen** des männlichen Beckens:

- Peritonealhöhle des Beckens (Cavitas peritonealis pelvis), die kaudal durch das parietale Peritoneum begrenzt wird
- Subperitonealraum (Spatium extraperitoneale pelvis) der nach unten bis zum M. levator ani des Beckenbodens reicht
- Dammregion (Regio perinealis) unterhalb des Beckenbodens. Der vordere Anteil wird im Wesentlichen von den beiden Dammräumen eingenommen, enthält aber darüber noch die sehr variablen vorderen Ausläufer der Fossa ischioanalis (hier rechts und links unterschiedlich dargestellt).

Der **tiefe Dammraum** (Spatium profundum perinei) wird nahezu komplett vom M. transversus perinei profundus ausgefüllt. Er enthält die COWPER-Drüsen (Glandulae bulbourethrales) und den Durchtritt der Harnröhre (Urethra masculina). Außerdem wird er von den tiefen Ästen des N. pudendus (N. dorsalis penis) und der A. und V. pudenda interna (A. bulbi penis, A. dorsalis penis, A. profunda penis) auf ihrem Weg zur Peniswurzel durchquert. Die Nn. cavernosi penis durchbohren den Damm und treten in die Schwellkörper des Penis ein.

Der **oberflächliche Dammraum** (Spatium superficiale perinei) erstreckt sich zwischen der Membrana perinei auf der Unterseite des M. transversus perinei profundus und der Körperfaszie (Fascia perinei). Er enthält neben dem M. transversus perinei superficialis auch die proximalen Anteile der Schwellkörper des Penis. Der Bulbus penis wird dabei vom M. bulbospongiosus umfasst, die Crura penis beidseits vom M. ischiocavernosus. Weiterhin ziehen die oberflächlichen Äste des N. pudendus (N. perinealis mit Nn. scrotales posteriores) und der A. und V. pudenda interna (A. perinealis mit Rr. scrotales posteriores) durch diesen Raum zum Hodensack.

Äußere weibliche Geschlechtsorgane

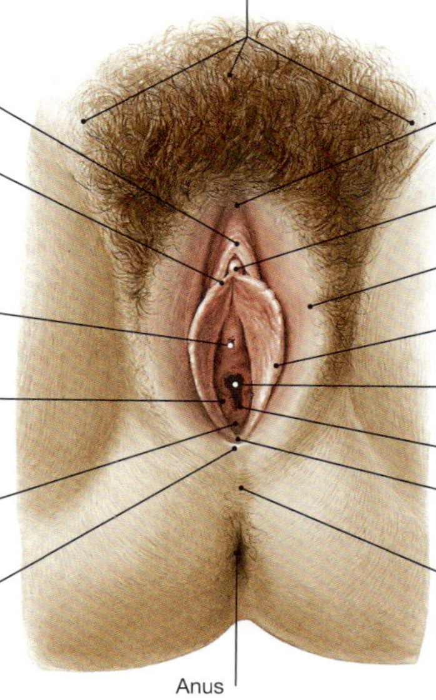

Abb. 7.69 Äußere weibliche Geschlechtsorgane, Organa genitalia feminina externa; Ansicht von kaudal.

Bei den weiblichen Geschlechtsorganen lassen sich äußere Geschlechtsorgane (Organa genitalia feminina externa) und innere Geschlechtsorgane (Organa genitalia feminina interna → Abb. 7.71) unterscheiden.

Zu den **äußeren Geschlechtsorganen,** die als **Vulva** zusammengefasst werden, zählen:

- Schamberg (Mons pubis)
- große Schamlippen (Labia majora pudendi)
- kleine Schamlippen (Labia minora pudendi)
- Kitzler (Clitoris)
- Scheidenvorhof (Vestibulum vaginae)
- Scheidenvorhofdrüsen (Glandulae vestibulares majores BARTHOLINI und minores)

Der Scheidenvorhof reicht bis an das Jungfernhäutchen (Hymen), das den Eingang der Scheide (Ostium vaginae) begrenzt. Ventral des Eingangs in die Scheide liegt die äußere Öffnung der Harnröhre (Ostium urethrae externum).

Die äußeren Geschlechtsorgane sind die **Sexualorgane** und dienen dem Geschlechtsverkehr.

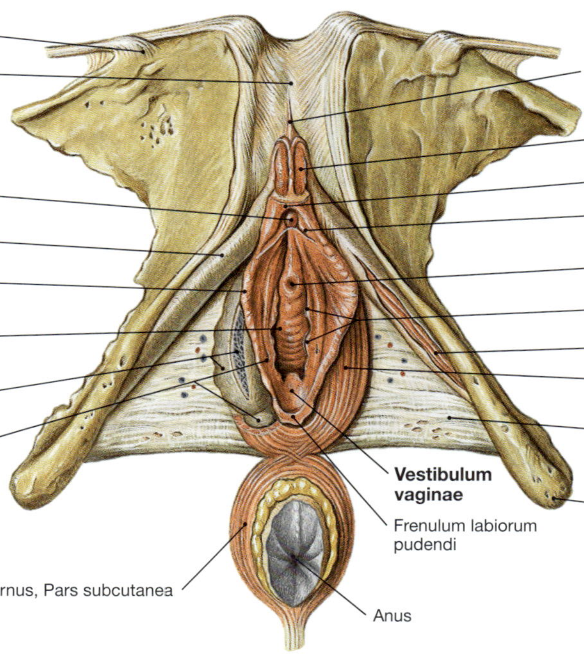

Abb. 7.70 Äußere weibliche Geschlechtsorgane, Organa genitalia feminina externa; Ansicht von kaudal, nach Entfernung der Körperfaszie und der Leitungsbahnen.

Die großen Schamlippen (Labia majora pudendi), die hier entfernt wurden, enthalten den Schwellkörper des Vorhofs (Bulbus vestibuli). Zwischen diesen liegen die kleinen Schamlippen (Labia minora pudendi), die den **Scheidenvorhof** (Vestibulum vaginae) umfassen, in den lateral die Scheidenvorhofdrüsen (Glandulae vestibulares majores BARTHOLINI und minores) münden. Vorn ziehen die kleinen Schamlippen mit einem Bändchen (Frenulum clitoridis) zur Eichel des Kitzlers (Glans clitoridis). Der **Kitzler** (Clitoris) ist das sensorische Organ der sexuellen Erregung. Die beiden Schwellkörper (Corpora cavernosa clitoridis) bilden einen kurzen Körper (Corpus clitoridis), der kaudal mit der Eichel endet, bevor sie zu den Schenkeln des Kitzlers (Crura clitoridis) auseinanderweichen, die an den unteren Schambeinästen verankert sind. Die Schenkel werden von den Mm. ischiocavernosi umgeben. Der M. bulbospongiosus stabilisiert den Bulbus vestibuli.

Entwicklungsgeschichtlich bedingt bestehen damit zwischen dem Bau der Clitoris, die auch eine Vorhaut (Preputium clitoridis) aufweist, und dem Bau des Penis einige Gemeinsamkeiten. Auch die Mechanismen der Schwellkörperfüllung und Erektion sind bei beiden Geschlechtern vergleichbar.

* klin.: BARTHOLIN-Drüse

Innere weibliche Geschlechtsorgane

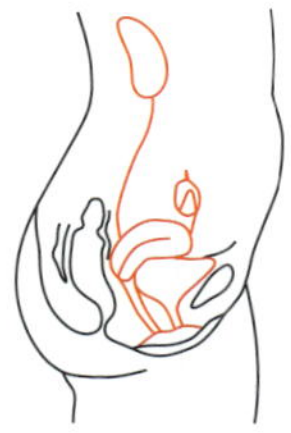

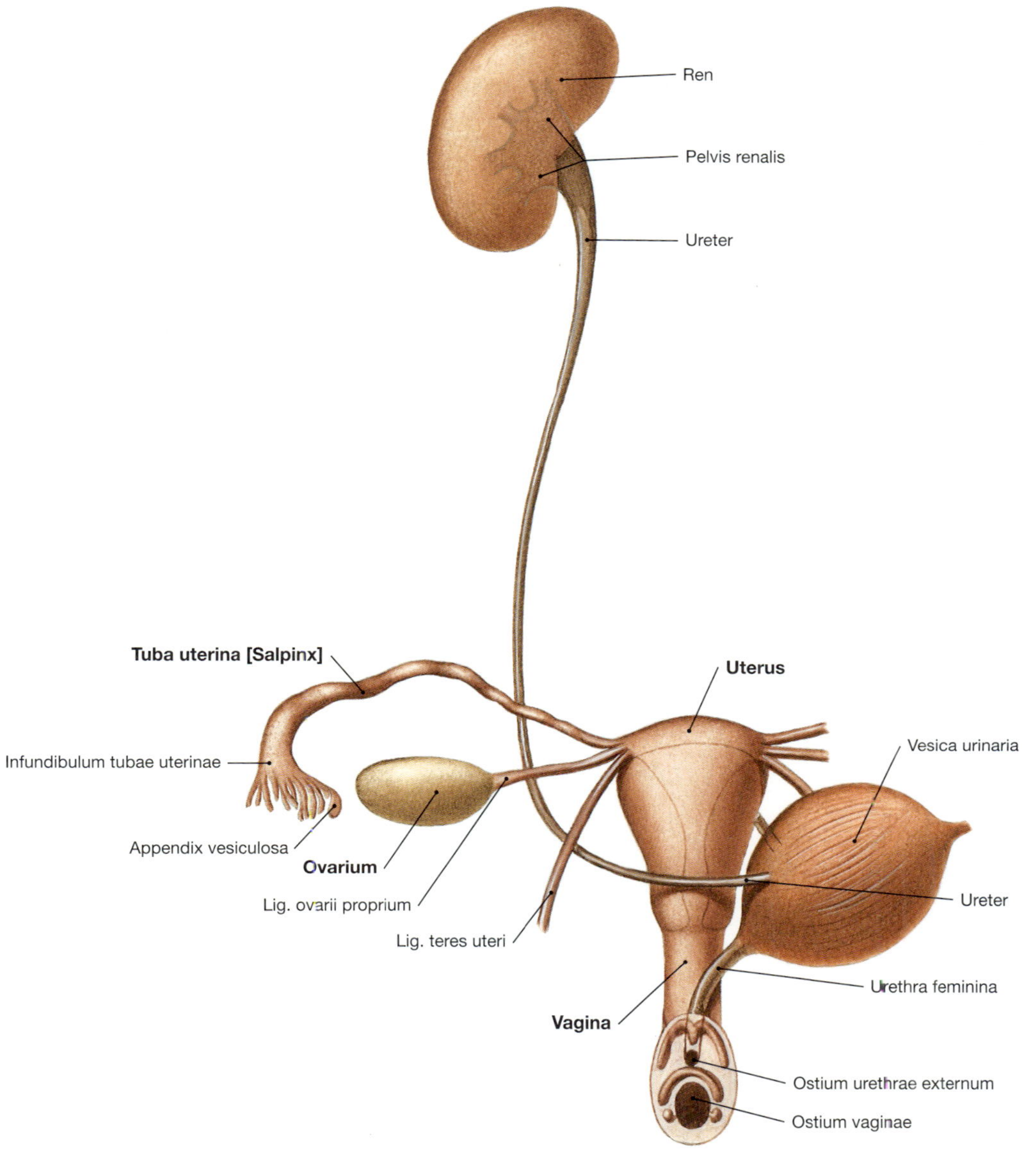

Abb. 7.71 Weibliche Harn- und Geschlechtsorgane, Organa urogenitalia feminina; Ansicht von ventral.
Zu den **inneren Geschlechtsorganen** gehören:

- Scheide (Vagina)
- Gebärmutter (Uterus)
- Eileiter (Tuba uterina)
- Eierstock (Ovar)

Eileiter und Ovar sind paarig angelegt und werden als **Adnexe** (Anhänge) zusammengefasst.

Die inneren Geschlechtsorgane der Frau sind sowohl **Fortpflanzungs-** als auch **Sexualorgane.** Die Eierstöcke dienen der Reifung der Follikel (mit Eizellen) und der weiblichen Geschlechtshormone (Östrogene). Der Eileiter ist der Ort der Befruchtung. Er transportiert die Eizelle in die Gebärmutter, wo während der Schwangerschaft die Entwicklung des Kindes stattfindet. Die Scheide dient dem Geschlechtsverkehr und ist der Geburtsweg.

Entwicklung der äußeren weiblichen Geschlechtsorgane

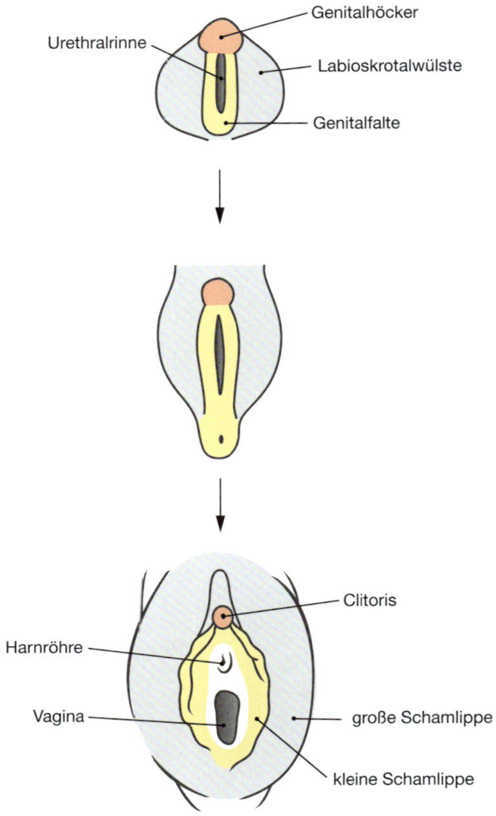

Abb. 7.72 Entwicklung der äußeren weiblichen Geschlechtsorgane, Organa genitalia feminina externa.
Das äußere Genitale entwickelt sich aus dem kaudalen Abschnitt des Sinus urogenitalis. Dieser geht aus der Kloake des Darmrohrs hervor und bildet unter anderem die Harnblase und die Harnröhre (→ Abb. 7.6). Daneben ist auch das Ektoderm mit dem unter diesem gelegenen Bindegewebe (Mesenchym) beteiligt. Zunächst entwickelt sich bei beiden Geschlechtern das äußere Genitale gleich (sexuell indifferentes Stadium). Dabei senkt sich die vordere Wand des Sinus urogenitalis zunächst zur **Urethralrinne** ein, die auf beiden Seiten von den **Genitalfalten** begrenzt wird. Seitlich von diesen liegen die **Labioskrotalwülste** und am Vorderrand der Rinne der **Genitalhöcker.**
Danach entwickelt sich beim weiblichen Geschlecht unter dem Einfluss der vom Ovar gebildeten weiblichen Geschlechtshormone (Östrogene) der Genitalhöcker zur **Clitoris** (Corpora cavernosa). Anders als beim Mann schließen sich die Genitalfalten und die Labioskrotalwülste nicht. Die Genitalfalten werden zu den **kleinen Schamlippen,** die Labioskrotalwülste bilden die **großen Schamlippen.** Aus dem Sinus urogenitalis gehen die kurze Harnröhre und die **BARTHOLIN-Drüsen** hervor.

Klinik

Die Gemeinsamkeiten mit der Entwicklung der äußeren männlichen Geschlechtsorgane macht verständlich, warum bei Störungen, die mit einer übermäßigen Produktion von männlichen Geschlechtshormonen einhergehen, wie das **adrenogenitale Syndrom** (Bildung in der Nebenniere), penisartige Hyperplasien der Clitoris vorkommen können.

Entwicklung der inneren weiblichen Geschlechtsorgane

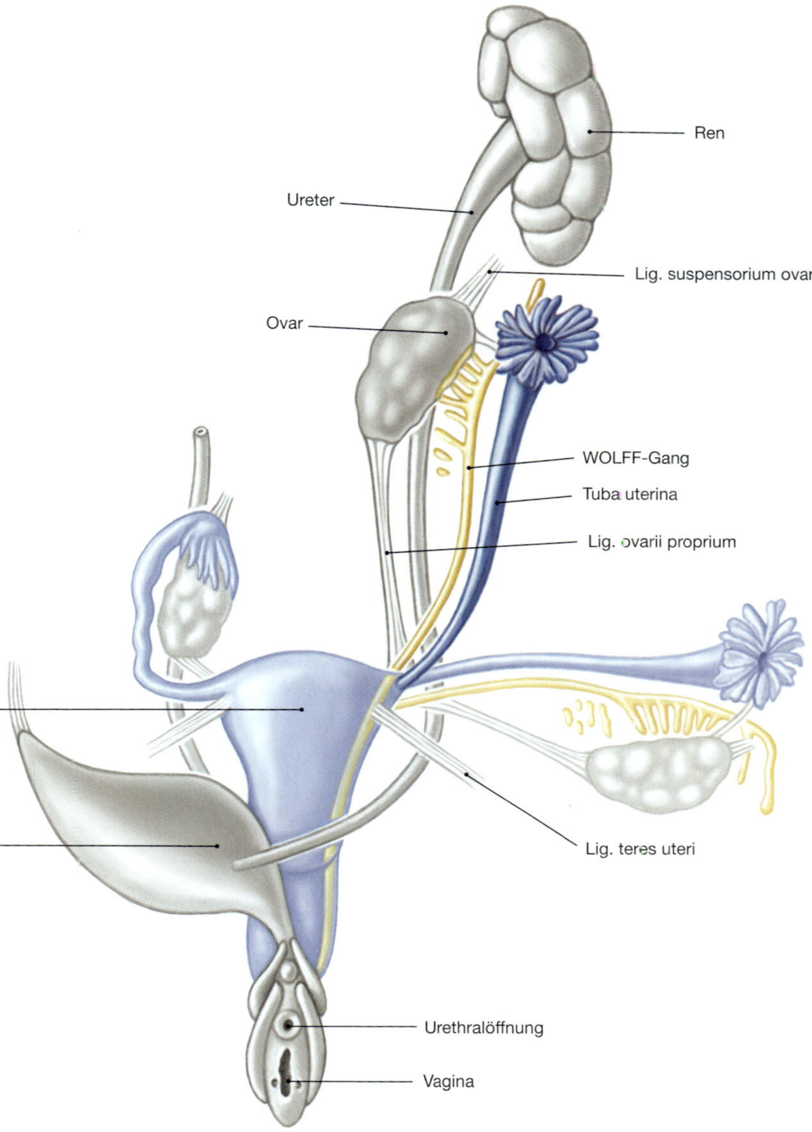

Abb. 7.73 Entwicklung der inneren weiblichen Geschlechtsorgane, Organa genitalia feminina interna. (nach [1])
Die inneren Geschlechtsorgane entwickeln sich bei beiden Geschlechtern bis zur 7. Woche gleich (sexuell indifferentes Stadium → Abb. 7.8). Beim weiblichen Geschlecht bildet sich dann aus der Gonadenanlage der Eierstock. Ähnlich wie der Hoden wird auch das Ovar im Lumbalbereich auf Höhe der Urniere angelegt. Im Zuge des Körperwachstums wird das Ovar aber nur bis in das kleine Becken verlagert und verlässt die Peritonealhöhle nicht. Ovar und Adnexe liegen daher **intraperitoneal.**

Ohne die unterdrückende Wirkung des Anti-MÜLLER-Hormons aus dem Hoden entwickeln sich die MÜLLER-Gänge zu den weiblichen Genitalwegen. Ab der 12. Woche bilden diese die Tuba uterina und in ihrem distalen verschmolzenen Bereich Uterus und Vagina. Der untere Teil der Vagina entsteht aus dem Sinus urogenitalis. Wenn die MÜLLER-Gänge nicht miteinander fusionieren, kann es zu **Septierungen** des Uteruslumens (Uterus septus oder subseptus) oder sogar zu **Doppelbildungen** (Uterus duplex) kommen.

Gebärmutter, Eileiter und Eierstöcke

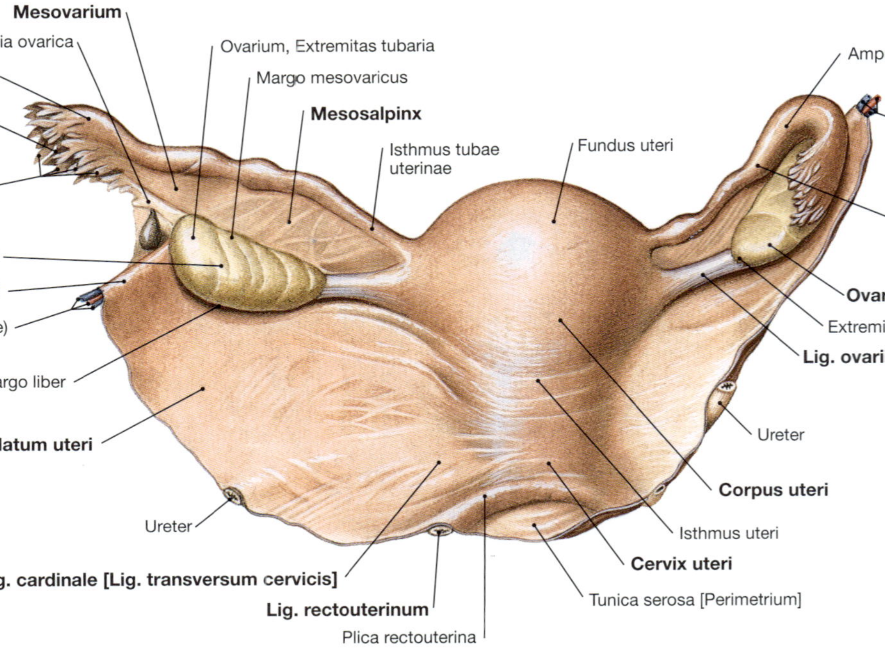

Abb. 7.74 Gebärmutter, Uterus, Eierstock, Ovarium, und Eileiter, Tuba uterina, mit Peritonealduplikaturen; Ansicht von dorsal.

Die **Gebärmutter** (Uterus [Metra]) ist 8 cm lang, 5 cm breit und 2–3 cm dick. Sie gliedert sich in einen Körper (Corpus uteri) mit einem nach oben gerichteten Boden (Fundus uteri) und einen Hals (Cervix uteri), die durch eine Engstelle (Isthmus uteri) gegeneinander abgesetzt sind. An das Korpus des Uterus schließt sich beidseits der Eileiter (Tuba uterina) als Verbindung zum Eierstock (Ovar) an.

Der **Eileiter** (Tuba uterina [Salpinx]) ist 10–14 cm lang und besitzt ebenfalls verschiedene Abschnitte:

- Tubentrichter (Infundibulum tubae uterinae): 1–2 cm lang, besitzt die Öffnung zur Bauchhöhle (Ostium abdominale tubae uterinae) und fransenartige Fortsätze (Fimbriae tubae uterinae) zur Aufnahme der Eizelle bei der Ovulation
- Ampulle (Ampulla tubae uterinae): 7–8 cm, zieht bogenförmig um das Ovar
- Isthmus (Isthmus tubae uterinae): 3–6 cm, Engstelle am Übergang zum Uterus
- Intramuraler Abschnitt (Pars uterina tubae), mündet in den Uterus (Ostium uterinum)

Der **Eierstock** (Ovarium) ist 3 × 1,5 × 1 cm groß und oval. Man unterscheidet einen oberen Pol (Extremitas tubaria) und einen unteren Pol (Extremitas uterina). Am vorderen Rand ist das Mesovar befestigt (Margo mesovaricus), während der hintere Rand frei bleibt (Margo liber).

Gebärmutter, Eileiter und Eierstock liegen **intraperitoneal** und besitzen daher eigene, mit einer Tunica serosa überzogene **Peritonealduplikaturen** und haben außerdem weitere **Aufhängebänder,** die bei Operationen in der Gynäkologie klinische Relevanz haben:

- Lig. latum uteri: frontal gestellte Bauchfellfalte
- Mesovar und Mesosalpinx: Peritonealduplikaturen von Ovar und Tube zum Lig. latum
- Lig. cardinale (Lig. transversum cervicis): Bindegewebezüge von der Cervix zur seitlichen Beckenwand
- Lig. rectouterinum (klin.: Lig. sacrouterinum): Bindegewebezüge von der Cervix nach dorsal
- Lig. teres uteri (klin.: Lig. rotundum): vom Tubenwinkel durch den Leistenkanal zu den großen Schamlippen
- Lig. ovarii proprium: verbindet Ovar und Uterus
- Lig. suspensorium ovarii (klin.: Lig. infundibulopelvicum): verbindet Ovar und seitliche Beckenwand, führt A. und V. ovarica

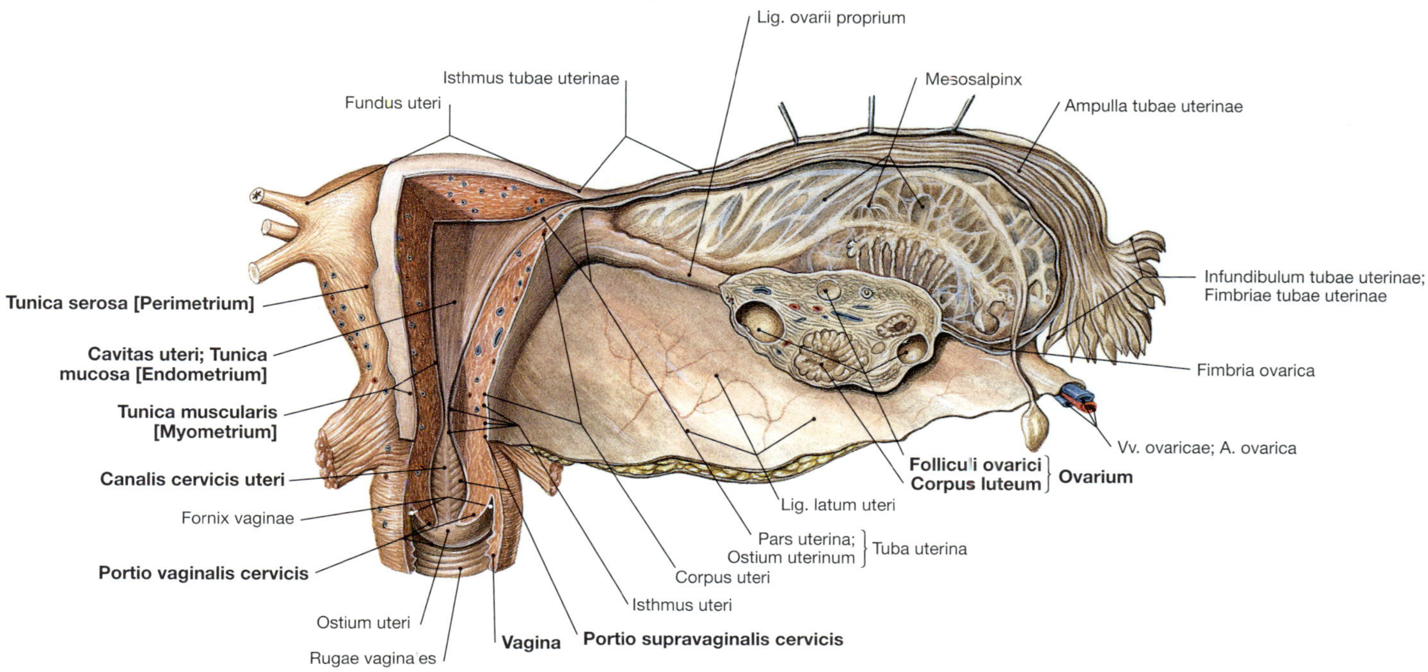

Abb. 7.75 Gebärmutter, Uterus, Scheide, Vagina, Eierstock, Ovarium, und Eileiter, Tuba uterina; Frontalschnitt; Ansicht von dorsal.

Der Hohlraum der **Gebärmutter** gliedert sich in die Cavitas uteri im Körper des Uterus und den Canalis cervicis uteri im Hals. Die Cervix mündet mit ihrem unteren Abschnitt in die Scheide, der daher als Portio vaginalis cervicis bezeichnet wird. Der obere Abschnitt ist die Portio supravaginalis cervicis. Die **Scheide** selbst ist ein muskulöses Hohlorgan mit einer Länge von 10 cm und liegt **subperitoneal.** An die Portio vaginalis der Cervix grenzt das Scheidengewölbe (Fornix vaginae). Man unterscheidet Vorder- und Rückwand (Paries anterior und Paries posterior), die beide auf der Innenseite Querfalten (Rugae vaginales) aufweisen.

Der Frontalschnitt zeigt auch den **Wandbau des Uterus:** Innen liegt die Schleimhaut (Tunica mucosa, Endometrium), der die starke Muskelschicht (Tunica muscularis, Myometrium) aus glatter Muskulatur sowie außen der Peritonealüberzug (Tunica serosa, Perimetrium) folgen.

Das Stroma des **Ovars** enthält die Follikel (Folliculi ovarici), die die Eizellen enthalten und sich später im weiblichen Zyklus in den Gelbkörper (Corpus luteum) umwandeln. Follikel und Gelbkörper bilden die Hormone (Östrogene und Gestagene), die die zyklusabhängige Differenzierung des Endometriums steuern.

Lage von Gebärmutter und Adnexen

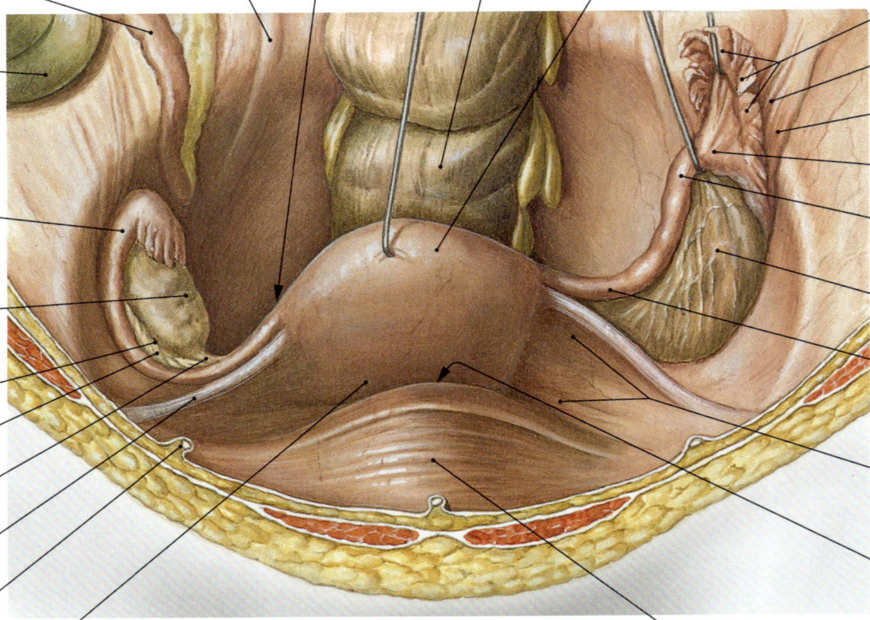

Abb. 7.76 Gebärmutter, Uterus, Eierstock, Ovarium, und Eileiter, Tuba uterina, mit Peritonealduplikaturen; Ansicht von ventral.
Gebärmutter, Eileiter und Eierstock liegen **intraperitoneal.** Ihre **Peritonealduplikaturen** (Lig. latum uteri, Mesosalpinx, Mesovarium) bilden eine frontal stehende Falte im kleinen Becken. Das Lig. teres uteri zieht vom Tubenwinkel des Uterus nach vorne zur seitlichen Beckenwand und tritt dort in den Leistenkanal ein, um schließlich im Bindegewebe der großen Schamlippen auszulaufen. Das Lig. ovarii proprium verbindet Uterus und Ovar. Das Lig. suspensorium ovarii ist an der seitlichen Beckenwand befestigt und enthält A. und V. ovarica.

Die enge Lagebeziehung der Adnexe (Ovar und Tuba uterina) zum Wurmfortsatz (Appendix vermiformis) des Dickdarms macht verständlich, warum sowohl eine Entzündung des Wurmfortsatzes (Appendizitis) als auch eine Entzündung der Eileiter (Salpingitis) mit ähnlichen Schmerzen im rechten Unterbauch einhergehen können. Zwischen Uterus und Harnblase liegt die **Excavatio vesicouterina** als Aussackung der Bauchhöhle. Die **Excavatio rectouterina** (DOUGLAS-Raum) hinter dem Uterus ist die am weitesten nach kaudal reichende Stelle der weiblichen Bauchhöhle und kann bei Entzündungen im Unterbauch Ansammlungen von freier Flüssigkeit enthalten.

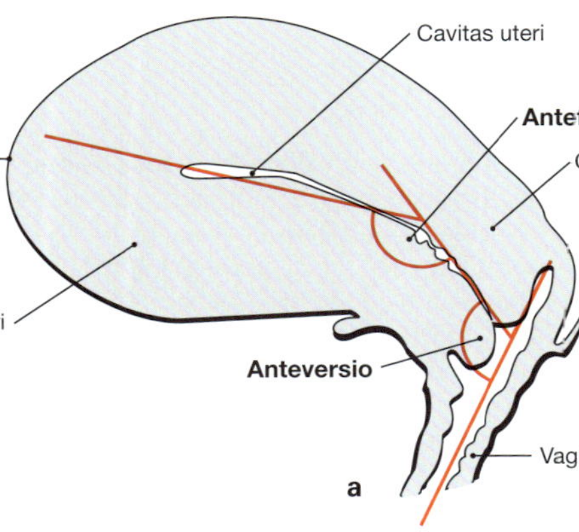

a

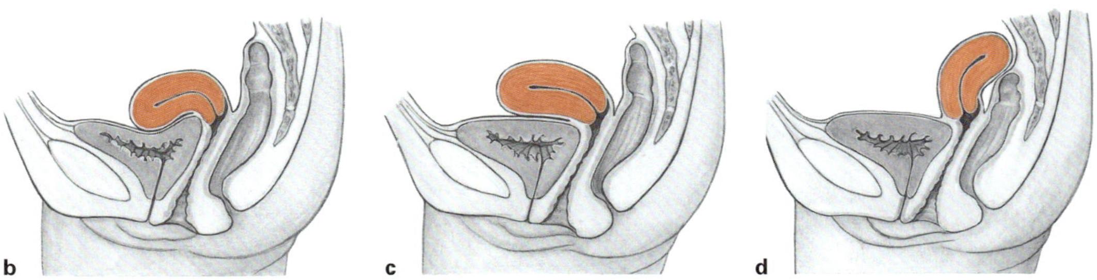

b c d

Abb. 7.77a bis d Lage von Gebärmutter, Uterus, und Scheide, Vagina; Ansicht von rechts.
- **a** In Normalstellung ist der Uterus gegenüber der Vagina nach vorne abgewinkelt (Anteversio) und der Körper gegenüber dem Hals nach vorne abgeknickt (Anteflexio). Diese Lage dient als Schutz und verhindert, dass der Uterus bei intraabdominalem Druckanstieg (Niesen, Husten) durch die Scheide nach außen gestülpt wird.
- **b** Anteversio, Anteflexio = Normalstellung
- **c** Anteversio, fehlende Anteflexio
- **d** Retroversio, Retroflexio

Lage von Gebärmutter und Bindegeweberäumen

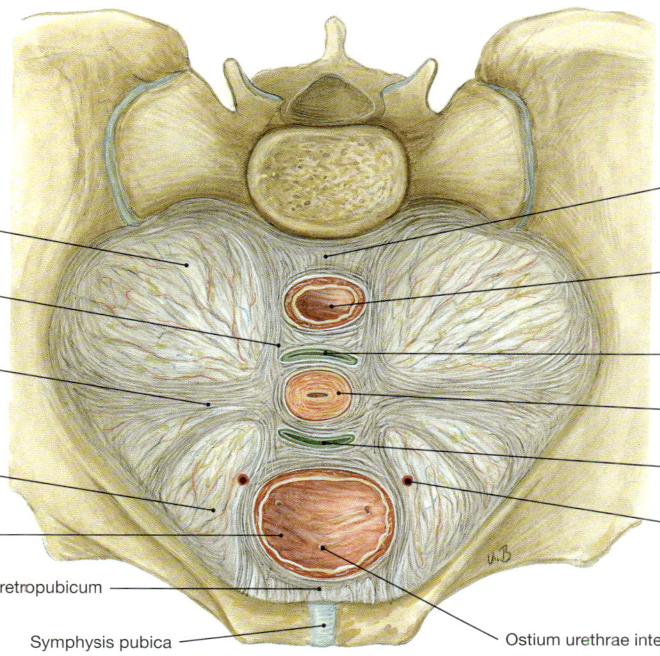

Abb. 7.78 Fixierungsbänder und Bindegeweberäume der Gebärmutter, Uterus; Transversalschnitt in Höhe der Cervix uteri; Ansicht von kranial; halbschematische Darstellung.
Das Bindegewebe im kleinen Becken wird unter klinischen Gesichtspunkten in der Umgebung der einzelnen Organe untergliedert; einzelne Faserzüge werden als Bänder bezeichnet, obwohl eine solche Abgrenzung anatomisch nicht eindeutig möglich ist.

- **Parametrium:** Faserzüge von der Cervix zur seitlichen Beckenwand (Lig. cardinale)
- **Paraproctium:** Bindegewebe um das Rectum
- **Paracystium:** Bindegewebe um die Harnblase
- **Parakolpium:** Bindegewebe um die Scheide

Nur das **Lig. rectouterinum** von der Cervix nach dorsal ist besser abgrenzbar und wird auch bei gynäkologischen Operationen dargestellt, um die Nervenfasern des Plexus hypogastricus inferior schonen zu können.

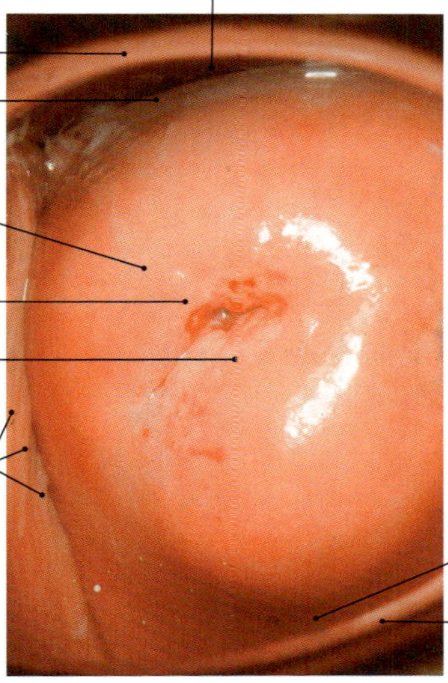

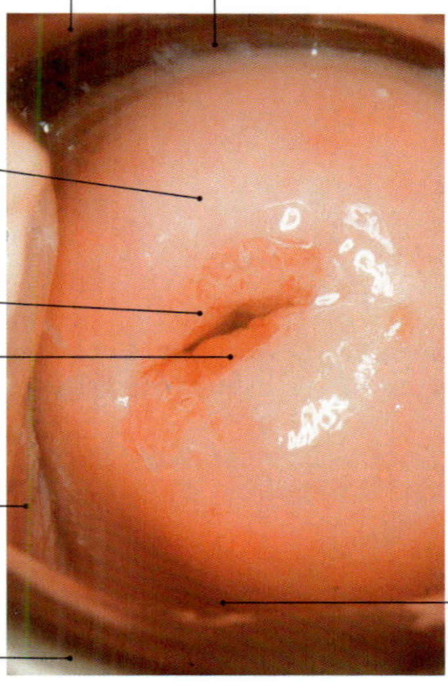

Abb. 7.79a und b Gebärmutterhals, Portio vaginalis cervicis; Ansicht von kaudal.
a Gebärmutterhals einer jungen Frau, die noch kein Kind geboren hat (Nullipara)
b Gebärmutterhals einer jungen Frau, die zwei Kinder geboren hat

Zur Inspektion der Portio wird die Vagina durch zwei Spekula aus der normalen spaltförmigen Form breit auseinandergezogen.

* Spekulum

Klinik

Inspektion und Abstriche von der Cervix gehören in der Gynäkologie zur Routinediagnostik und werden für Frauen ab dem 20. Lebensjahr als **Vorsorgeuntersuchung** von den Krankenkassen erstattet. Die Untersuchungen sollten mindestens einmal im Jahr erfolgen, um Entartungen als Vorstufen eines bösartigen Tumors **(Zervixkarzinom)** frühzeitig erkennen und entfernen zu können. Zervixkarzinome gehören bei Frauen unter 40 Jahren zu den häufigsten bösartigen Tumoren. Da die Karzinome durch Viren aus der Familie der Papilloma-Viren (HPV) ausgelöst werden, konnte eine Impfung entwickelt werden, die für Mädchen in der Pubertät empfohlen wird. Die Impfung kann relativ sicher eine Infektion verhindern. Da aber aufgrund der bisher geringen Erfahrung unklar ist, wie viele Karzinome tatsächlich verhindert werden können, ist der Nutzen der Impfung momentan noch umstritten.

Gebärmutter in der Schwangerschaft

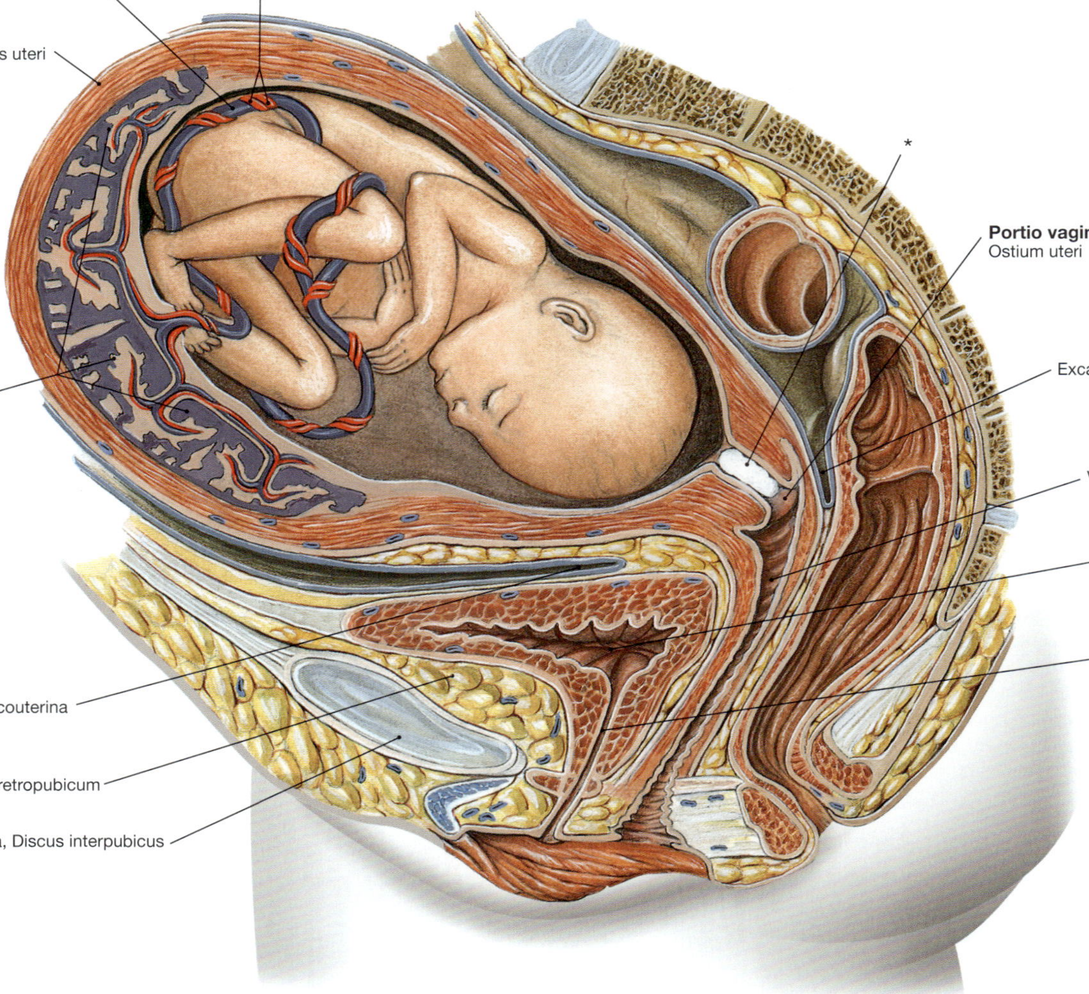

Abb. 7.80 Gebärmutter, Uterus, mit Mutterkuchen, Placenta, und Fetus; mit Ausnahme des Fetus Medianschnitt des Beckens; Ansicht von links.
Das Kind wird im Uterus über die Placenta ernährt, die sich nach der Einnistung im Endometrium aus kindlichem Gewebe bildet. Der Zervixkanal wird während der Schwangerschaft durch den KRISTELLER-Schleimpfropf verschlossen (*).

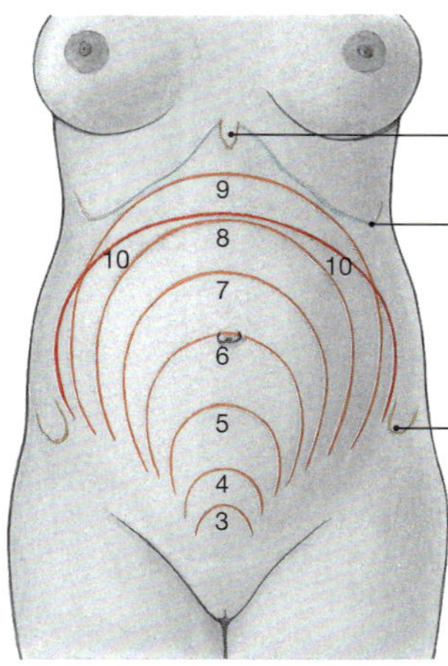

Abb. 7.81 Stand des Fundus uteri in der Schwangerschaft; Ansicht von ventral.
Die Zahlen geben das Ende des jeweiligen Schwangerschaftsmonats an. Im 6. Monat (24. Woche) steht der Fundus uteri am Nabel, im 9. Monat (36. Woche) am Rippenbogen. Bis zur Geburt nimmt das Volumen des Uterus 800- bis 1200-fach zu und sein Gewicht erhöht sich von 30–120 g auf 1000–1500 g.

Arterien der inneren weiblichen Geschlechtsorgane

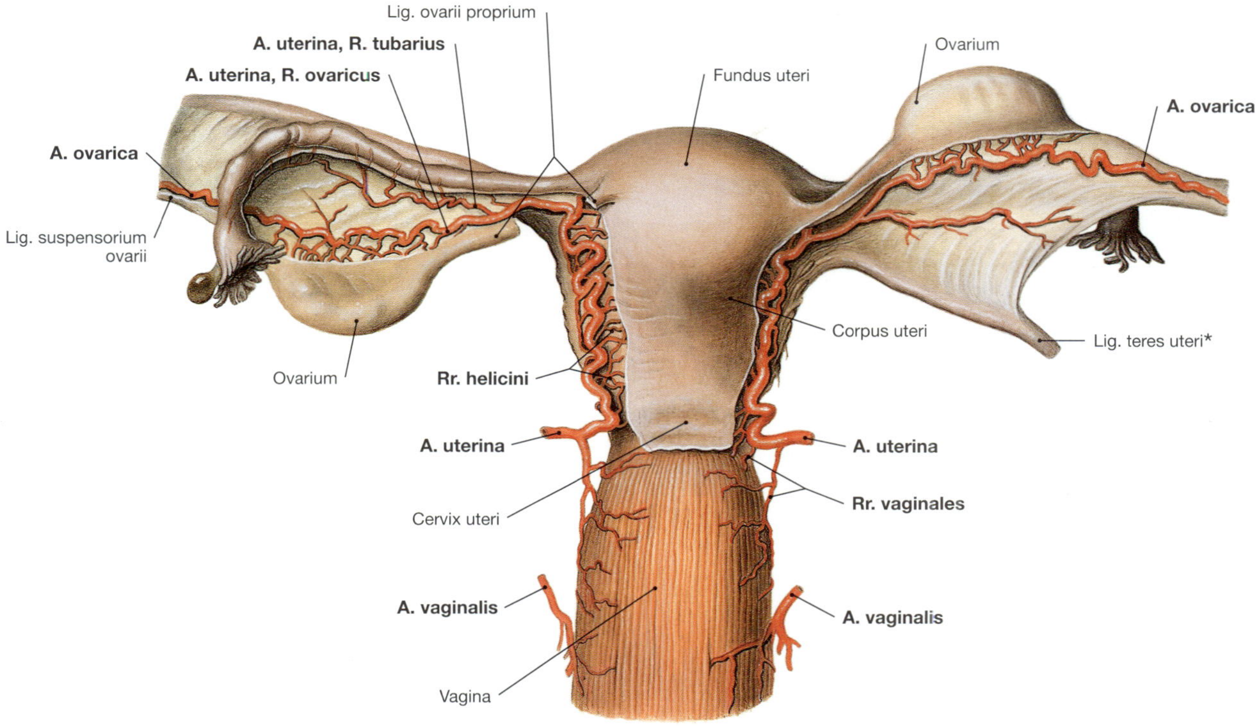

Abb. 7.82 Arterien der inneren weiblichen Geschlechtsorgane; Ansicht von dorsal.

Die inneren weiblichen Geschlechtsorgane werden von **drei paarigen Arterien** versorgt:

- **Uterus:** A. uterina (aus der A. iliaca interna) mit Rr. helicini
- **Ovar:** A. ovarica (aus Pars abdominalis der Aorta) und A. uterina mit R. ovaricus
- **Tuba uterina:** A. uterina mit R. tubarius und A. ovarica
- **Vagina:** A. vaginalis (aus A. iliaca interna) und A. uterina mit Rr. vaginales

Der venöse Abfluss erfolgt über **zwei Venensysteme:**

- venöse Plexus im kleinen Becken (Plexus venosus uterinus und vaginalis) mit Anschluss an die V. iliaca interna
- V. ovarica, die rechts in die V. cava inferior und links in die V. renalis sinistra mündet

* klin.: Lig. rotundum

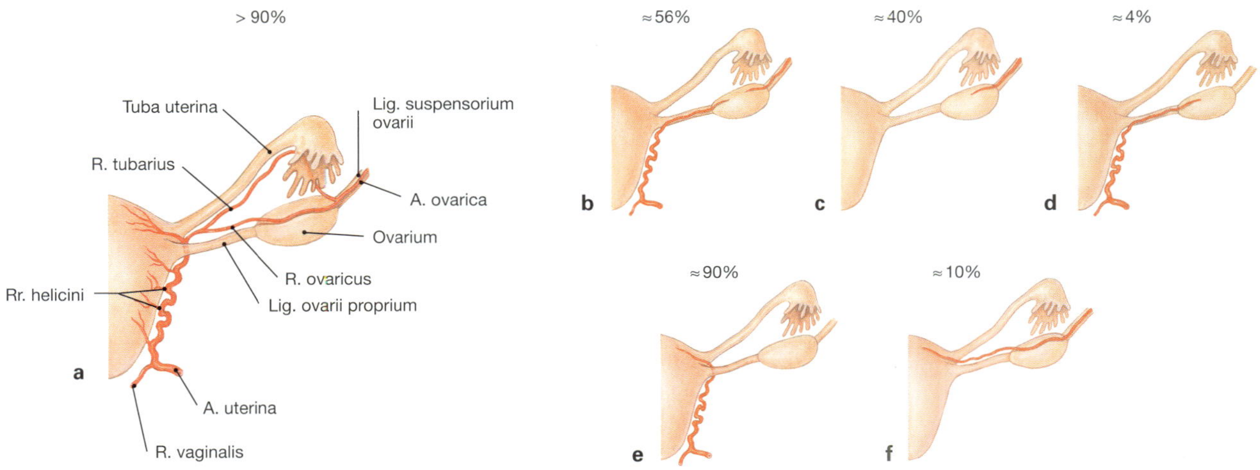

Abb. 7.83a bis f Varietäten der arteriellen Versorgung der inneren weiblichen Geschlechtsorgane; Ansicht von dorsal.

a Versorgung des Uterus (Lehrbuchfall)
b, c und **d** Versorgung des Ovars (**b** Lehrbuchfall)
e und **f** Versorgung des Fundus uteri (**e** Lehrbuchfall)

Innervation der weiblichen Geschlechtsorgane

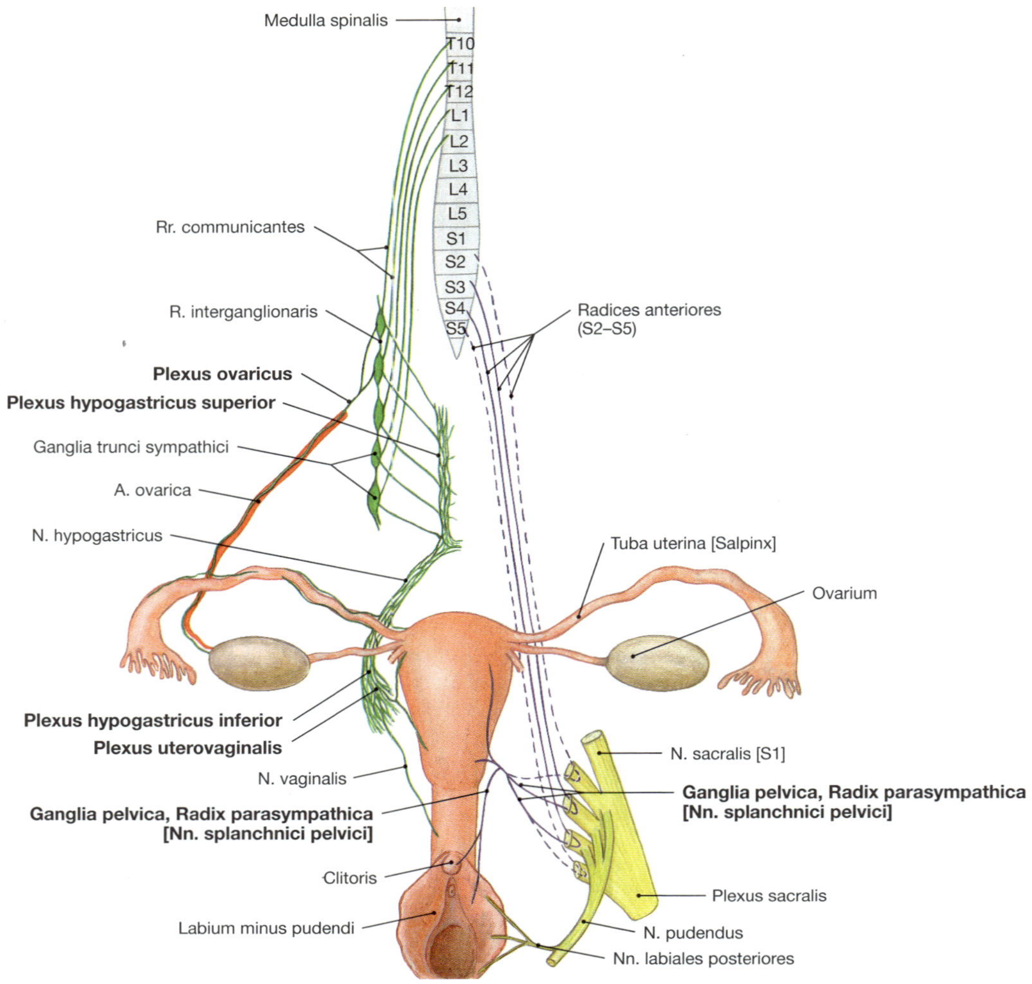

Abb. 7.84 Innervation der weiblichen Geschlechtsorgane; Ansicht von ventral; schematische Darstellung. Plexus hypogastricus inferior und Plexus uterovaginalis enthalten sympathische (grün) und parasympathische (violett) Nervenfasern.

Die präganglionären **sympathischen Nervenfasern** (T10–L2) steigen vom Plexus aorticus abdominalis über den Plexus hypogastricus superior und aus den sakralen Ganglien des Grenzstrangs (Truncus sympathicus) über die Nn. splanchnici sacrales ab und werden überwiegend im Plexus hypogastricus inferior synaptisch auf postganglionäre Neurone verschaltet. Deren Axone erreichen die Beckenorgane und setzen sich in den Plexus uterovaginalis (FRANKENHÄUSER-Plexus) fort, der Uterus, Tuba uterina und Vagina innerviert. Die (vorwiegend) postganglionären sympathischen Nervenfasern für das Ovar verlaufen im Plexus ovaricus entlang der A. ovarica, nachdem sie bereits in den Ganglia aorticorenalia oder im Plexus hypogastricus superior umgeschaltet wurden.

Die präganglionären **parasympathischen Nervenfasern** gelangen aus dem sakralen Parasympathicus (S2–S4) über die Nn. splanchnici pelvici in die Ganglien des Plexus hypogastricus inferior. Entweder hier oder in der Umgebung der Organe (hier: Ganglia pelvica) werden sie auf postganglionäre Fasern umgeschaltet, die Uterus, Tuba uterina und Vagina innervieren.

Die somatische Innervation durch den **N. pudendus** versorgt sensorisch den unteren Teil der Vagina und die Schamlippen über Rr. labiales posteriores und die Clitoris über den N. dorsalis clitoridis.

Lymphgefäße der weiblichen Geschlechtsorgane

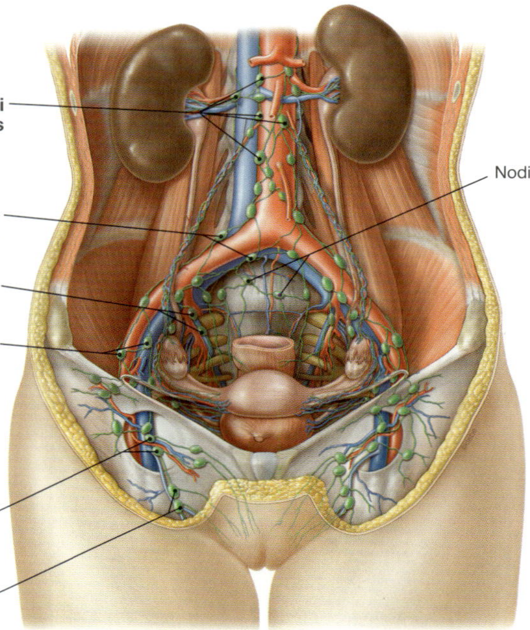

Abb. 7.85 Lymphgefäße und Lymphknoten der äußeren und inneren weiblichen Geschlechtsorgane; Ansicht von ventral.
Die regionären Lymphknoten für die äußeren Geschlechtsorgane sind die Leistenlymphknoten **(Nodi lymphoidei inguinales).** Dagegen liegt die erste Lymphknotenstation des Ovars retroperitoneal auf Höhe der Nieren **(Nodi lymphoidei lumbales)** und die regionären Lymphknoten des Uterus befinden sich im kleinen Becken **(Nodi lymphoidei iliaci interni).**

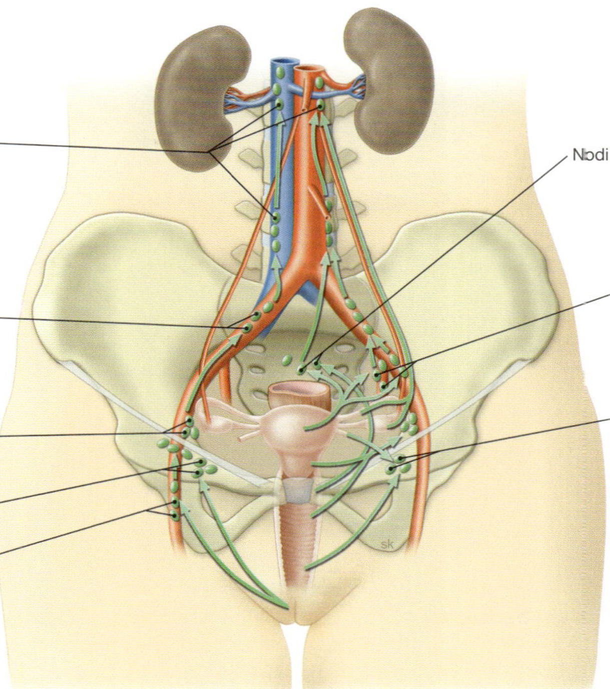

Abb. 7.86 Lymphabflusswege der äußeren und inneren weiblichen Geschlechtsorgane; Ansicht von ventral.
Anders als beim Mann haben äußere und innere Geschlechtsorgane bei der Frau nicht völlig getrennte Lymphabflusswege, da auch aus Teilen der inneren Geschlechtsorgane Lymphe in die Lymphknoten der Leiste gelangt.

Äußere Geschlechtsorgane:

- Nodi lymphoidei inguinales: Vulva

Innere Geschlechtsorgane:

- Nodi lymphoidei lumbales auf Höhe der Nieren: Ovar, Tuba uterina, Uterus (Tubenwinkel), Lymphbahnen im Lig. suspensorium ovarii
- Nodi lymphoidei iliaci interni/externi und Nodi lymphoidei sacrales: Uterus, Vagina, Tuba uterina
- Nodi lymphoidei inguinales: untere Vagina, Uterus (Tubenwinkel), Lymphbahnen im Lig. teres uteri

Klinik

Aufgrund der unterschiedlichen Lymphabflusswege befinden sich die ersten **Lymphknotenmetastasen** bei Vulvakarzinomen in der Leiste, bei Endometriumkarzinomen des Uterus und Zervixkarzinomen im kleinen Becken und bei Ovarialtumoren im Retroperitonealraum.

Beckenboden bei der Frau

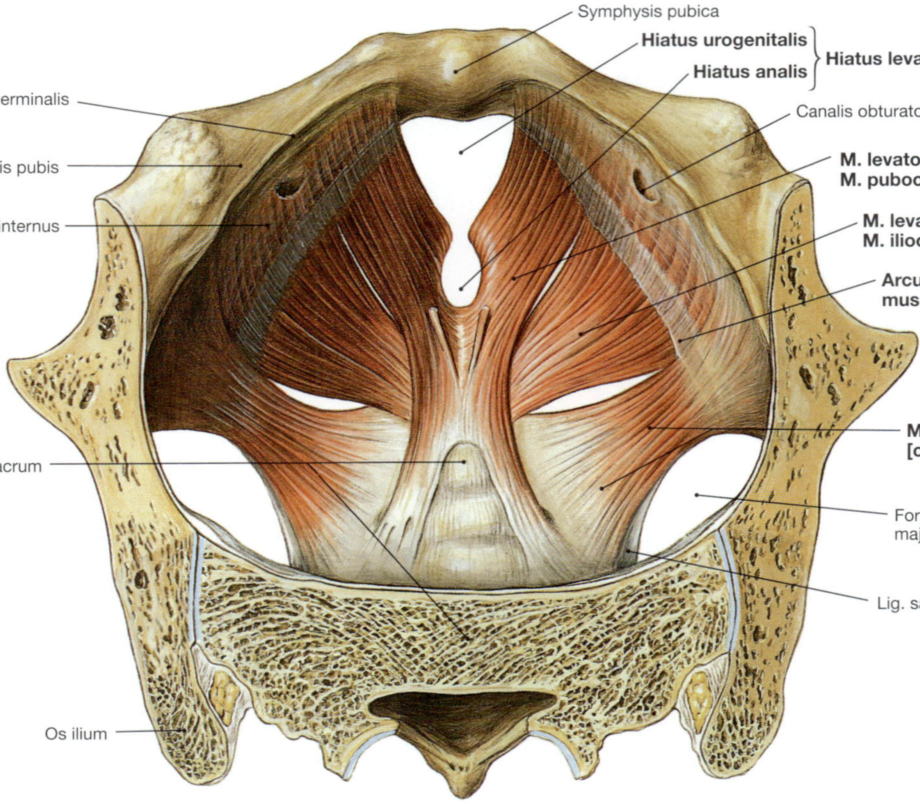

Abb. 7.87 Beckenboden, Diaphragma pelvis, bei der Frau;
Ansicht von kranial.
Der Beckenboden gleicht in seinem Aufbau dem Beckenboden des Mannes und verschließt die Beckenhöhle nach kaudal.
Bau:
- M. levator ani, der sich aus M. pubococcygeus, M. iliococcygeus und M. puborectalis zusammensetzt
- M. ischiococcygeus

Im Unterschied zu M. pubococcygeus und M. ischiococcygeus entspringt der M. iliococcygeus nicht an den Knochen des Hüftbeins, sondern vom Arcus tendineus musculi levatoris ani, der eine Verstärkung der Faszie des M. obturatorius internus darstellt.

Die Muskeln beider Seiten lassen das Levatortor (Hiatus levatorius) zwischen sich frei, das durch das Bindegewebe des Corpus perineale (Centrum perinei) in einen **Hiatus urogenitalis** (vorne) als Durchtritt für Urethra und Vagina und einen **Hiatus analis** (hinten) für das Rectum unterteilt wird.
Der Beckenboden wird von direkten Ästen aus dem Plexus sacralis (S3–S4) innerviert.
Funktion: Der Beckenboden stabilisiert die Lage der Beckenorgane und gewährleistet damit Harn- und Stuhlkontinenz.

→ T 20a

Klinik

Bei Frauen ist die Schwäche des Beckenbodens **(Beckenbodeninsuffizienz)** viel häufiger, weil der Beckenboden durch vaginale Geburten, bei denen das Levatortor stark gedehnt wird, strapaziert wird. In der Folge kann es zur **Absenkung** (Deszensus) oder zum **Vorfall** (Prolaps) von Uterus und Vagina kommen. Da der Uterus mit der Hinterwand der Harnblase und die Vagina mit der Vorderseite des Rectums in Verbindung stehen, geht dies oft mit einem Vorfall von Harnblase (Zystozele) und Rectum (Rektozele) und damit mit **Harn-** und **Stuhlinkontinenz** einher.

Beckenboden bei der Frau

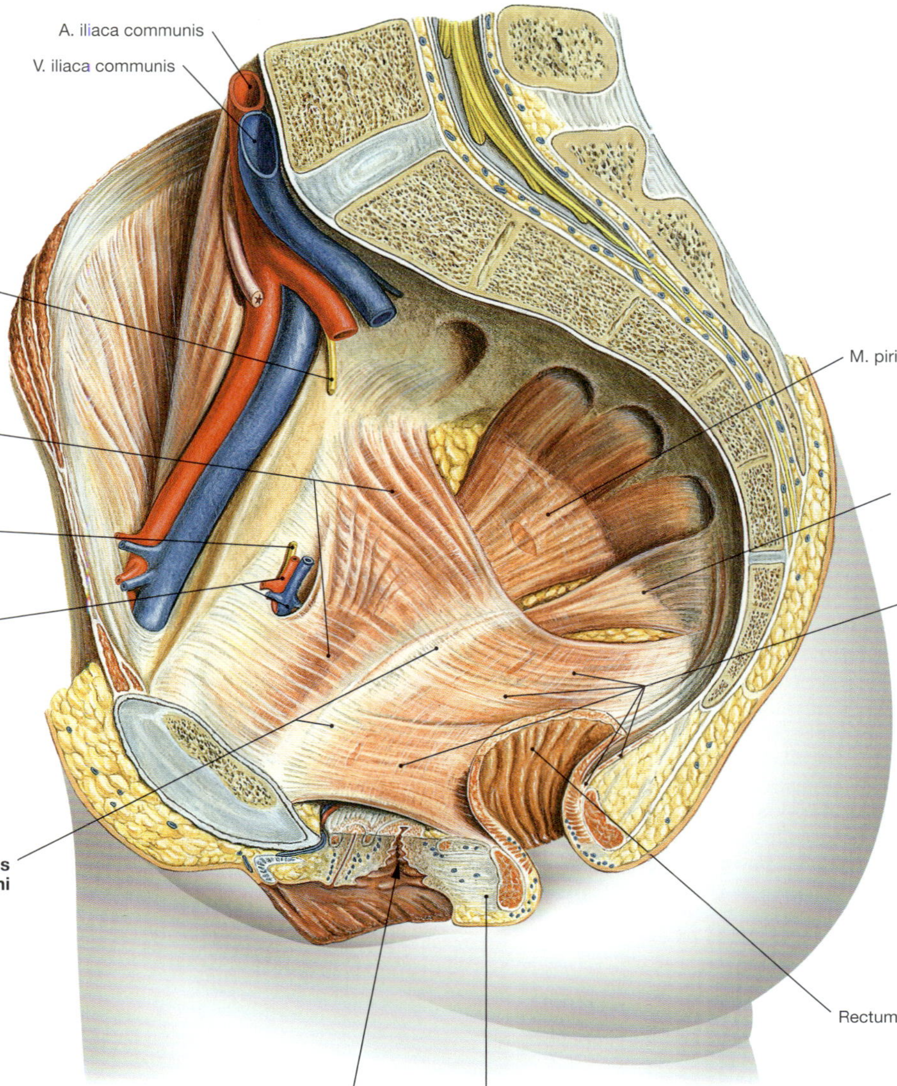

Abb. 7.88 Beckenboden, Diaphragma pelvis, bei der Frau; Ansicht von links.

Der Beckenboden besteht aus **M. levator ani** und **M. ischiococcygeus.** Der M. iliococcygeus des M. levator ani entspringt vom Arcus tendineus musculi levatoris ani. Dieser ist eine Verstärkung der Faszie des M. obturatorius internus. Der M. obturatorius internus entspringt u.a. vorne am oberen Schambeinast, wo er eindeutig zu identifizieren ist, weil er vom Canalis obturatorius mit A. und V. obturatoria sowie N. obturatorius durchbohrt wird. Am Arcus tendineus musculi levatoris ani wendet er sich dann jedoch nach lateral und tritt durch das Foramen ischiadicum minus aus dem Becken aus. Der M. levator ani zieht zu Kreuz- und Steißbein und verschließt so die Beckenhöhle nach unten.

→ T 20a

Dammmuskulatur bei der Frau

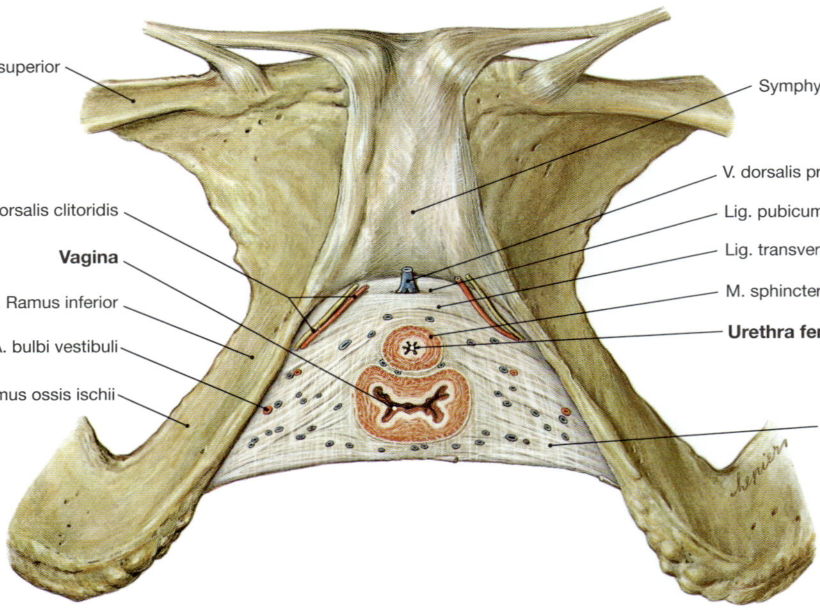

Abb. 7.89 Dammmuskulatur bei der Frau; Ansicht von kaudal; nach Entfernung aller übrigen Muskeln.
Bei der Frau wird das durch die Levatorschenkel frei gelassene Levatortor (Hiatus levatorius) weitgehend durch Bindegewebe verschlossen, so dass nur der Durchtritt der Scheide (Vagina) und der Harnröhre (Urethra feminina) frei bleibt. Die Dammmuskulatur ist anders als beim Mann relativ schwach ausgebildet (→ Abb. 7.64). Daher bilden der **M. transversus perinei profundus,** der nur aus einzelnen in das Bindegewebe eingelagerten Muskelfasern besteht (→ Abb. 7.90), und dahinter der dünne **M. transversus perinei superficialis keine Muskelplatte** aus. Deshalb wurde der alte Begriff des „Diaphragma urogenitale" fallengelassen.

Während beim Mann der tiefe Dammraum (Spatium profundum perinei) weitgehend der Ausdehnung des M. transversus perinei profundus entspricht, ist die Abgrenzung der Dammräume bei der Frau schwierig. Nach unten wird der **tiefe Dammraum** (Spatium profundum perinei) jedoch wie beim Mann durch die **Membrana perinei** begrenzt. Der Raum enthält bei der Frau neben der Urethra auch die Vagina und wird von den tiefen Ästen des N. pudendus und der A./V. pudenda interna auf ihrem Weg zur Vulva durchquert. Der **oberflächliche Dammraum** (Spatium superficiale perinei) schließt sich kaudal an die Membrana perinei an und enthält u. a. den M. transversus perinei superficialis.

→ T 20b

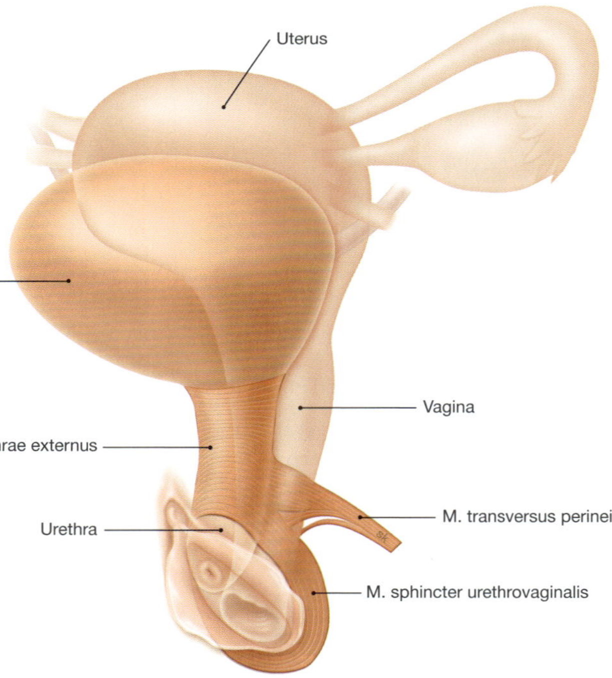

Abb. 7.90 Willkürliche Schließmuskulatur der Harnblase.
Der M. transversus perinei profundus bildet bei der Frau unterhalb des Beckenbodens keine solide Muskelplatte aus. Dagegen bilden in der Umgebung der Harnröhre einzelne quergestreifte Muskelfasern den **M. sphincter urethrae externus,** der den willkürlichen Schließmuskel der Harnblase darstellt (→ Abb. 7.89). Distal setzen sich einige Fasern auch um die Vagina fort und werden hier als **M. sphincter urethrovaginalis** bezeichnet.

→ T 20b

Dammregion bei der Frau

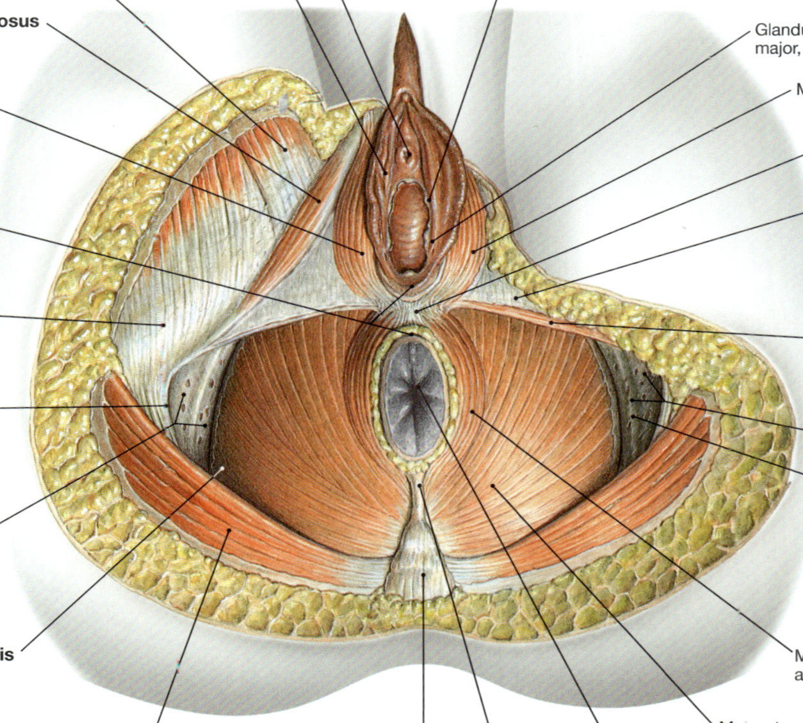

Abb. 7.91 Dammregion, Regio perinealis, bei der Frau; Ansicht von kaudal; nach Entfernung sämtlicher Leitungsbahnen.

Die **Dammregion** reicht vom Unterrand der Schambeinfuge (Symphysis pubica) bis zur Spitze des Steißbeins (Os coccygis). Im Unterschied dazu beschreibt der Begriff **Damm** (Perineum) bei der Frau nur die schmale Weichteilbrücke zwischen Hinterrand der großen Schamlippen und Anus. Die Dammregion lässt sich in eine **vordere Regio urogenitalis** mit Geschlechtsorganen und Harnröhre und eine **hintere Regio analis** um den Anus einteilen. Beide Regionen enthalten Räume:

- Die Regio analis enthält die **Fossa ischioanalis** (→Tabelle), die einen pyramidenförmigen Raum beidseits des Anus darstellt. Die Fossa ischioanalis ist bei Mann und Frau weitgehend gleich ausgebildet. In der lateralen Wand befindet sich in einer Faszienduplikatur des M. obturatorius internus (Fascia obturatoria) der Canalis pudendalis (ALCOCK-Kanal). In diesem verlaufen A. und V. pudenda interna sowie der N. pudendus, die durch das Foramen ischiadicum minus aus der Regio glutealis kommen.
- Die Regio urogenitalis enthält die beiden **Dammräume:**
  - Der **tiefe Dammraum** (Spatium profundum perinei) wird kaudal von der Membrana perinei begrenzt und enthält den bei der Frau schwach ausgebildeten M. transversus perinei profundus und den M. sphincter urethrae externus.
  - Im **oberflächlichen Dammraum** (Spatium superficiale perinei) zwischen Membrana perinei und Körperfaszie (Fascia perinei) liegen der M. transversus perinei superficialis, der M. bulbospongiosus und der M. ischiocavernosus, die die Schwellkörper von Vorhof und Clitoris stabilisieren.

Begrenzung der Fossa ischioanalis	
medial und kranial	M. sphincter ani externus und M. levator ani
lateral	M. obturatorius internus
dorsal	M. gluteus maximus und Lig. sacrotuberale
ventral	Hinterrand des oberflächlichen und des tiefen Dammraums, Ausläufer reichen bis zur Symphyse
kaudal	Faszie und Haut des Damms

Klinik

Während der Geburt kann es zu unkontrollierten Einrissen der Haut und der Muskulatur des Damms bis zur Schließmuskulatur des Anus kommen **(Dammrisse),** denen in manchen Fällen durch gezielten Einschnitt nach lateral oder in der Medianebene (Dammschnitt) vorgebeugt werden kann **(Episiotomie).**

Dammregion bei der Frau

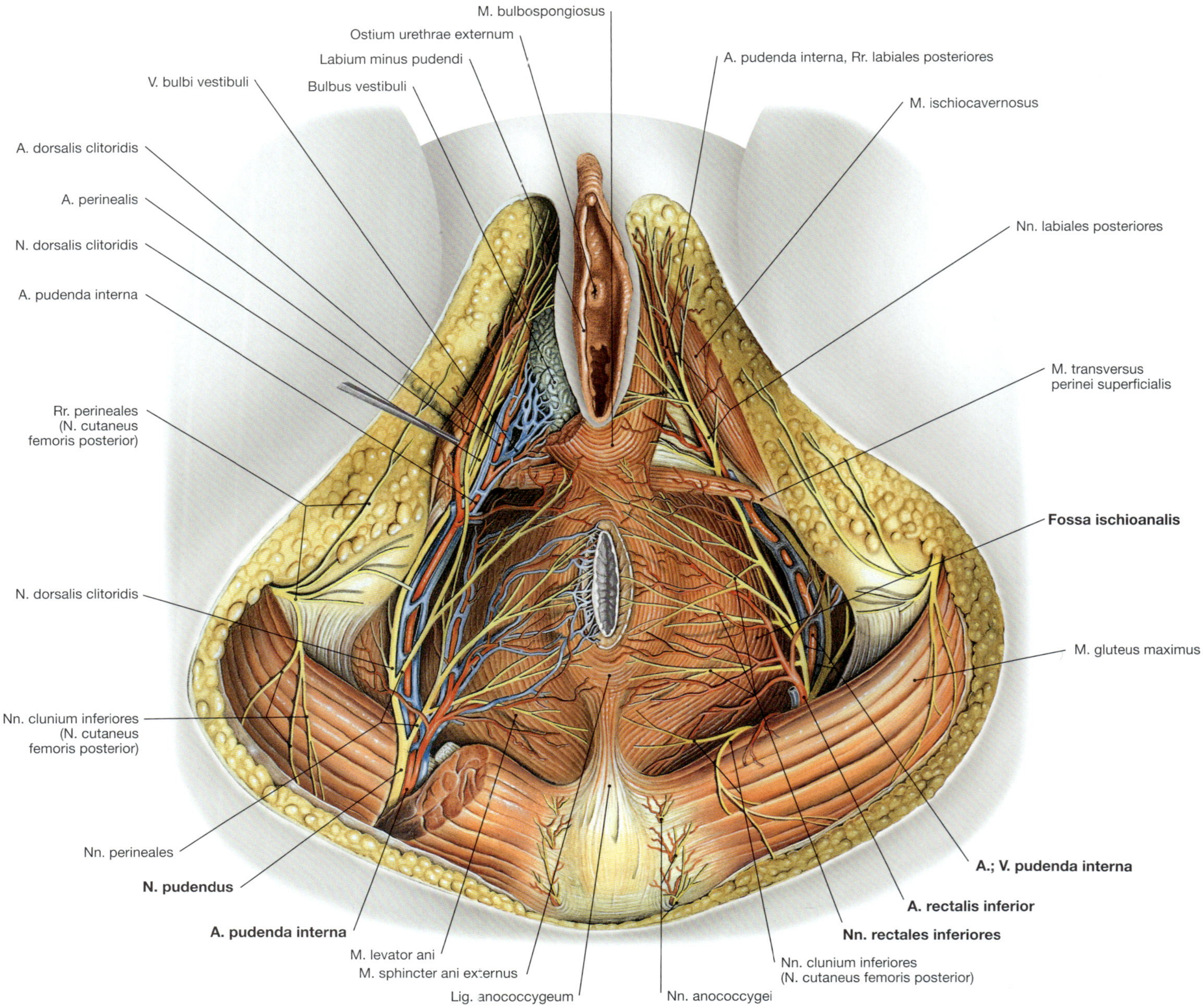

Abb. 7.92 Gefäße und Nerven der Dammregion, Regio perinealis, bei der Frau; Ansicht von kaudal.

Die **Fossa ischioanalis** ist bei Frau und Mann weitgehend gleich ausgebildet. Die Leitungsbahnen gelangen in dem durch eine Faszienduplikatur des M. obturatorius internus gebildeten Canalis pudendalis (ALCOCK-Kanal) von dorsolateral in die mit Fett ausgefüllte pyramidenförmige Fossa ischioanalis. Sie geben zunächst die Äste zu Anus und Analkanal ab und durchqueren die Fossa ischioanalis, um ventral durch die beiden Dammräume zur Vulva zu gelangen.

Inhalt der Fossa ischioanalis:

- A. und V. pudenda interna und N. pudendus: im Canalis pudendalis (ALCOCK-Kanal)
- A., V. und N. rectalis inferior: zum Analkanal

Klinik

Wie beim Mann hat die Fossa ischioanalis wegen ihrer Ausdehnung beidseits des Anus große klinische Bedeutung. **Eiteransammlungen** (Abszesse), z. B. bei Fisteln aus dem Analkanal, können sich in der gesamten Fossa ischioanalis bis nach vorne zur Symphyse ausdehnen. Sie fallen neben unspezifischen Entzündungssymptomen nur durch einen starken Druckschmerz in der Dammregion auf.

Dammräume bei der Frau

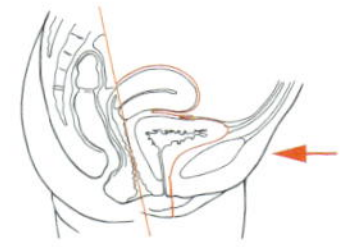

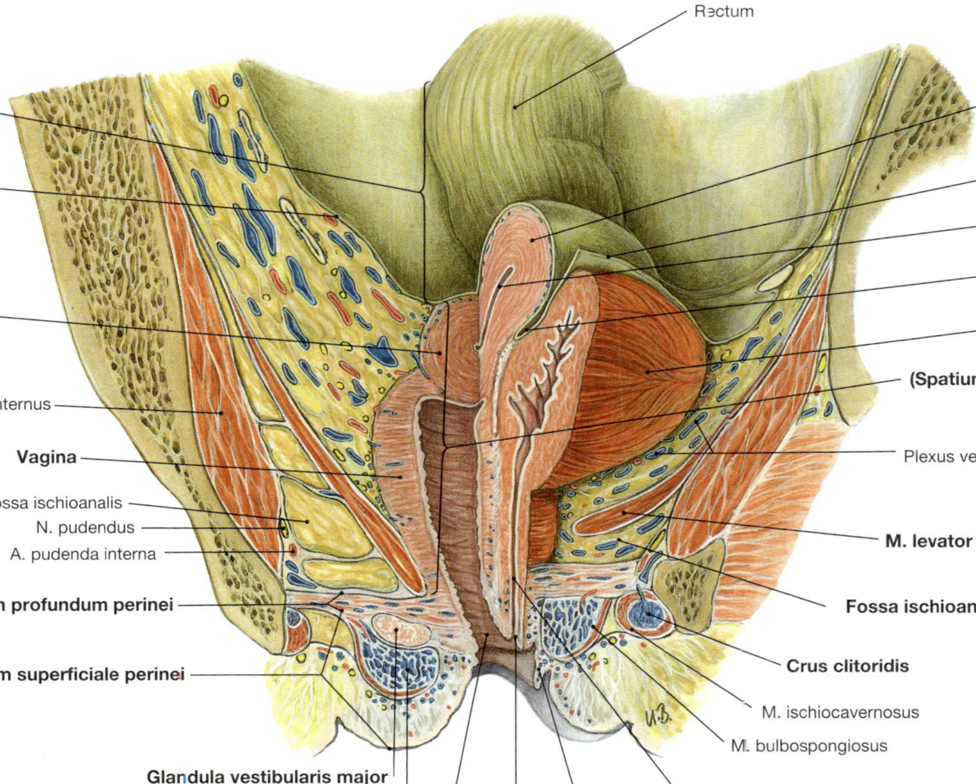

Abb. 7.93 Dammräume bei der Frau; Medianschnitt und rechts Frontalschnitt; Ansicht von ventral.

Der Frontalschnitt zeigt die **drei Etagen** des weiblichen Beckens:

- Peritonealhöhle des Beckens (Cavitas peritonealis pelvis), die kaudal durch das parietale Peritoneum begrenzt wird
- Subperitonealraum (Spatium extraperitoneale pelvis), der nach unten bis zum M. levator ani des Beckenbodens reicht
- Dammregion (Regio perinealis) unterhalb des Beckenbodens. Der vordere Anteil wird im Wesentlichen von den beiden Dammräumen eingenommen, enthält aber darüber hinaus noch die sehr variablen vorderen Ausläufer der Fossa ischioanalis (hier rechts und links unterschiedlich dargestellt).

Der **tiefe Dammraum** (Spatium profundum perinei) wird vor allem von Bindegewebe und von einzelnen Muskelfasern des M. transversus perinei profundus ausgefüllt. Er enthält den Durchtritt von Vagina und Urethra. Außerdem wird er von den tiefen Ästen des N. pudendus (N. dorsalis clitoridis) und der A. und V. pudenda interna (A. bulbi vestibuli, A. dorsalis clitoridis, A. profunda clitoridis) auf ihrem Weg zur Vulva durchquert. Die Nn. cavernosi clitoridis durchbohren den Damm und treten in die Schwellkörper der Clitoris ein.

Der **oberflächliche Dammraum** (Spatium superficiale perinei) erstreckt sich zwischen der Membrana perinei und der Körperfaszie (Fascia perinei). Er enthält neben dem M. transversus perinei superficialis auch die Schenkel der Klitorisschwellkörper, die Glandulae vestibulares majores (BARTHOLIN-Drüsen) und den Vorhofschwellkörper (Bulbus vestibuli). Dieser wird dabei vom M. bulbospongiosus umfasst, die Crura clitoridis beidseits vom M. ischiocavernosus. Weiterhin ziehen die oberflächlichen Äste des N. pudendus (N. perinealis mit Nn. labiales posteriores) und der A. und V. pudenda interna (A. perinealis mit Rr. labiales posteriores) durch diesen Raum zu den Schamlippen.

Projektion von Mastdarm und Analkanal

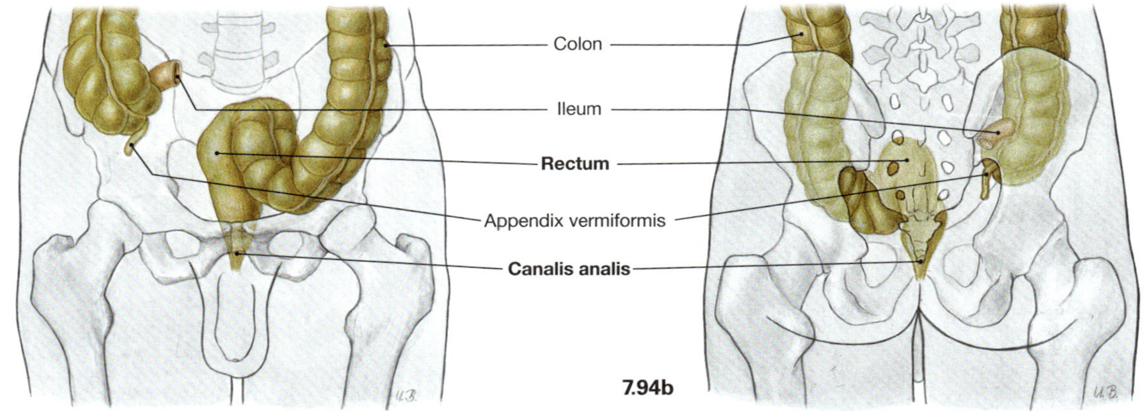

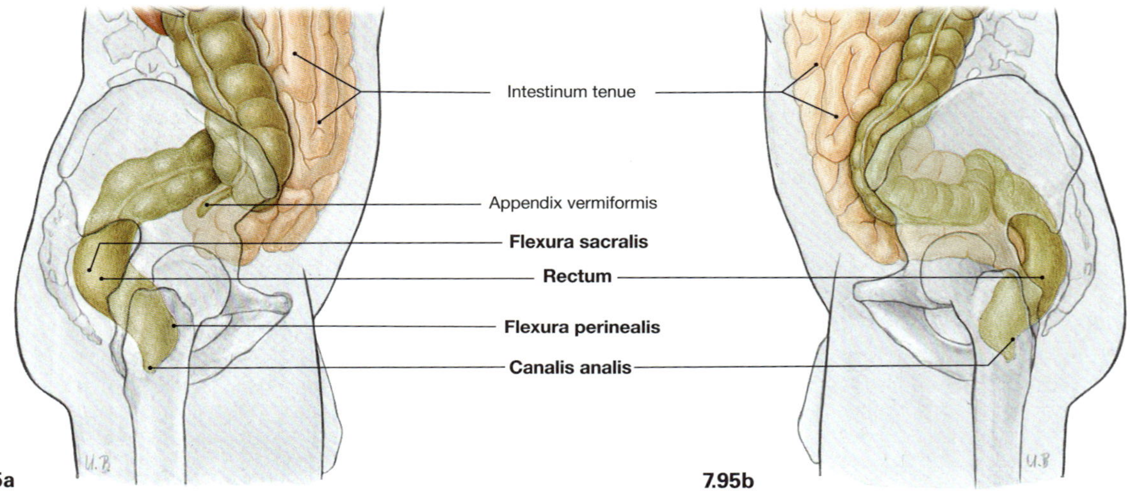

Abb. 7.94 und Abb. 7.95 Projektion von Mastdarm, Rectum, und Analkanal, Canalis analis, auf die Körperoberfläche; Ansicht von ventral (→ Abb. 7.94a) und dorsal (→ Abb. 7.94b) sowie von lateral (→ Abb. 7.95a und b).

Das Rectum beginnt auf Höhe des 2. oder 3. Sakralwirbels und endet am Beckenboden, der vom Analkanal durchzogen wird. In der Sagittalebene weist das Rectum zwei Biegungen auf: die nach dorsal konvexe Flexura sacralis und die nach ventral konvexe Flexura perinealis. Der obere Teil des Rectums bis zur Flexura sacralis liegt **sekundär retroperitoneal,** der distale Teil und der Analkanal befinden sich im **Subperitonealraum.**

Lage des Mastdarms

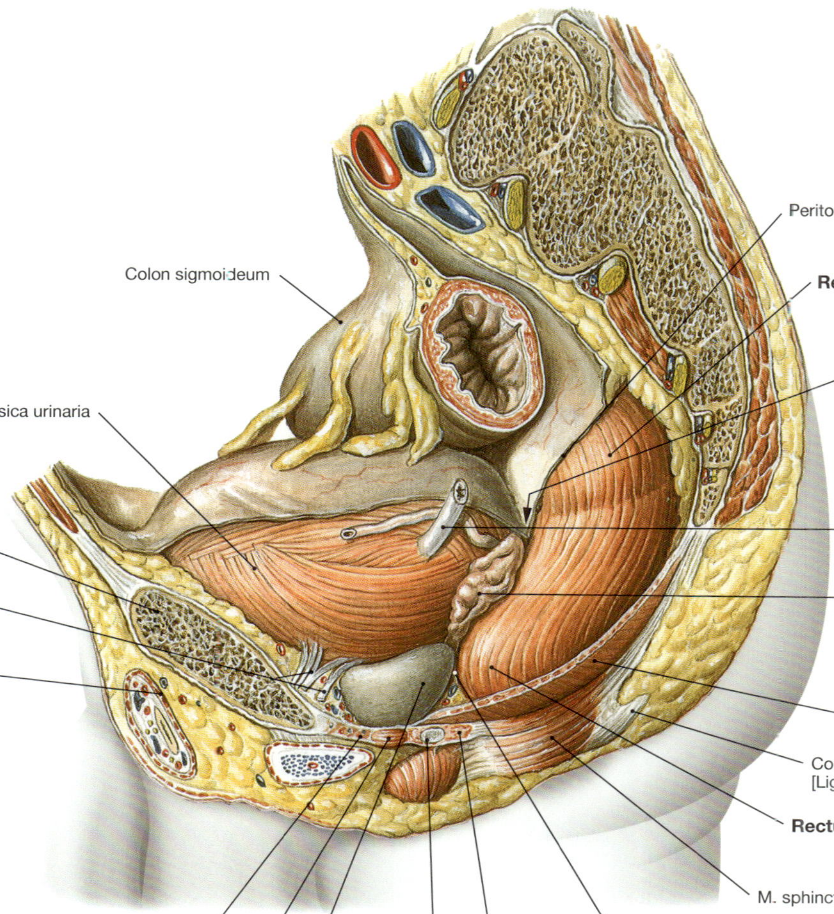

Abb. 7.96 Mastdarm, Rectum, im männlichen Becken; Ansicht von links.
Die Abbildung zeigt die beiden Biegungen des Rectums in der Sagittalebene. In seinem oberen, sekundär retroperitoneal gelegenen Abschnitt folgt das Rectum der Krümmung des Kreuzbeins und bildet die nach **dorsal konvexe Flexura sacralis.** Danach verliert das Rectum seine Bedeckung durch das parietale Peritoneum und gelangt in den Subperitonealraum. Hier knickt es nach hinten um und bildet dadurch die **ventral konvexe Flexura perinealis.** Beim Durchtritt durch den Beckenboden setzt sich das Rectum in den Analkanal fort. Beim Mann lagert sich die Vorderwand des Rectums zunächst von hinten der Harnblase (Vesica urinaria) und den Bläschendrüsen (Glandulae vesiculosae) und weiter kaudal der Vorsteherdrüse (Prostata) an. Dabei wird das Rectum nur durch die dünne **Fascia rectoprostatica** (DENONVILLIER-Faszie) von der Prostata getrennt. Bei der Frau hat das Rectum eine enge Lagebeziehung zur Rückseite der Scheide (Vagina) und ist hier nur durch die Fascia rectovaginalis getrennt (→ Abb. 7.116).

* klin.: COWPER-Drüse

Klinik

Da das Rectum nur durch die dünne Fascia rectoprostatica (DENONVILLIER-Faszie) von der Prostata getrennt ist, ist die **Prostata bei der rektalen Untersuchung** diagnostisch zugänglich. Aufgrund der Häufigkeit der gutartigen Prostataadenome (Prostatahyperplasie) und der bösartigen Prostatakarzinome gehört daher die rektale Untersuchung bei allen Männern über 50 Jahre zu einer vollständigen körperlichen Untersuchung.

Aufbau des Mastdarms

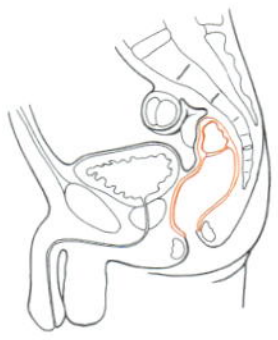

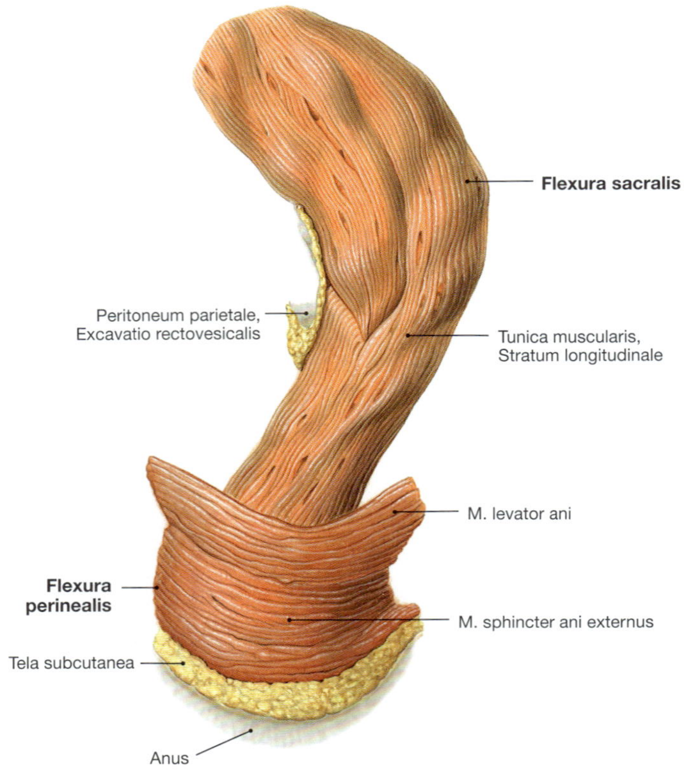

Abb. 7.97 Mastdarm, Rectum; Ansicht von links.
Das Rectum bildet kranial die dorsal konvexe Flexura sacralis und kaudal beim Durchtritt durch den M. levator ani des Beckenbodens die ventral konvexe Flexura perinealis.
Im Unterschied zum Dickdarm besteht die Muskelschicht (Tunica muscularis) neben der Quermuskelschicht (Stratum circulare) auch aus einer geschlossenen Längsmuskelschicht (Stratum longitudinale).

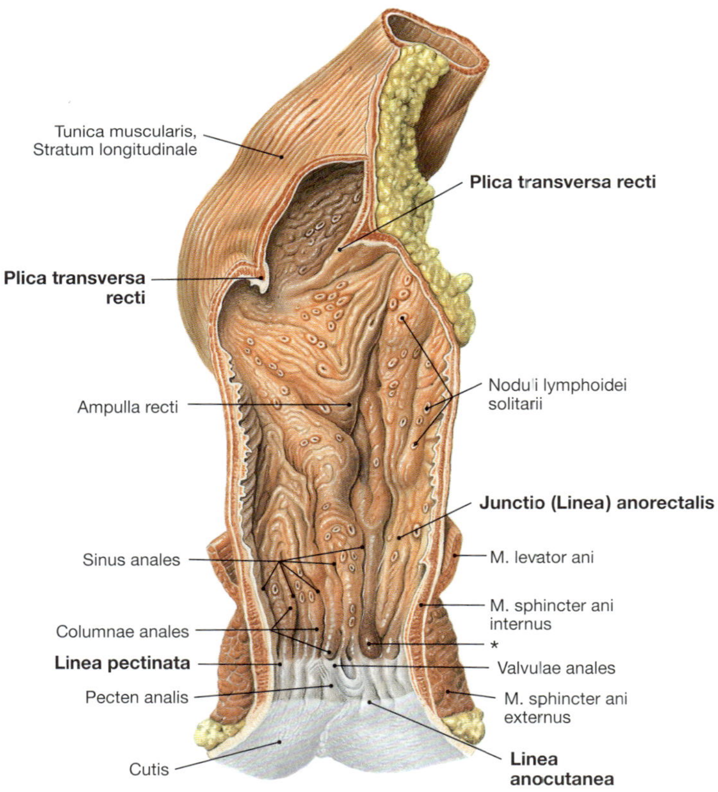

Abb. 7.98 Mastdarm, Rectum, und Analkanal, Canalis analis; Ansicht von ventral.
Auf der Innenseite besitzt das Rectum Querfalten, Plicae transversae recti. Eine von bis zu drei Falten ist, relativ konstant 6–7 cm oberhalb des Anus gelegen, tastbar (KOHLRAUSCH-Falte). Unter dieser Falte ist das Rectum zur Ampulla recti erweitert. Die Linea anorectalis bildet den Übergang zum Analkanal. Sie wird durch den Wechsel der Querfalten des Rectums zu den Längsfalten des Analkanals hervorgerufen und ist daher eigentlich keine Linie als vielmehr ein Übergangsbereich (Junctio anorectalis).
Der **Analkanal** selbst ist in **drei Abschnitte** gegliedert:

- **Zona columnaris:** enthält Längsfalten (Columnae anales), die durch den Schwellkörper des Rectums (Corpus cavernosum recti) aufgeworfen werden
- **Pecten analis:** Durch das mehrschichtig unverhornte Plattenepithel besitzt die Schleimhaut eine weißliche Farbe **(Zona alba);** die obere Grenze dieses Abschnitts wird durch die **Linea pectinata** (klin.: **Linea dentata**) markiert, deren Verlauf „gezackt" ist, da hier die Valvulae anales von unten und das auf den Längsfalten auslaufende weißliche Plattenepithel von oben aufeinandertreffen.
- **Zona cutanea:** Außenhaut, die durch die unscharfe Linea anocutanea abgegrenzt wird

* Hämorrhoidalknoten

Aufbau des Analkanals

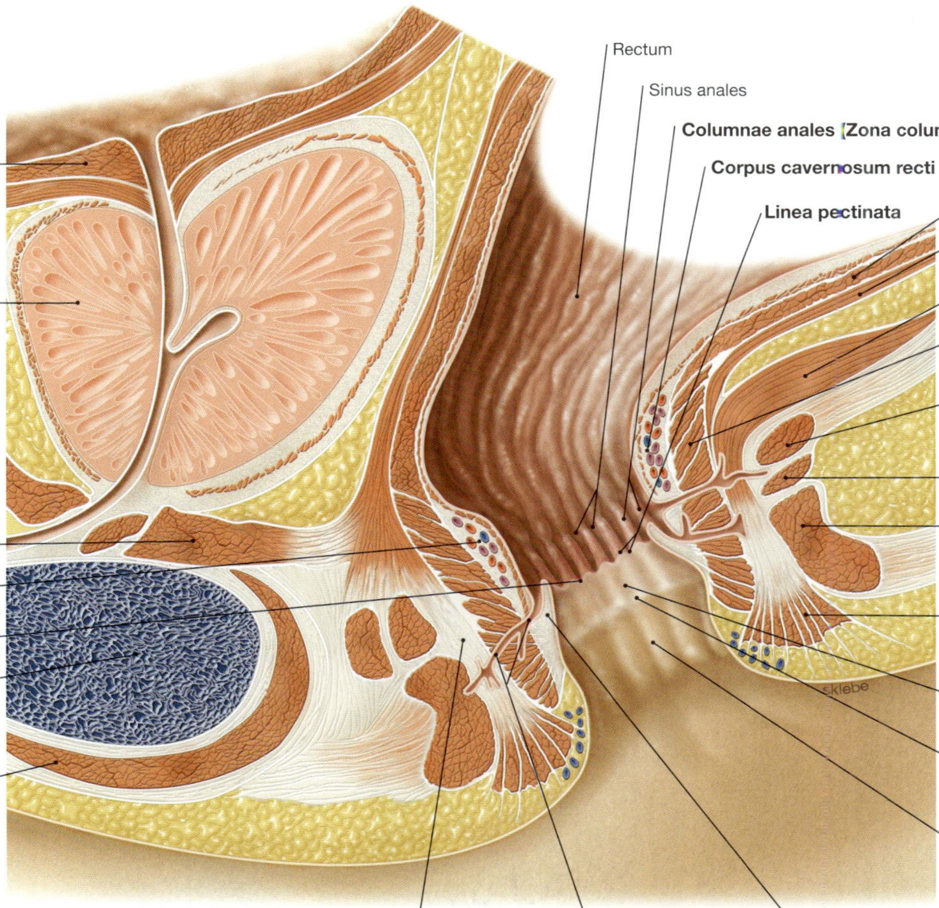

Abb. 7.99 Mastdarm, Rectum, und Analkanal, Canalis analis, beim Mann; Medianschnitt; Ansicht von links. (nach [1])
Die Abbildung verdeutlicht die Abschnitte des Analkanals und den Bau des Kontinenzorgans. Der Analkanal ist in **drei Abschnitte** gegliedert (→ Abb. 7.98).
Im Bereich der **Linea pectinata,** die die Grenze zwischen Zona columnaris und Pecten analis markiert, wechseln, ähnlich wie an der linken Kolonflexur entwicklungsgeschichtlich bedingt, die Versorgungsgebiete der Leitungsbahnen. Daher ist die Linea pectinata eine wichtige Orientierungslinie im Analkanal.
Der Analkanal besitzt ein zentralnervös gesteuertes **Kontinenzorgan,** das sich aus After (Anus), Schließmuskeln und Schwellkörper des Rectums (Corpus cavernosum recti) zusammensetzt. Der Anus ist außer beim Stuhlgang (Defäkation) durch eine Dauerkontraktion der Schließmuskeln verschlossen. Der von der A. rectalis superior gespeiste Schwellkörper sorgt für einen gasdichten Verschluss.

Zu den **Schließmuskeln** zählen:
- **M. sphincter ani internus** (glatte Muskulatur, unwillkürlich sympathisch aktiviert): Fortsetzung der Ringmuskulatur
- **M. corrugator ani** (glatte Muskulatur): Fortsetzung der Längsmuskulatur
- **M. sphincter ani externus** (quergestreifte Muskulatur, willkürlich vom N. pudendus innerviert): besitzt verschiedene Abschnitte (Partes subcutanea, superficialis, profunda)
- **M. puborectalis** (quergestreifte Muskulatur, willkürlich vom N. pudendus und direkt vom Plexus sacralis innerviert): Teil des M. levator ani, der hinter dem Rectum eine Schlinge bildet und das Rectum nach vorne zieht. Dieser Zug ruft die Flexura perinealis hervor und führt durch Abknicken des Rectums zum Verschluss

* Proktodealdrüse

→ T 20

Klinik

Da das Rectum Querfalten (Plicae transversae recti), der Analkanal dagegen Längsfalten (Columnae anales) aufweist, kann man bei einer Ausstülpung von Darmabschnitten aus dem Anus (Prolaps) mit bloßem Auge erkennen, ob es sich um einen **Rektum-** oder einen **Analprolaps** handelt. Beide können zu Inkontinenz führen. Aufgrund des Wechsels der Versorgungsgebiete der Leitungsbahnen ist die Linea pectinata eine wichtige Orientierungslinie bei der **Operation von Karzinomen des Analkanals.** Proximale Tumoren metastasieren in die Beckenlymphknoten, distale Karzinome dagegen zunächst in die Lymphknoten der Leiste. Dennoch richtet sich die Einteilung aktuell nach dem Abstand der Tumoren von der Linea anocutanea. Krankhafte Erweiterungen des Corpus cavernosum recti werden als **Hämorrhoiden** bezeichnet (→ Abb. 7.104 und 7.105). Hinter den Valvulae anales liegen die Analkrypten (Sinus anales) als Einsenkungen, von denen die Proktodealdrüsen (Glandulae anales) abgehen. Diese können die Schließmuskeln durchsetzen und bei Entzündung zur Bildung von **Fisteln** führen, die sich in die Fossa ischioanalis ausbreiten können.

Arterien von Mastdarm und Analkanal

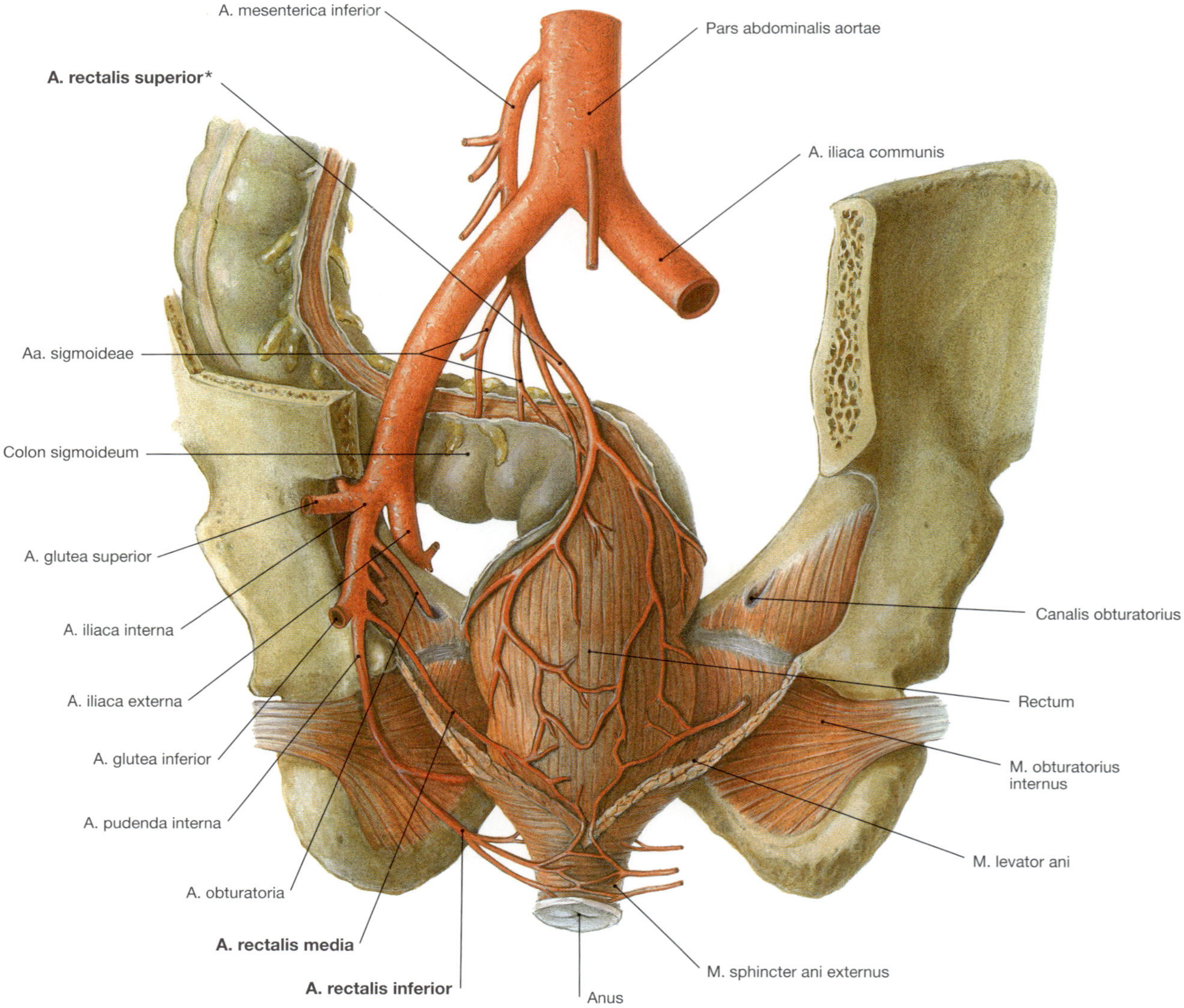

Abb. 7.100 Arterien des Mastdarms, Aa. rectales; Ansicht von dorsal.
Rectum und Analkanal werden von drei Arterien mit Blut versorgt:

- **A. rectalis superior** (unpaar): aus der A. mesenterica inferior
- **A. rectalis media** (paarig): Abgang aus der A. iliaca interna oberhalb des Beckenbodens (M. levator ani)
- **A. rectalis inferior** (paarig): Abgang aus der A. pudenda interna unterhalb des Beckenbodens

Die Grenze zwischen dem Versorgungsgebiet aus der A. mesenterica inferior und der A. iliaca interna liegt im Bereich der Linea pectinata, wo es zur Ausbildung zahlreicher Anastomosen zwischen den verschiedenen Arterien kommt. Die A. rectalis superior ist der letzte Ast der A. mesenterica inferior. Sie gibt einen Ast ab, der mit den Aa. sigmoideae anastomosiert. Ab dieser Stelle (klin.: SUDECK-Punkt [*]) ist sie eine Endarterie. Der Schwellkörper des Rectums (Corpus cavernosum recti) wird überwiegend von der A. rectalis superior gespeist. Deshalb sind Blutungen aus Hämorrhoiden, die erweiterte Kavernen des Schwellkörpers darstellen, arterielle Blutungen, die durch ihre helle Farbe auffallen.

Venen von Mastdarm und Analkanal

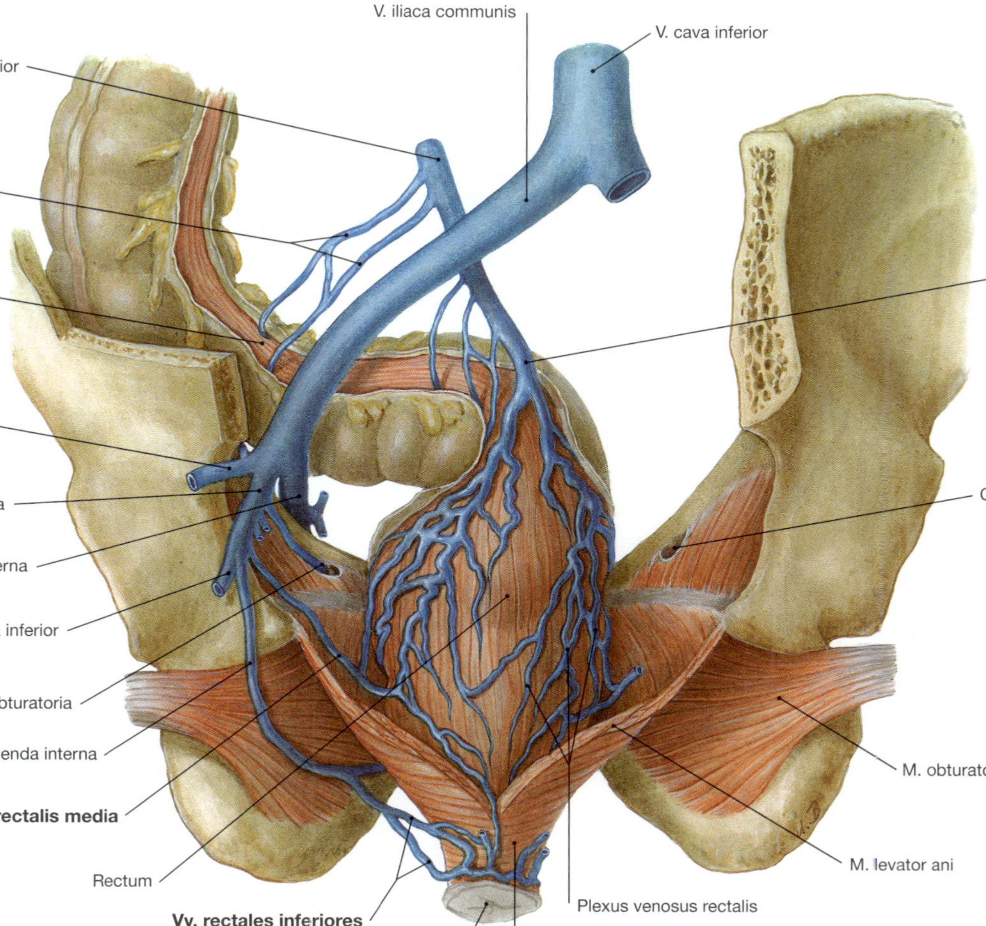

Abb. 7.101 Venen des Mastdarms, Vv. rectales; Ansicht von dorsal. Entsprechend der Arterien fließt das Blut von Rectum und Analkanal über drei Venen ab:

- **V. rectalis superior** (unpaar): Anschluss über die V. mesenterica inferior an die Pfortader (V. portae hepatis)
- **V. rectalis media** (paarig): Anschluss über die V. iliaca interna an die untere Hohlvene (V. cava inferior)
- **V. rectalis inferior** (paarig): Anschluss über die V. pudenda interna und die V. iliaca interna an die V. cava inferior

Die Grenze zwischen dem Abflussgebiet der V. portae hepatis und der V. cava inferior liegt im Bereich der Linea pectinata. Allerdings gibt es hier zahlreiche Verbindungen.

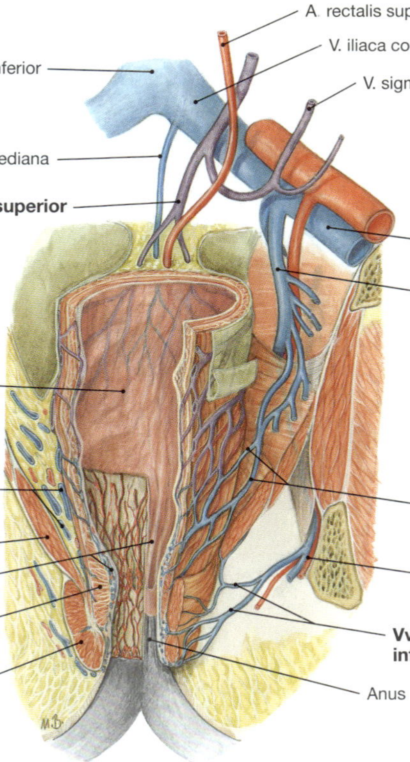

Abb. 7.102 Venöse Versorgung von Mastdarm, Rectum, und Analkanal, Canalis analis; Ansicht von ventral. Zuflüsse zur V. portae hepatis (violett) und zur V. cava inferior (blau).
Die Abbildung zeigt, dass die Abflussgebiete zur Pfortader und zur unteren Hohlvene ausgiebig miteinander anastomosieren. Bei einer Druckerhöhung im Portalkreislauf **(portale Hypertonie),** z. B. bei Leberzirrhose, kann das Blut über diese Verbindungen **(portokavale Anastomosen)** zur unteren Hohlvene gelangen. Hämorrhoiden entstehen dabei nicht. Daher sind diese Verbindungen klinisch ohne Bedeutung.

Innervation von Mastdarm und Analkanal

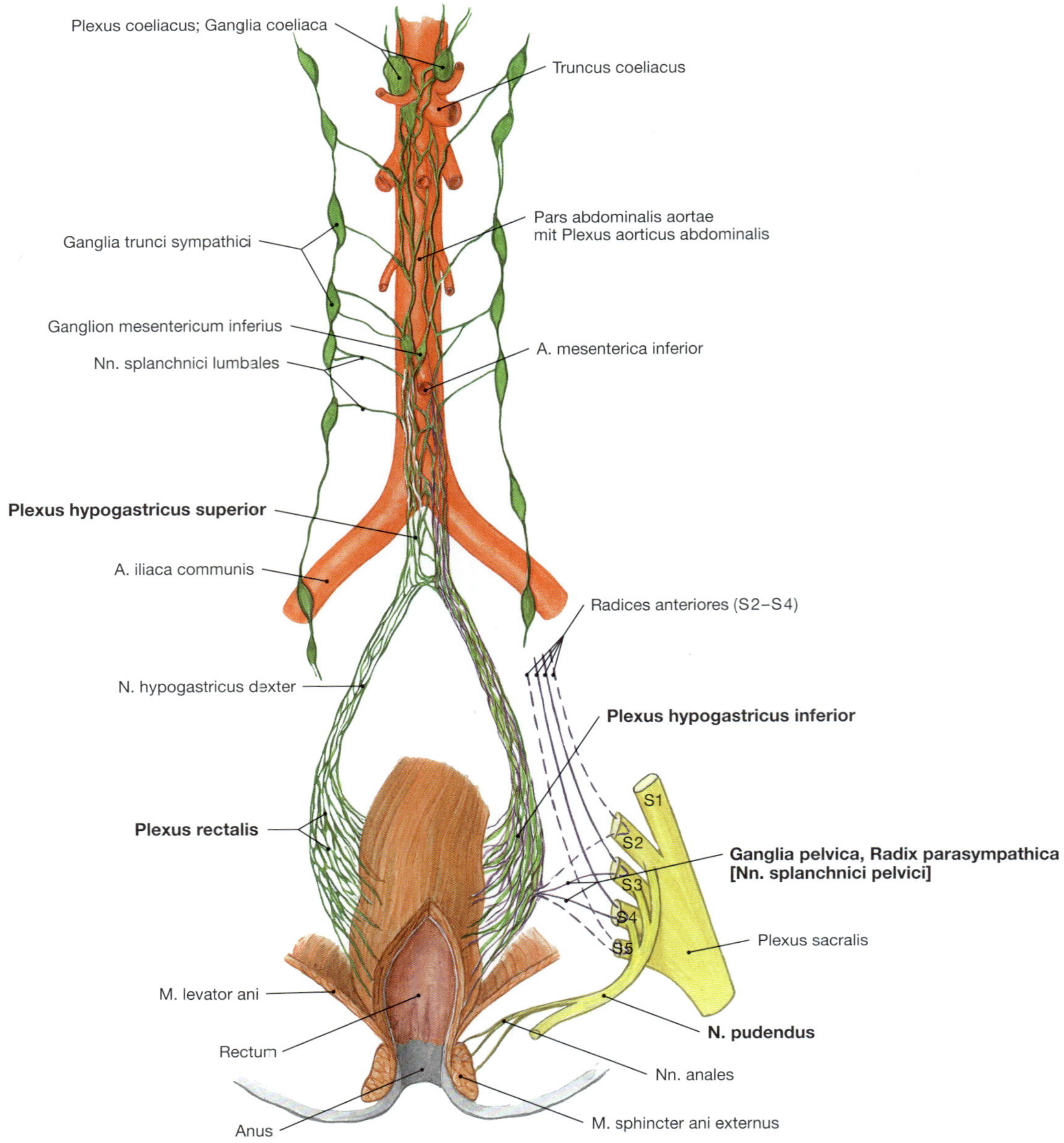

Abb. 7.103 Innervation von Mastdarm, Rectum, und Analkanal, Canalis analis; Ansicht von ventral; schematische Darstellung. Der Plexus rectalis enthält sympathische (grün) und parasympathische (violett) Nervenfasern.

Der Plexus rectalis ist eine Fortsetzung des Plexus hypogastricus inferior. Die präganglionären **sympathischen Nervenfasern** (T10–L3) steigen vom Plexus aorticus abdominalis über den Plexus hypogastricus superior und aus den sakralen Ganglien des Grenzstrangs (Truncus sympathicus) über die Nn. splanchnici sacrales ab und werden überwiegend im Plexus hypogastricus inferior auf postganglionäre Neurone verschaltet. Dieser versorgt als Plexus rectalis das Rectum und den Analkanal. Die sympathischen Fasern aktivieren die Schließmuskeln.

Die präganglionären **parasympathischen Nervenfasern** gelangen aus dem sakralen Parasympathicus (S2–S4) über die Nn. splanchnici pelvici in die Ganglien des Plexus hypogastricus inferior. Entweder hier oder in der Umgebung des Darms werden sie auf postganglionäre Fasern umgeschaltet, die die Peristaltik fördern und die Schließmuskeln (M. sphincter ani internus) hemmen, so dass es zum Stuhlgang kommen kann.

Die vegetative Innervation endet ungefähr im Bereich der Linea pectinata. Der untere Abschnitt des Analkanals wird somatisch durch den **N. pudendus** mit sensorischen Fasern innerviert. Daher sind Analkarzinome aus den oberen Abschnitten des Analkanals in der Regel schmerzlos, während Karzinome aus dem unteren Abschnitt schmerzhaft sind. Zusätzlich aktiviert der N. pudendus mit motorischen Fasern den M. sphincter ani externus und den M. puborectalis und ermöglicht so einen willkürlichen Verschluss des Anus.

Hämorrhoiden

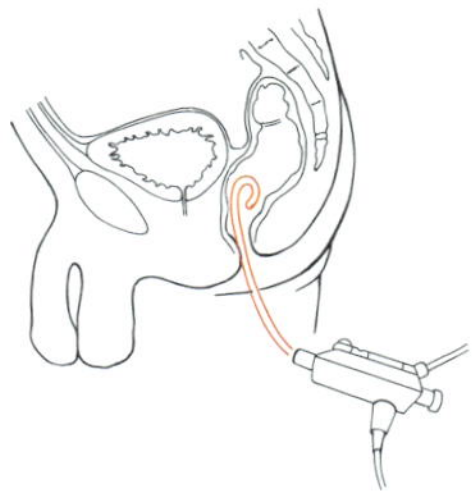

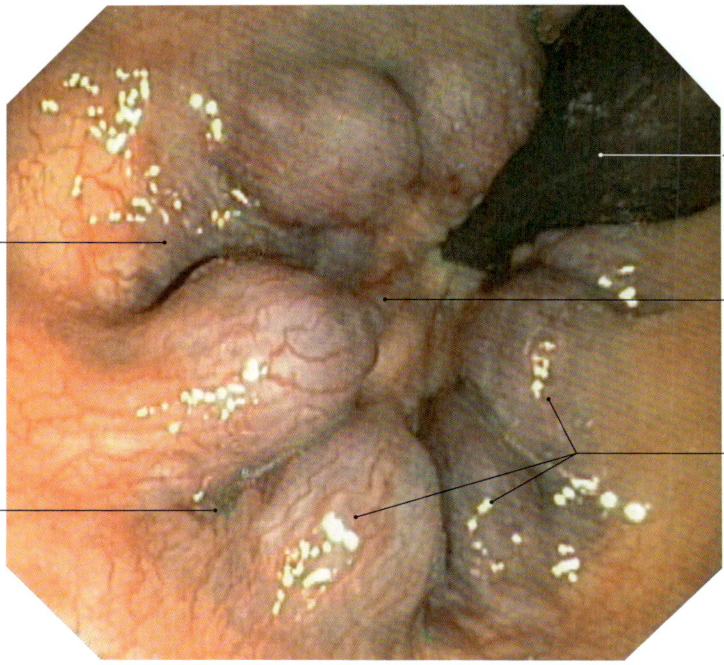

Abb. 7.104 Analkanal, Canalis analis; Rektoskopie; Ansicht von kranial.
Man sieht sechs deutlich vergrößerte Knoten des Corpus cavernosum recti (Hämorrhoiden).

* Koloskop
** drei Hämorrhoidalknoten

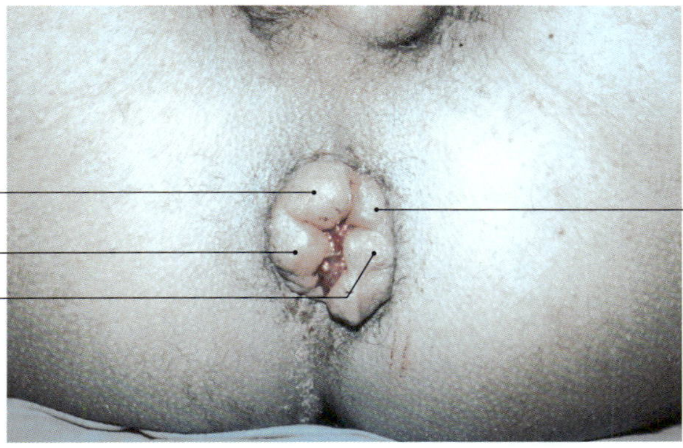

Abb. 7.105 Hämorrhoiden Stadium IV; Ansicht von kaudal in der „Steinschnittlage", bei der der Patient auf dem Rücken liegt und der Untersucher auf den Damm blickt. [4]
Entsprechend dem Ziffernblatt der Uhr wird die Lage der Hämorrhoidalknoten angegeben. Aufgrund des Verzweigungsmusters der Hauptäste der A. rectalis superior bei Eintritt in das Corpus cavernosum recti bilden sich typischerweise bei 3, 7 und 11 Uhr sog. Hauptknoten. Daneben können „Nebenknoten" vorkommen, die den Nebenästen entsprechen, die aus den Hauptästen hervorgehen. Von diesen ist hier ein Nebenknoten bei 1 Uhr ausgebildet.

Klinik

Hämorrhoiden sind krankhafte Erweiterungen des Corpus cavernosum recti und kommen häufig vor. Die Ursachen sind weitgehend unklar, scheinen aber mit den Ernährungsgewohnheiten in den Industrienationen (viel Fett, wenig Ballaststoffe) einherzugehen. Man kann die Hämorrhoiden in verschiedene **Stadien** einteilen:

- Stadium I: nur endoskopisch sichtbar
- Stadium II: Sie treten beim Pressen nach außen, kehren aber wieder in den Analkanal zurück.
- Stadium III: Sie treten spontan aus, können aber mit dem Finger reponiert werden.
- Stadium IV: Sie können nicht reponiert werden.

Ab Stadium II sollte therapiert werden: entweder durch Sklerosierung oder Gummibandligatur (Stadium II) oder mittels operativer Entfernung (Stadien III und IV).

Blutgefäße des Retroperitonealraums

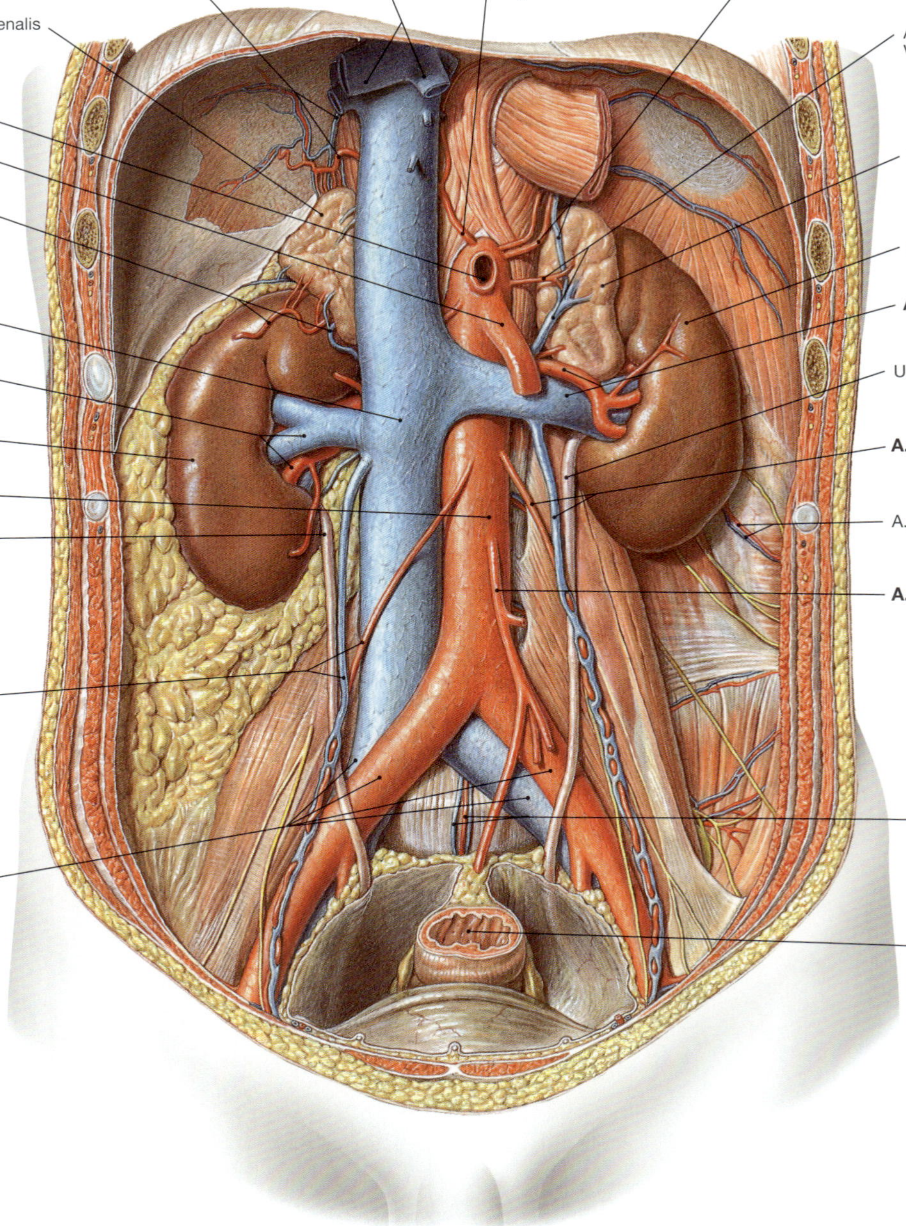

Abb. 7.106 Blutgefäße des Retroperitonealraums; Ansicht von ventral.
Die Aorta setzt sich nach ihrem Durchtritt durch das Zwerchfell als Pars abdominalis fort und liegt im Retroperitonealraum links der V. cava inferior vor der Wirbelsäule. Die Äste der **Pars abdominalis aortae** sind der Tabelle zu entnehmen.
Die **V. cava inferior** bildet sich rechts der Aorta durch Vereinigung der beiden Vv. iliacae communes.

Zuflüsse der V. cava inferior
• Vv. iliacae communes • V. sacralis mediana • Vv. lumbales • V. phrenica inferior dextra, links Einmündung in V. renalis • V. testicularis/ovarica dextra, links Einmündung in V. renalis • V. suprarenalis dextra, links Einmündung in V. renalis • Vv. renales dextra und sinistra • drei Vv. hepaticae (Vv. hepaticae dextra, intermedia und sinistra)

Äste der Pars abdominalis aortae	
parietale Äste zur Rumpfwand	• A. phrenica inferior: auf der Unterseite des Zwerchfells, gibt A. suprarenalis superior zur Nebenniere ab • Aa. lumbales: vier Paare direkt aus der Aorta, das fünfte Paar entspringt aus der A. sacralis mediana
viszerale Äste für die Eingeweide	• Truncus coeliacus: unpaar, entspringt unmittelbar unter dem Hiatus aorticus und versorgt die Oberbauchorgane • A. suprarenalis media: versorgt die Nebenniere • A. renalis: zur Niere, gibt außerdem die A. suprarenalis inferior zur Nebenniere ab • A. mesenterica superior: unpaar, versorgt Teile des Pankreas, den gesamten Dünndarm und den Dickdarm bis zur linken Kolonflexur • A. testicularis/ovarica: versorgt beim Mann Hoden und Nebenhoden, bei der Frau das Ovar • A. mesenterica inferior: unpaar, versorgt Colon descendens und oberes Rectum
Endäste	• A. iliaca communis: für Becken und Bein • A. sacralis mediana: steigt auf dem Kreuzbein ab

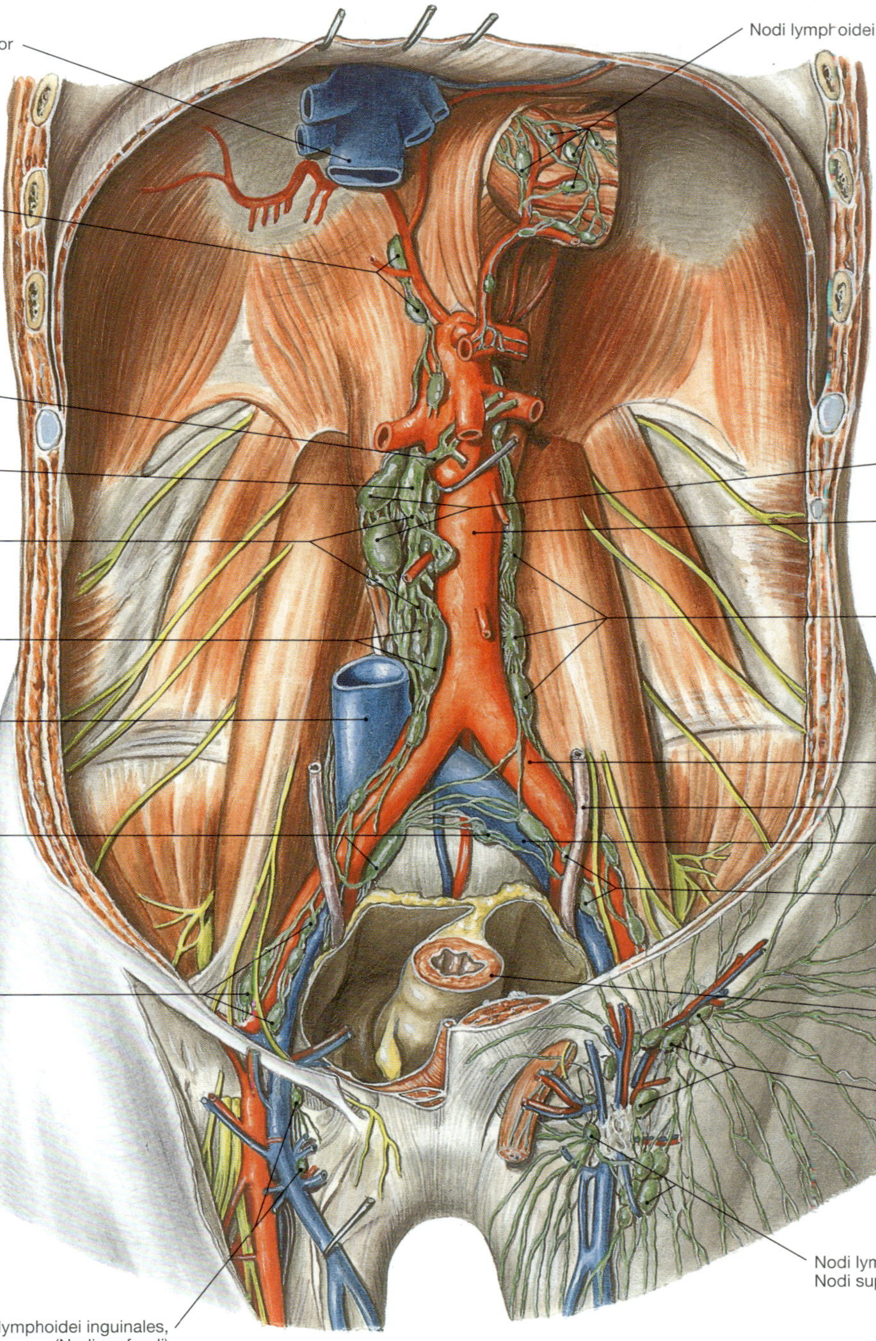

Abb. 7.107 Lymphgefäße und Lymphknoten des Retroperitonealraums; Ansicht von ventral.

Über die Nodi lymphoidei iliaci communes gelangt die Lymphe aus dem Becken in die parietalen Lymphknoten des Retroperitonealraums, die als **Nodi lymphoidei lumbales** zusammengefasst werden. Diese liegen in drei Ketten als Nodi lymphoidei lumbales sinistri um die Aorta, als Nodi lymphoidei lumbales dextri beidseits der V. cava inferior und als Nodi lymphoidei lumbales intermedii zwischen den beiden Gefäßen. Die lumbalen Lymphknoten sind nicht nur die Sammellymphknoten für untere Extremität, Beckeneingeweide und Colon descendens, sondern auch die regionären Lymphknoten für Niere, Nebenniere und Hoden/Ovar.

Aus den efferenten Lymphbahnen der lumbalen Lymphknoten gehen beidseits die **Trunci lumbales** hervor, die sich in der Cisterna chyli mit dem **Truncus intestinalis** (sammelt die Lymphe der viszeralen Lymphknoten aus der Bauchhöhle) vereinigen, um sich im **Ductus thoracicus** fortzusetzen. Damit führt der Ductus thoracicus unterhalb des Zwerchfells die gesamte Lymphe der unteren Körperhälfte.

Somatische Nerven des Retroperitonealraums

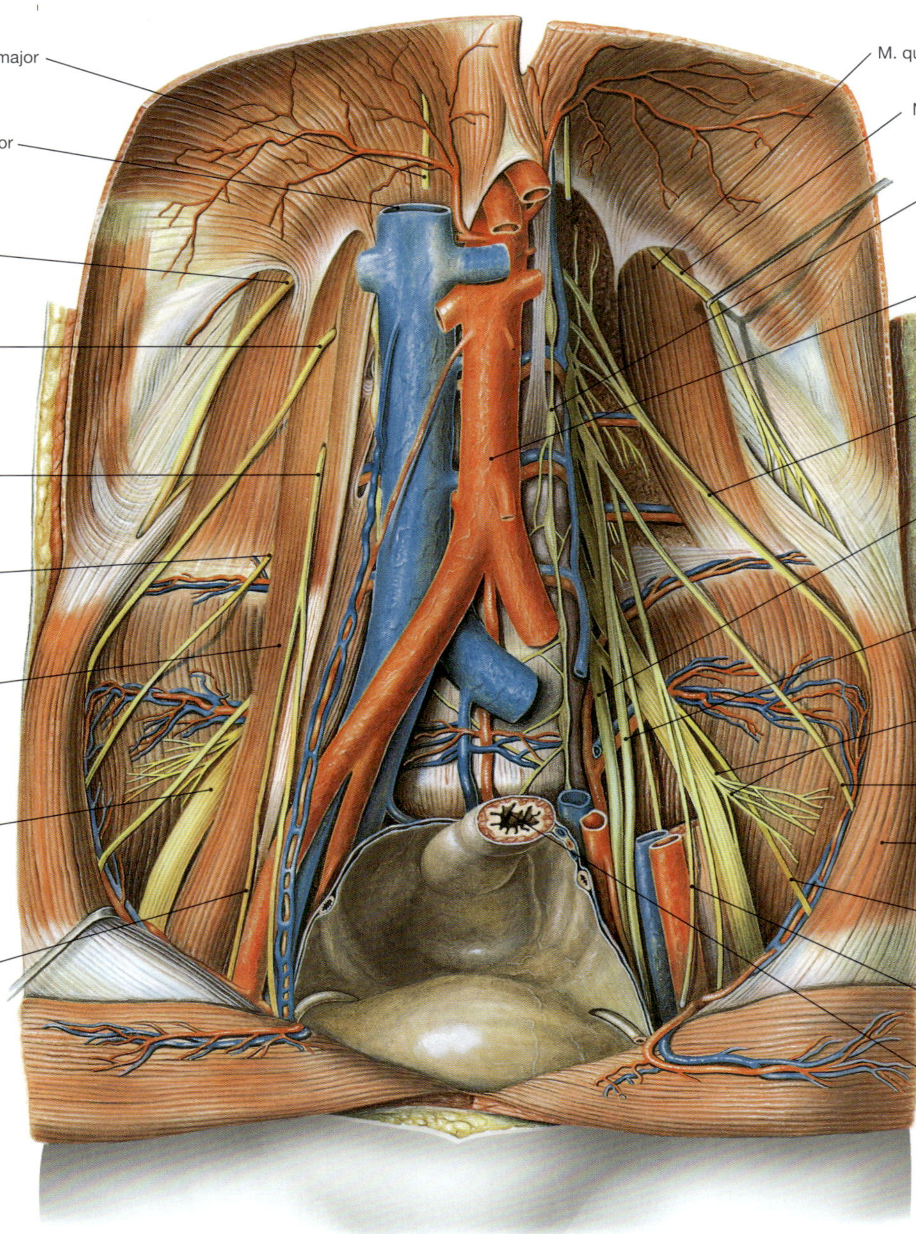

Abb. 7.108 Somatische Nerven des Retroperitonealraums; Ansicht von ventral.
Neben den Blut- und den Lymphgefäßen ziehen auch die Nerven des **Plexus lumbalis,** der für die Innervation der Leistenregion und der Vorderseite des Beins zuständig ist durch den Retroperitonealraum. Der Truncus lumbosacralis stellt die Verbindung zum Plexus sacralis im kleinen Becken her, so dass im Plexus lumbosacralis ein kontinuierliches Nervengeflecht entsteht.

Äste des Plexus lumbalis (T12–L4):
- Muskeläste für M. iliopsoas und M. quadratus lumborum (T12–L4)
- N. iliohypogastricus (T12, L1)
- N. ilioinguinalis (T12, L1)
- N. genitofemoralis (L1, L2)
- N. cutaneus femoris lateralis (L2, L3)
- N. femoralis (L2, L4)
- N. obturatorius (L2, L4)

→ T 40

Vegetative Nerven des Retroperitonealraums

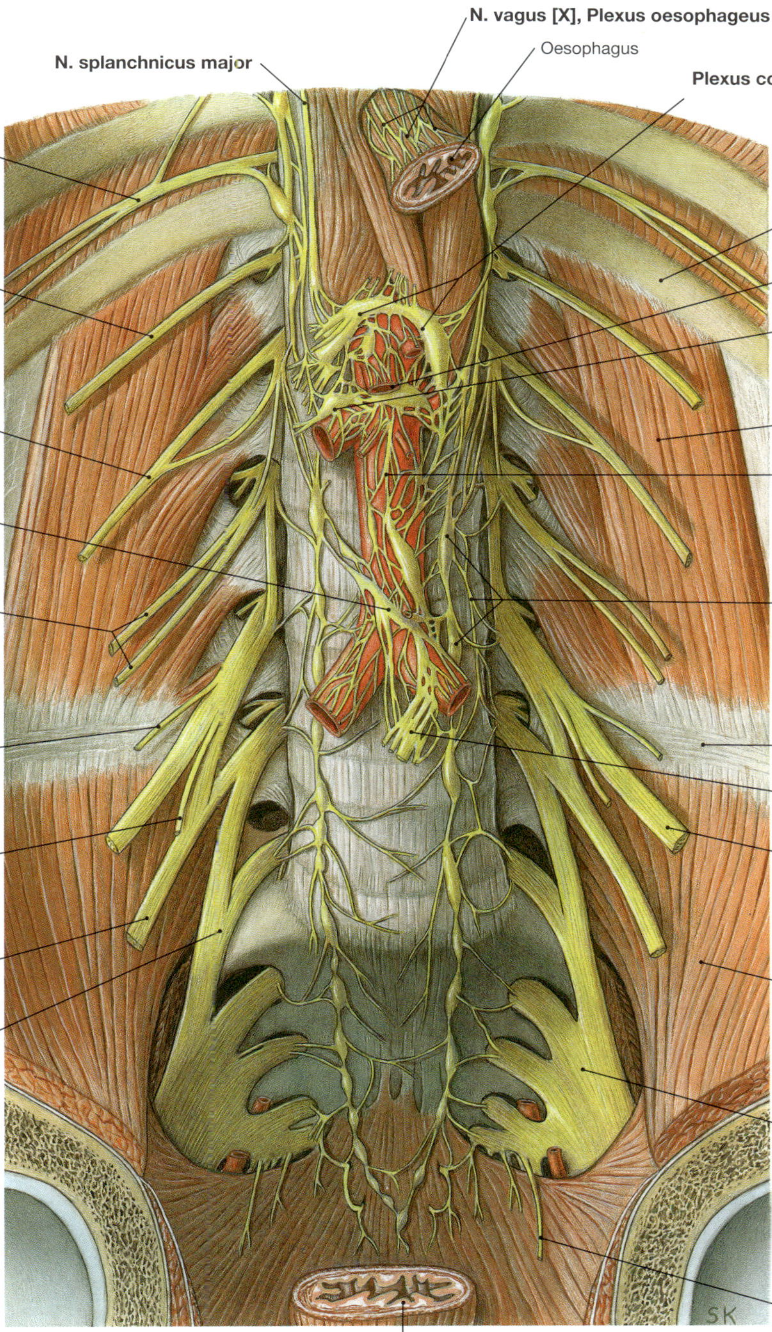

Abb. 7.109 Vegetative Nerven des Retroperitonealraums; Ansicht von ventral; nach Entfernung der Organe.

Auf der Vorderseite der Aorta bilden die vegetativen Nervenfasern des Sympathicus und des Parasympathicus ein Geflecht **(Plexus aorticus abdominalis),** von dem aus an den Abgängen der Aortenäste eigene Plexus gebildet werden, deren Nervenfasern die jeweiligen Gefäße zu ihren Zielorganen begleiten. Zu diesen Geflechten zählen am Abgang der drei unpaaren viszeralen Äste der Aorta **Plexus coeliacus, Plexus mesenterici superior und inferior** sowie dazwischen der **Plexus intermesentericus**. Nach kaudal setzen sich die Nervengeflechte über den Plexus hypogastricus superior bis zum Plexus hypogastricus inferior im kleinen Becken fort, der die Beckeneingeweide innerviert.

Die präganglionären Neurone des **Sympathicus** sitzen in den Seitenhörnern des Rückenmarks, gelangen zum Grenzstrang (Truncus sympathicus) und weiter ohne Umschaltung über die Nn. splanchnici major und minor zu den Plexus der Aorta, wo sie in den verschiedenen Ganglien (Ganglia coeliaca, Ganglia mesenterica superius und inferius, Ganglia aorticorenalia) synaptisch auf postganglionäre Neurone verschaltet werden, deren Axone mit den Ästen der jeweiligen Arterien die verschiedenen Organe erreichen.

Die präganglionären parasympathischen Neurone der **Nn. vagi [X]** ziehen mit der Speiseröhre als Trunci vagales anterior und posterior durch das Zwerchfell zu den vegetativen Nervengeflechten der Bauchaorta, die sie allerdings ohne Verschaltung bis zu den Organen durchlaufen, in deren Wand oder Umgebung die postganglionären Neurone liegen. Das Versorgungsgebiet der Nn. vagi [X] endet im Plexus mesentericus superior und damit im Bereich der linken Kolonflexur (traditionell als CANNON-BÖHM-Punkt bezeichnet). Das **Colon descendens** wird dagegen vom **sakralen Teil des Parasympathicus** versorgt, dessen präganglionäre Neurone im Rückenmark (S2–S4) liegen, mit den Spinalnerven als Nn. splanchnici pelvici austreten und dann im Plexus hypogastricus inferior in der Umgebung des Rectums auf postganglionäre Neurone verschaltet werden. Die postganglionären Nervenfasern steigen zum Colon descendens und sigmoideum auf.

A. iliaca interna

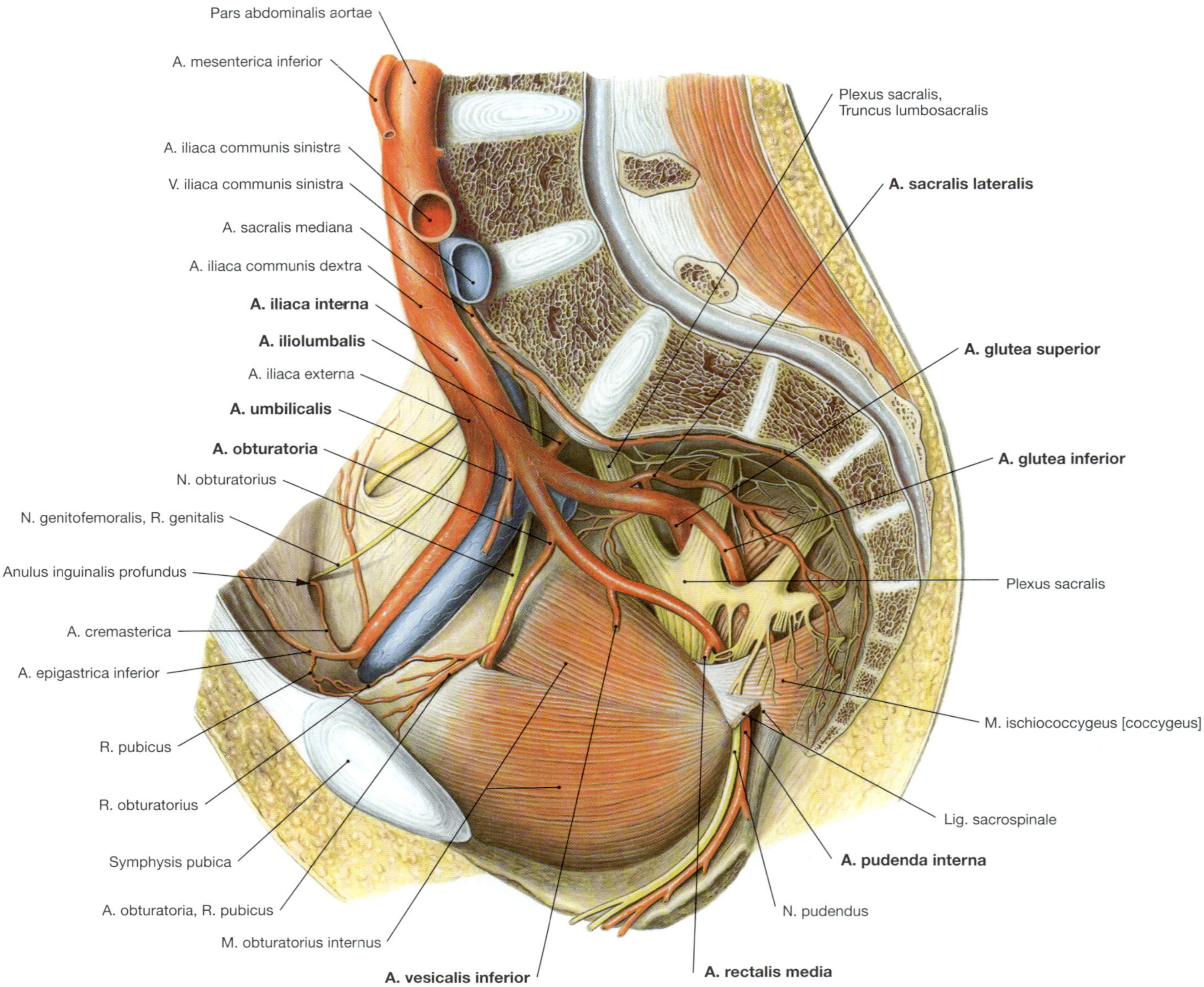

Abb. 7.110 A. iliaca interna; Ansicht von links.
Meist (in 60% der Fälle) teilt sich die A. iliaca interna in einen vorderen und in einen hinteren Hauptstamm. Die Astabfolge ist ziemlich variabel, so dass es sich anbietet, stattdessen die Äste nach ihrem Versorgungsgebiet in **parietale Äste** für die Beckenwand und die äußeren Geschlechtsorgane und in **viszerale Äste** für die Beckeneingeweide einzuteilen.

Abb. 7.111 Parietale Äste der A. iliaca interna.

- A. iliolumbalis: versorgt Fossa iliaca und Lumbalregion
- Aa. sacrales laterales: für Sakralkanal
- A. obturatoria: zieht durch den Canalis obturatorius
- A. glutea superior: zieht durch das Foramen suprapiriforme in die Glutealregion
- A. glutea inferior: zieht durch das Foramen infrapiriforme zur Glutealregion

Zu den viszeralen Ästen (bei Mann und Frau verschieden) → Abbildung 7.112 und 7.113.

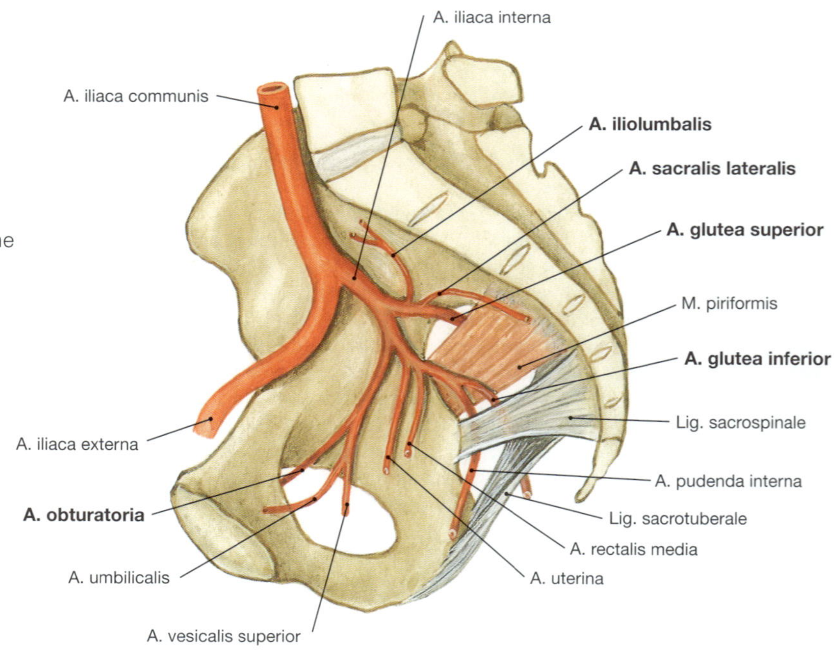

Blutgefäße des männlichen Beckens

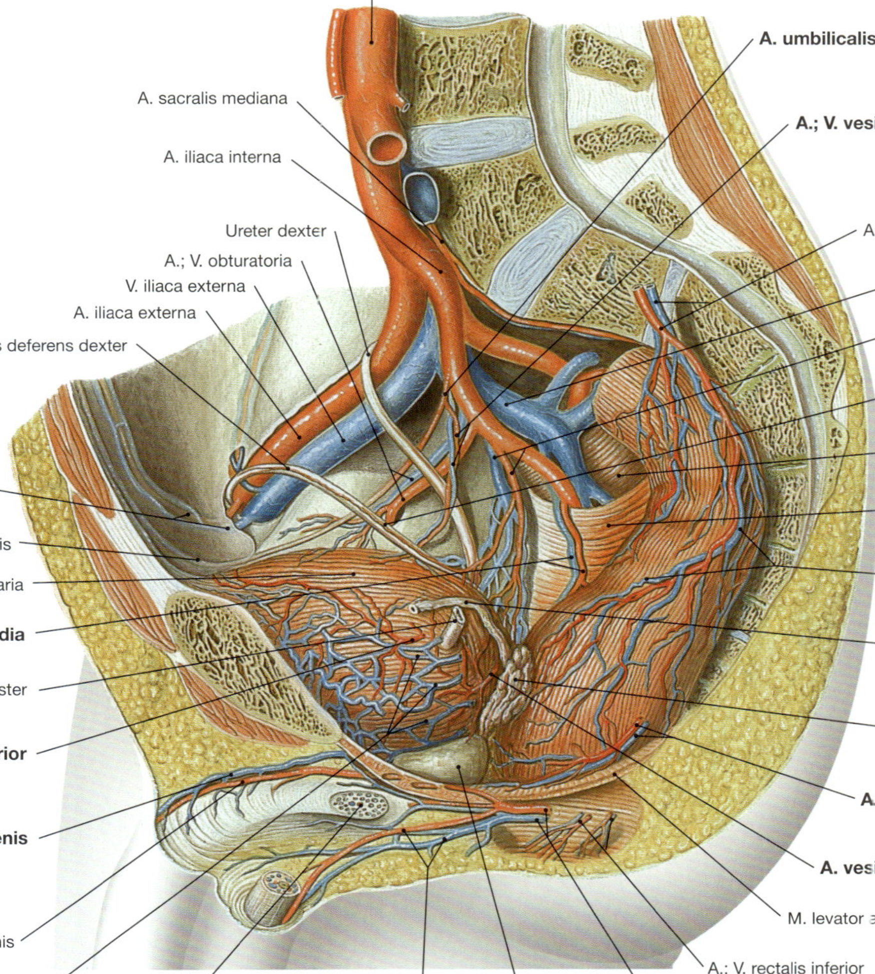

Abb. 7.112 Blutversorgung der Beckeneingeweide beim Mann; Ansicht von links.

Die Beckeneingeweide werden von den **viszeralen Ästen** der A. iliaca interna mit Blut versorgt. Die **parietalen Äste** für die Beckenwand sind bei beiden Geschlechtern gleich ausgebildet (→ Abb. 7.111).

Viszerale Äste der A. iliaca interna beim Mann:

- A. umbilicalis: Sie gibt die A. vesicalis superior zur Harnblase und meist (hier nicht) die A. ductus deferentis zum Samenleiter ab, bevor sie verschlossen ist (Lig. umbilicale mediale) und die Plica umbilicalis medialis aufwirft.
- A. vesicalis inferior: zu Harnblase, Prostata und Bläschendrüse, gibt gelegentlich (wie hier) die A. ductus deferentis ab
- A. rectalis media: oberhalb des Beckenbodens zum Rectum
- A. pudenda interna: Sie zieht durch das Foramen infrapiriforme und anschließend durch das Foramen ischiadicum minus in die Seitenwand der Fossa ischioanalis (Canalis pudendalis, ALCOCK-Kanal). Hier gibt sie die A. rectalis inferior für den unteren Analkanal ab und teilt sich in ihre oberflächlichen und tiefen Endäste zur Versorgung des äußeren Genitales. Die oberflächliche A. perinealis versorgt den Damm und gibt die Rr. scrotales posteriores zum Hodensack ab. Die tiefen Äste versorgen den Penis mit seinen Schwel körpern (A. bulbi penis, A. dorsalis penis, A. profunda penis).

Das venöse Blut gelangt in die **V. iliaca interna,** deren zuführende Äste um die einzelnen Organe Venengeflechte (Plexus venosi) bilden, die alle untereinander in Verbindung stehen. Diese müssen bei der Präparation meist entfernt werden, um die Arterien und Nerven im Becken freilegen zu können:

- **Plexus venosus rectalis:** Dieser steht über die V. rectalis superior mit dem Pfortaderkreislauf und über die Vv. rectales media und inferior mit dem Stromgebiet der V. cava inferior in Verbindung (portokavale Anastomose).
- **Plexus venosus vesicalis:** am Blasengrund, sammelt auch das Blut der akzessorischen Geschlechtsdrüsen
- **Plexus venosus prostaticus:** nimmt neben dem Blut der Prostata auch das Blut der Penisschwellkörper (V. dorsalis profunda penis) auf. Verbindungen zu den Venengeflechten der Wirbelsäule erklären z.T. die beim Prostatakarzinom häufig auftretenden Wirbelsäulenmetastasen.

Blutgefäße des weiblichen Beckens

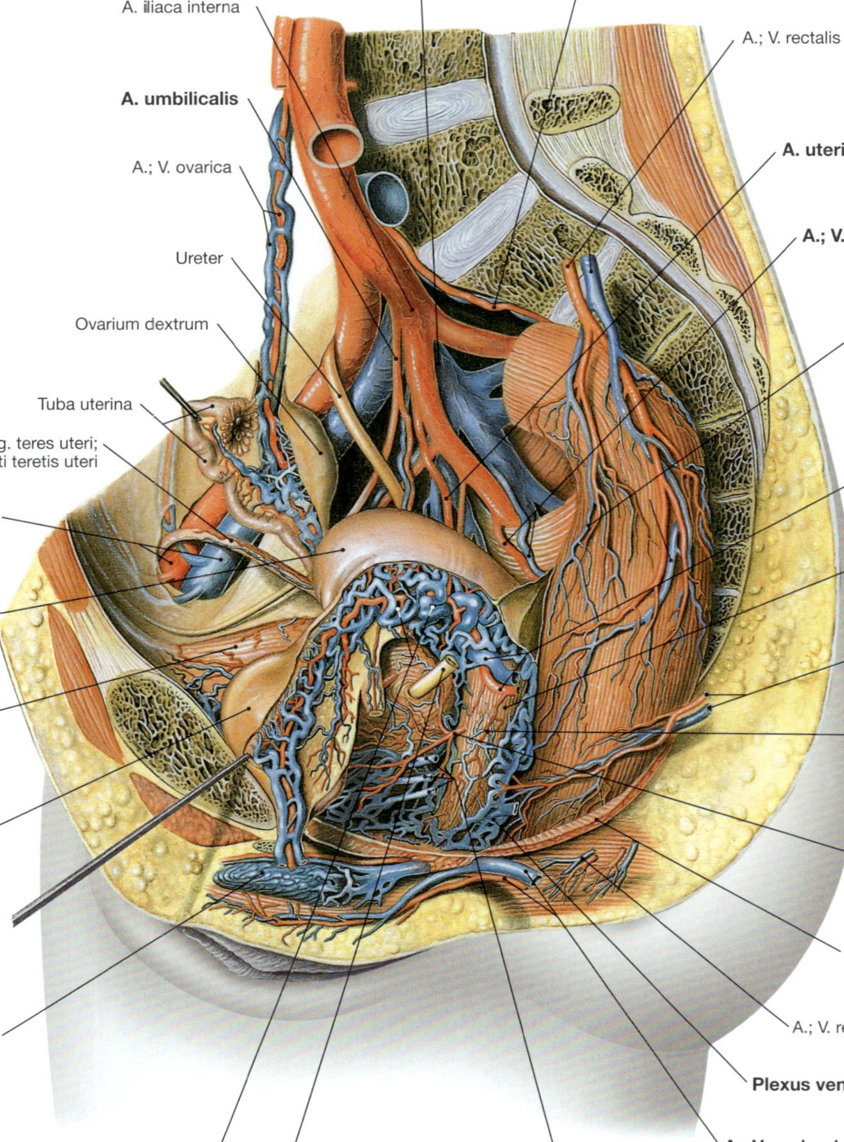

Abb. 7.113 Blutversorgung der Beckeneingeweide bei der Frau; Ansicht von links.
Die Beckeneingeweide werden von den **viszeralen Ästen** der A. iliaca interna mit Blut versorgt. Die **parietalen Äste** für die Beckenwand sind bei beiden Geschlechtern gleich ausgebildet (→ Abb. 7.111).
Viszerale Äste der A. iliaca interna bei der Frau:
- A. umbilicalis: Sie gibt die A. vesicalis superior zur Harnblase und die A. uterina ab, bevor sie verschlossen ist (Lig. umbilicale mediale) und die Plica umbilicalis medialis aufwirft.
- A. vesicalis inferior: zu Harnblase und Vagina, kann fehlen und wird dann von der A. vaginalis ersetzt
- A. uterina: versorgt mit eigenen Ästen Uterus, Tuba uterina, Ovar und Vagina
- A. vaginalis: ersetzt manchmal die A. vesicalis inferior
- A. rectalis media: oberhalb des Beckenbodens zum Rectum
- A. pudenda interna: Sie zieht durch das Foramen infrapiriforme und anschließend durch das Foramen ischiadicum minus in die Seitenwand der Fossa ischioanalis (Canalis pudendalis, ALCOCK-Kanal). Hier gibt sie die A. rectalis inferior für den unteren Analkanal ab und teilt sich in ihre oberflächlichen und tiefen Endäste zur Versorgung des äußeren Genitales. Die oberflächliche A. perinealis versorgt den Damm und gibt die Rr. labiales posteriores an die Schamlippen ab. Die tiefen Äste versorgen die Clitoris mit Schwellkörpern und den Vorhofschwellkörper in den großen Schamlippen (A. bulbi vestibuli, A. dorsalis clitoridis, A. profunda clitoridis).

Das venöse Blut gelangt in die **V. iliaca interna,** deren zuführende Äste um die einzelnen Organe Venengeflechte (Plexus venosi) bilden, die alle untereinander in Verbindung stehen. Diese müssen bei der Präparation meist entfernt werden, um die Arterien und Nerven im Becken freilegen zu können:
- **Plexus venosus rectalis:** Dieser steht über die V. rectalis superior mit dem Pfortaderkreislauf und über die Vv. rectales media und inferior mit dem Stromgebiet der V. cava inferior in Verbindung (portokavale Anastomose).
- **Plexus venosus vesicalis:** am Blasengrund, nimmt auch das Blut der Schwellkörper (V. dorsalis profunda clitoridis) auf
- **Plexus venosi uterinus und vaginalis:** sammelt das Blut von Uterus und Vagina

Lymphgefäße des Beckens

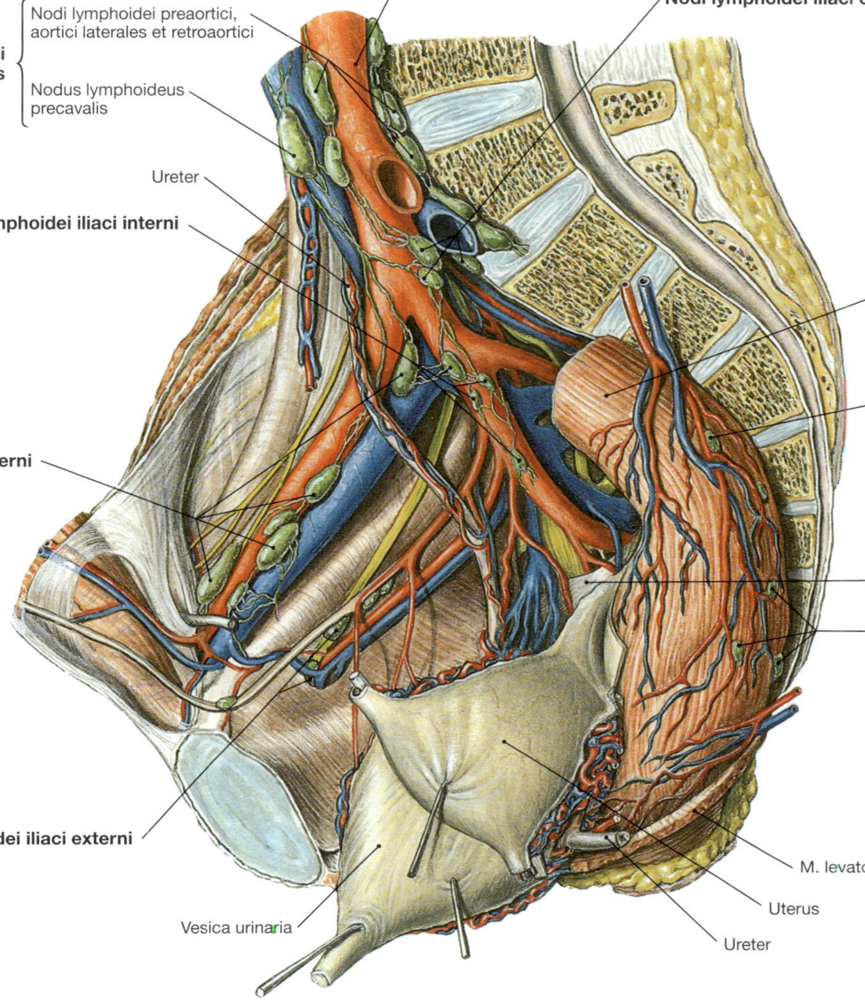

Abb. 7.114 Lymphknoten und Lymphgefäße des Beckens (hier bei der Frau); Ansicht von links.

Im Becken liegen die Nodi lymphoidei iliaci interni und externi entlang der jeweiligen Blutgefäße und die Nodi lymphoidei sacrales auf der Vorderseite des Kreuzbeins. Aufgrund der engen Lagebeziehungen ist eine strenge Unterscheidung von parietalen Lymphknoten für die Rumpfwand und viszeralen Lymphknoten für die Organe nicht möglich. Die Beckeneingeweide (Rectum, Harnblase und innere Geschlechtsorgane) besitzen damit zu allen Lymphknotengruppen Verbindungen.

Die Lymphe aus dem oberen **Rectum** gelangt über die Nodi lymphoidei rectales superiores zu den Nodi lymphoidei mesenterici inferiores im Retroperitonealraum und zu den Nodi lymphoidei iliaci interni im Becken. Aus dem unteren Rectum wird die Lymphe dagegen in die Nodi lymphoidei inguinales superficiales abgeleitet. Daher sind Lymphknotenmetastasen von proximalen Rektumkarzinomen im Retroperitonealraum und im Becken, von distalen Tumoren dagegen in der Leiste zu finden.

Die regionären Lymphknoten der **Harnblase** sind überwiegend die Nodi lymphoidei iliaci interni.

Die Lymphabflusswege der **weiblichen Geschlechtsorgane** (→ S. 57) und der **männlichen Geschlechtsorgane** (→ S. 39) sind bei den jeweiligen Organen im Detail beschrieben.

Über die Nodi lymphoidei iliaci communes gelangt die Lymphe schließlich in die parietalen Lymphknoten des Retroperitonealraums, die als Nodi lymphoidei lumbales beidseits von Aorta und V. cava inferior zusammengefasst werden.

Männliches Becken, Medianschnitt

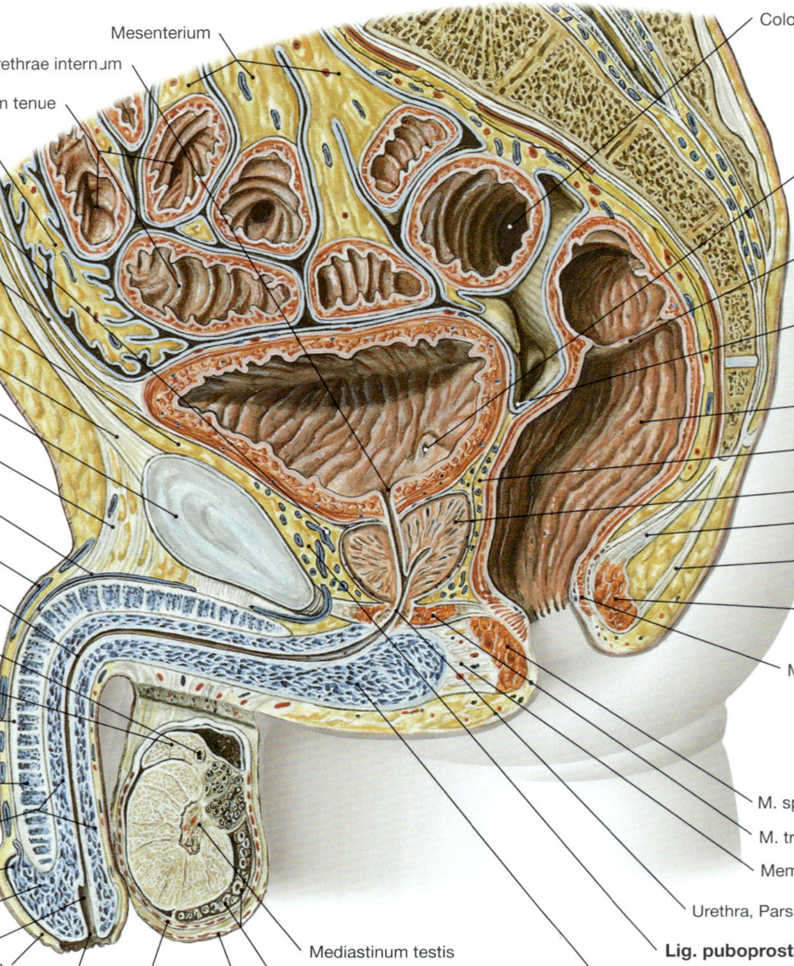

Abb. 7.115 Becken, Pelvis, des Mannes; Medianschnitt; Ansicht von links.

Der tiefste Punkt der Peritonealhöhle ist beim Mann die **Excavatio rectovesicalis.** Lateral wird diese duch die **Plica rectovesicalis** begrenzt, in der der Plexus hypogastricus inferior liegt. Nach kaudal folgt im Subperitonealraum die **Fascia rectoprostatica** (*klin.: DENONVILLIER-Faszie), die Rectum und Prostata trennt. Hinter der Symphyse befindet sich ein mit Bindegewebe ausgefüllter Raum, das **Spatium retropubicum** (**klin.: RETZIUS-Raum), in dem das Lig. puboprostaticum Prostata und Harnblase am Becken fixiert ist. Im unteren Abschnitt des Spatium retropubicum mündet die **V. dorsalis profunda penis,** die die Schwellkörper des Penis drainiert, in den **Plexus venosus prostaticus,** der Anschluss an die V. iliaca interna hat.

Weibliches Becken, Medianschnitt

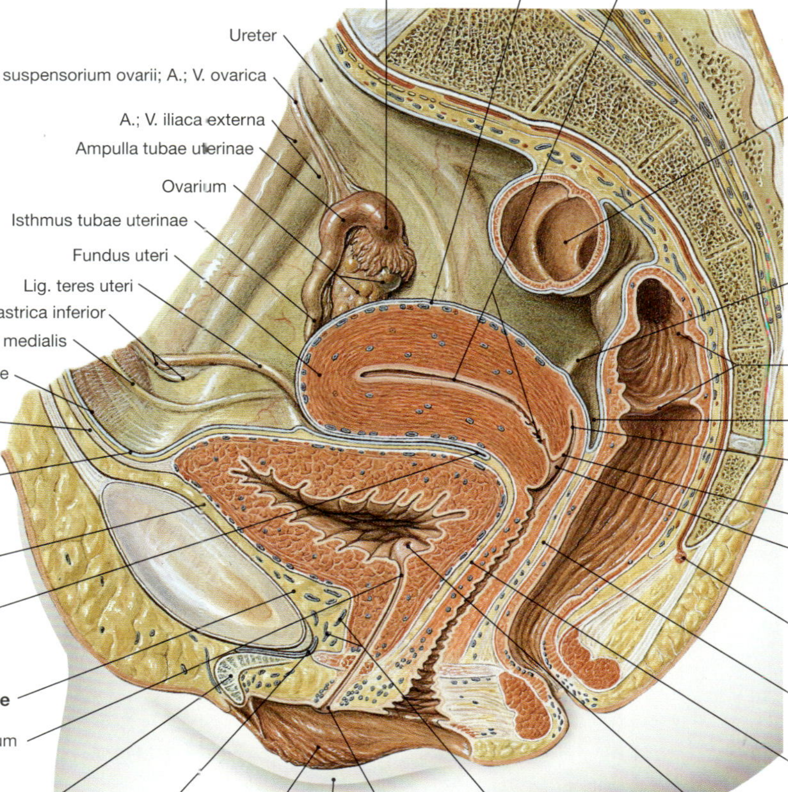

Abb. 7.116 Becken, Pelvis, der Frau; Medianschnitt; Ansicht von links.
Da der Uterus zwischen Harnblase und Rectum eingeschoben ist, besitzt die Peritonealhöhle bei der Frau zwei Aussackungen nach kaudal. Der am weitesten nach kaudal sich ausdehnende Bereich der Peritonealhöhle ist die **Excavatio rectouterina** (**klin.: DOUGLAS-Raum). Sie reicht bis an das hintere Scheidengewölbe (Fornix vaginae, Pars posterior) heran. Lateral wird sie duch die **Plica rectouterina** begrenzt, in der der Plexus hypogastricus inferior liegt. Nach kaudal folgt im Subperitonealraum die **Fascia rectovaginalis,** die Rectum und Vagina trennt. Die **Excavatio vesicouterina** zwischen Harnblase und Uterus reicht nicht ganz so weit nach kaudal. An sie schließt sich im Subperitonealraum das Septum vesicovaginale an. Hinter der Symphyse liegt ein mit Bindegewebe ausgefüllter Raum **(Spatium retropubicum),** in dem das dünne Lig. pubovesicale die Harnblase am Becken fixiert. Im unteren Abschnitt des Spatium retropubicum mündet die **V. dorsalis profunda clitoridis,** die das Blut der Klitorisschwellkörper führt, in den **Plexus venosus vesicalis,** der Anschluss an die V. iliaca interna hat.

* klin.: Septum vesicovaginale

Klinik

Bei **Entzündungen im Unterbauch** (Appendizitis, Salpingitis) können sich im **DOUGLAS-Raum** Eiter und freie Flüssigkeit ansammeln. Die Nähe zum hinteren Scheidengewölbe ermöglicht es, diese Flüssigkeit von der Vagina aus zu punktieren und zu untersuchen.

Männliches Becken, Transversalschnitte

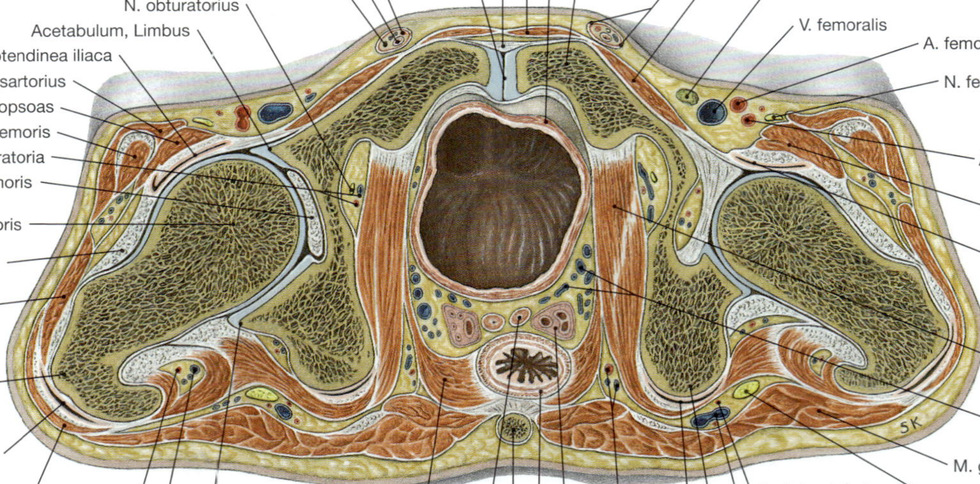

7.117

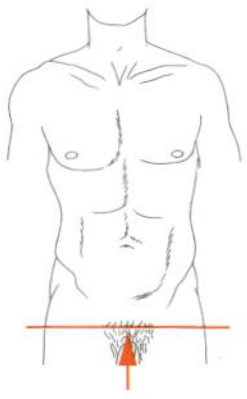

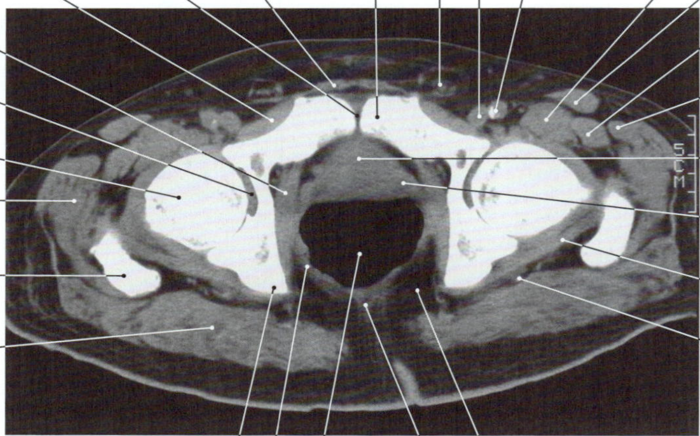

7.118

Abb. 7.117 und Abb. 7.118 Becken, Pelvis, des Mannes; Transversalschnitt auf Höhe des kleinen Beckens (→ Abb. 7.117) und korrespondierender computertomographischer Querschnitt (CT; → Abb. 7.118); Ansicht von kaudal.
Entsprechend einer allgemeinen Konvention werden CT-Aufnahmen **immer mit der Sicht von kaudal** abgebildet. Von den Beckeneingeweiden sind Harnblase (Vesica urinaria), Mastdarm (Rectum) und Teile der inneren Geschlechtsorgane (Samenleiter [Ductus deferens] und Bläschendrüse [Glandula vesiculosa]) angeschnitten. Der Transversalschnitt ermöglicht es, sich den Verlauf verschiedener Muskeln vor Augen zu führen. Beispielsweise ist der M. puborectalis des M. levator ani angeschnitten, der hinter dem Rectum eine Schlinge bildet und es nach vorne zieht. Dadurch entsteht am Rectum die Flexura perinealis. Dieser Mechanismus trägt zum Verschluss des Rectums und damit zur Kontinenz bei. Weiterhin ist der komplizierte Verlauf des M. obturatorius internus sehr gut nachvollziehbar: der Muskel entspringt vorne an der Innenseite des knöchernen Beckens und zieht zunächst nach dorsal. Er wird dann durch das Os ischii, das als Hypomochlion wirkt, umgelenkt und setzt schließlich an der Innenseite des Trochanter major an.

Weibliches Becken, Transversalschnitte

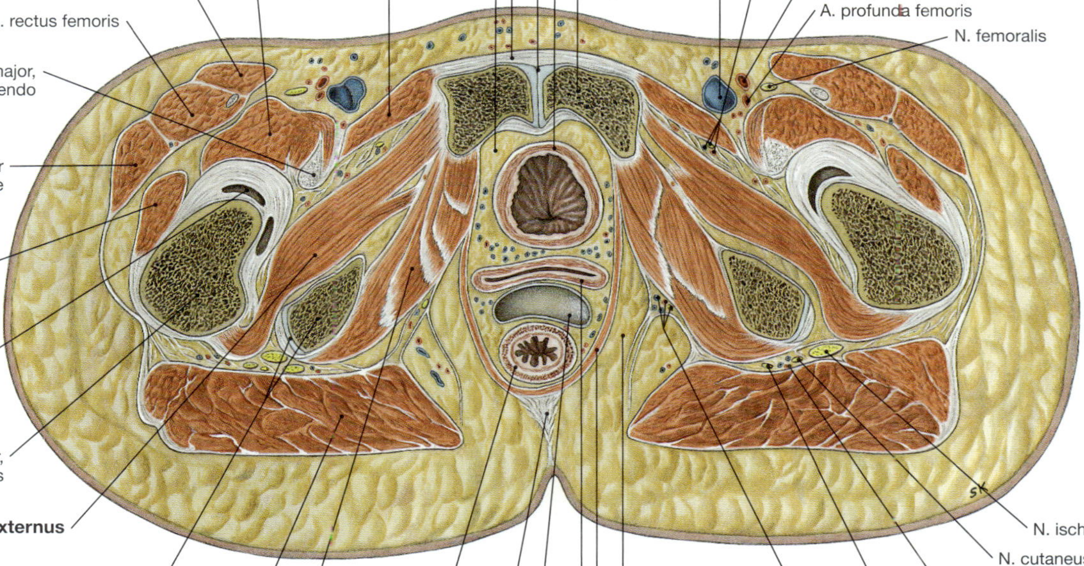

7.119

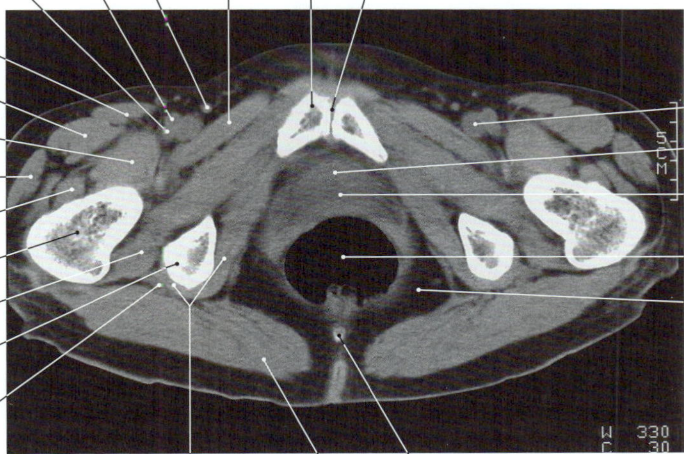

7.120

Abb. 7.119 und Abb. 7.120 Becken, Pelvis, der Frau; Transversalschnitt auf Höhe des kleinen Beckens (→ Abb. 7.119) und korrespondierender computertomographischer Querschnitt (CT; → Abb. 7.120); Ansicht von kaudal.

Von den Beckeneingeweiden sind Harnblase (Vesica urinaria), Mastdarm (Rectum) und dazwischen die Scheide (Vagina) und die Excavatio rectouterina (DOUGLAS-Raum) als tiefster Abschnitt der Peritonealhöhle angeschnitten. Der Transversalschnitt ist etwas weiter kaudal angelegt als der durch das männliche Becken (→ Abb. 7.117). Daher ist hier neben dem M. obturatorius internus auch der M. obturatorius externus zu sehen, der diesem vorne auf der Außenseite des Beckens gegenüberliegt.

Männliches Becken, Frontalschnitt

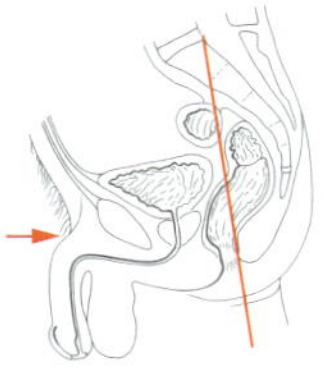

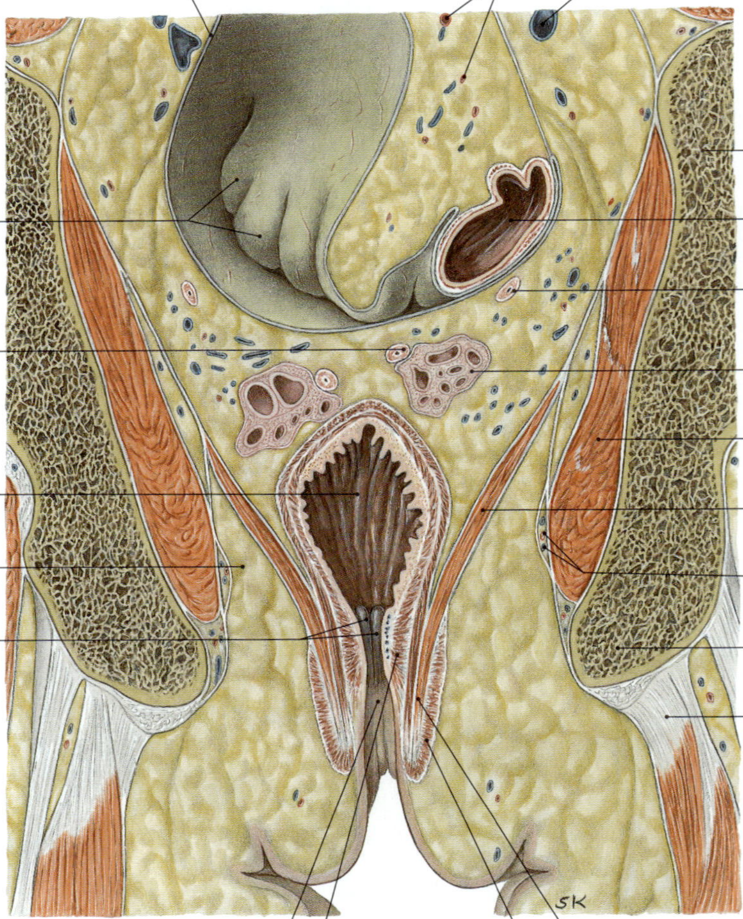

Abb. 7.121 Becken, Pelvis, eines Mannes; schräger Frontalschnitt durch das kleine Becken.

A. und V. pudenda interna ziehen zusammen mit dem N. pudendus in der Faszienduplikation des M. obturatorius internus (klin.: ALCOCK-Kanal) in die Fossa ischioanalis.

Anhang

Glossar anatomischer Begriffe 86

Register 96

Glossar

Erläuterungen zum Glossar

Abkürzungen:

f	femininum
m	masculinum
n	neutrum
(Pl)	Plural
P.p.a.	Partizip Präsens aktiv
P.p.p.	Partizip Präsens passiv
Adj.	Adjektiv
Dim.	Diminutiv (Verkleinerungsform)
Komp.	Komparativ
Sup.	Superlativ
(ahd)	althochdeutsch
(altind)	altindisch
(altiran)	altiranisch
(altnord)	altnordisch
(arab)	arabisch
(etrusk)	etruskisch
(got)	gotisch
(gr)	griechisch
(idg)	indogermanisch
(l)	lateinisch
(lit)	litauisch
(mhd)	mittelhochdeutsch

Allgemeine, d.h. nicht fachspezifische Vorsilben (Präfixe):

a- (gr)	(verneinendes Präfix)
a-, ab-, abs- (l)	von, von...her
ac-, ad-, af- (l)	zu, zu...hin, an, bei, heran
amphi- (gr)	ringsum, herum, zu beiden Seiten
ana- (gr)	auf, hinauf
ante- (l)	vor, vorher
anti- (l)	gegen
apo- (gr)	von...weg, von...her, voran, gleich nach
bi- (l)	zweifach
circum- (l)	rundum, um...herum
co-, col-, con-, com- (l)	mit, zusammen
de- (l)	weg, von, herab
dia- (gr)	durch, hindurch, auseinander
di-, dis- (gr)	zwei
e-, ex- (l)	aus, heraus
en- (gr)	innen, drin, hinein
endo- (gr)	innen, drinnen
ep-, epi- (gr)	auf, drauf, über
hemi- (gr)	halb
hyper- (gr)	über, darüber, oberhalb
hypo- (gr)	darunter, unter, unterhalb
infra- (l)	unterhalb von, unten, gering
in-, im- (l)	hinein
inter- (l)	zwischen
intra-, intro- (l)	innerhalb von
meso- (gr)	mittlere, zwischen; Mitte
meta- (gr)	nach, hinter
ob-, op- (l)	entgegen, gegenüber
par-, para- (gr)	neben, bei
per- (l)	durch, hindurch, ganz, völlig
peri- (gr)	um, herum, ringsum
post- (l)	nach, hinter, hinten
prae-, pre- (l)	vor, vorne, wegen, vor...her
pro- (l)	vorne hin, voran, für
pro-, pros- (gr)	vorwärts, vorne
quadri- (l)	vier(fach)
re- (l)	hinten, wieder
retro- (l)	zurück, dahinter
semi- (gr)	halb
sub- (l)	unter, unterhalb
super- (l)	über, nach oben
supra- (l)	oberhalb, über, darüber
syn-, sym- (gr)	mit, zusammen
tri-, tris- (l)	drei(fach)

Allgemeine, d.h. nicht fachspezifische Nachsilben (Suffixe):

-aris,-e (l),-alis,-e (l),-eus,-a,-um (l):-isch,-ig Herkunft oder Zugehörigkeit ausdrückend)
-ideus,-a,-um (l):-förmig,-artig (Ähnlichkeit ausdrückend)
-icus,-a,-um (l),-ivus,-a,-um (l): (betreffend)
-osus,-a,-um (l): (reich an etwas)
-ulus,-a,-um (l): (Verkleinerungsform)

Glossar anatomischer Begriffe

Abdomen, -inis n *(l)* = Bauch, Unterleib. – abdere (l): wegtun, verbergen.

abducens, -entis *(l)* = wegführend. – P.p.a. von abducere (l): wegführen, wegziehen.

Abductor, -oris m *(l)* = der Abzieher, Wegführer.

aberrans *(l)* = abirrend. – P.p.a. von aberrare (l): abirren, sich irren, abkommen.

accessorius, -a, -um *(l)* = hinzukommend, zusätzlich. – accedere (l): dazugeben, dazutreten; cedere (l): treten, gehen, zuteil werden.

Acetabulum, -i n *(l)* = Hüftgelenkspfanne; urspr. das Essigschälchen.

Achilles, -is m *(l)* = Achilleus: griechischer Held vor Troja; wurde von Paris durch einen von Apoll gelenkten Pfeil an der Ferse tödlich verwundet.

acromialis, -e *(l)* = zur Schulterhöhe gehörend. – Adj. zu Acromion, -ii n *(l)*.

Acromion, -ii n *(l)* = Akrómion *(gr)*: Schulterhöhe, Schulterspitze. – akros *(gr)*: das Äußerste; ṓmos *(gr)*: die Schulter, die höchstgelegene Stelle an der Schulter.

acusticus, -a, -um *(l)* = das Hören betreffend. – akoúein *(gr)*: hören.

Adductor, -oris m *(l)* = Heranführer, Hinzuziehender. – adducere *(l)*: heranführen, hinzuziehen; ducere *(l)*: führen, ziehen.

Adhesio, -onis f *(l)* = Anhaften. – adhaerere *(l)*: an etwas hängen, festhängen, angrenzen, anhaften.

adiposus, -a, -um *(l)* = fettreich, fetthaltig. – Adeps, -ipis m u. f *(l)*: weiches Fett.

Aditus, -us m *(l)* = Zugang, Eingang. – adire *(l)*: hinzugehen, herangehen.

Adminiculum, -i n *(l)* = Stütze, Beihilfe. – Minae, -arum f *(l)*: die Zinnen, die Mauern.

Aequator [Equator], -oris m *(l)* = größter Breitenkreis, Äquator.

afferens, -entis *(l)* = herbeitragend. – P.p.a. von afferre (ad-ferre) *(l)*: herbeitragen, herbeibringen, herantragen.

affixus, -a, -um *(l)* = angeheftet, befestigt. – P.p.p. von affigere (ad-figere) *(l)*: anheften.

Agger, -eris m *(l)* = Wall, Damm. – aggerere (adgerere) *(l)*: aufdämmen, vermehren.

aggregatus, -a, -um *(l)* = zusammengeschart, nahe beieinanderliegend. – P.p.p. von aggregare (ad-gregare) *(l)*: zusammenscharen, beigesellen.

Ala, -ae f *(l)* = 1. der Flügel a) als Bewegungsorgan, b) als Ruder der Segelschiffe, c) als Flanken der Legionen; 2. die Achsel: als Reproduktion der Ala (Flügel) des Vogels.

albicans *(l)* = weiß schimmernd. – P.p.a. von albicare *(l)*: weiß sein, schimmern.

albugineus, -a, -um *(l)* = weiß schimmernd. – Adj. zu Albugo, Tunica albuginea: derbe, weiße Bindegewebshülle.

Albugo, -inis f *(l)* = weißer Fleck. – albus *(l)*: weiß.

albus, -a, -um *(l)* = weiß, weißglänzend. – Alphós *(gr)*: weißer Ausschlag (Hautausschlag).

Allantois f *(gr)* = wurstähnliche Haut, Harnsack. – Állas *(gr)*: Wurst.

Alveolus, -i m *(l)* = kleine Mulde, Bienenzelle.

ambiguus, -a, -um *(l)* = sich nach zwei Seiten neigend. – ambigere *(l)*: nach zwei Seiten treiben, schwanken.

Amnion, -ii n oder **Amnios, -ii** m *(l)* = Schafhaut. – Ámnos *(gr)*: Schaf.

Amphiarthrosis, -is f *(l)* = ringsum bebändertes Gelenk. – amphi *(gr)*: ringsum, herum, zu beiden Seiten; Arthron *(gr)*: Glied, Gelenk.

Ampulla, -ae f *(l)* = Gefäß aus Ton/Glas mit engem Hals und blasig aufgetriebenem Bauch; kolbenförmige Verdickung. – Amphora, -ae f *(l)*: zweihenkeliger Krug mit engem Hals; Amphoreús *(gr)*: zweihenkeliges Gefäß; nach Hyrtl von Ampha, -ae f *(l)* (Griff) und Bulla, -ae f *(l)* (Blase).

amygdaloideus, -a, -um *(l)* = mandelähnlich, zu etwas Mandelähnlichem gehörend. – Amýgdale *(gr)*: Mandel.

analis, -e *(l)* = zum After gehörend. – Adj. zu Anus.

Anastomosis, -is f *(l)* = Vereinigung oder Verbindung zweier Kanäle. – anastomóein *(gr)*: eine Mündung herstellen, öffnen, eröffnen.

Anatomia, -ae f *(l)* = die Kunst des Zergliederns. – anatemnein *(gr)*: zerschneiden, zergliedern.

anconeus, -a, -um *(l)* = zum Ellenbogen gehörig. – Ankōn *(gr)*: der gebogene Arm, Ellenbogen.

Angiologia, -ae f *(l)* = Gefäßlehre. – Angeion *(gr)*: (Blut-)Gefäß; Logos *(gr)*: Wort, Sprache, Lehre.

Ansa, -ae f *(l)* = Öse, Schlinge, Henkel. – Hänia oder Ansia *(gr)*: Zügel, der dem Zugvieh durch die Nase gezogene Zügel.

ante *(l)* = 1. Präp.: vor, voran, voraus; 2. Adv.: vorne, vorwärts, vorher.

Angulus, -i m *(l)* = Winkel, Ecke. – Etym. unsicher; ankylos *(gr)*: krumm.

Antebrachium, -ii n *(l)* = Unterarm, Vorderarm. – **Brachium, -ii** n *(l)*: Arm.

anterior, -ius *(l)* = vorderer. – Komp. zu ante *(l)*: vor, vorn gelegen.

Anthelix, -icis f *(l)* = Gegenwindung. – antí *(gr)*: gegen; Hélix *(gr)*: Windung.

Antitragus, -i m *(l)* = kleiner Höcker gegenüber dem Tragus. – Trágos *(gr)*: Bock.

Antrum, -i n *(l)* = Grotte, Höhlung, Höhle. – Ántron *(gr)*: Höhle.

Anulus, -i m *(l)* = kleiner Ring.

Anus, -i m *(l)* = Kreis, Ring, After(ring).

Aorta, -ae f *(l)* = Hauptschlagader. – aéirein *(gr)*: etwas in die Höhe heben, um es zu tragen.

Apertura, -ae f *(l)* = Öffnung, Loch. – aperire *(l)*: öffnen, erschließen, aufdecken.

Apex, -icis m *(l)* = äußerste Spitze.

apicalis, -e *(l)* = zur Spitze gehörend. – Adj. zu Apex.

Aponeurosis, -is f *(l)* = flächenhafte, platte Sehne. – neuróein *(gr)*: die Sehne anspannen.

Appendix, -icis f *(l)* = Anhang, Anhängsel, Zugabe. – pendere: hängen, schweben.

Aqu(a)eductus, -us m *(l)* = Wasserleitung. – Aqua, -ae f *(l)*: Wasser; Ductus, -us m *(l)*: Zug, Leitung.

Arachnoidea, -ae f *(l)* = Spinnwebenhaut. – Aráchne *(gr)*: Spinne.

Arbor, -oris f *(l)* = Baum.

arcuatus, -a, -um u. **arcualis, -e** *(l)* = bogenförmig gekrümmt. – Adj. zu Arcus.

Arcus, -us m *(l)* = Bogen, Kreisbogen.

Area, -ae f *(l)* = Bezirk, freie Fläche, Stelle.

Areola, -ae f *(l)*: Dim. zu Area.

Arteria, -ae f *(l)* = Schlagader, Arterie. – von Áer *(gr)*: Luft u. täréein *(gr)*: enthalten, bewahren.

Articulatio, -onis f *(l)* = Gelenk. – Articulus, -i m *(l)*: Fingerglied, Knoten; Dim. zu Artus, -us m *(l)*: Gelenk, Glied; artýein *(gr)*: zusammenfügen, gliedern; Arthron *(gr)*: Glied, Verbindung.

arytenoideus, -a, -um *(l)* = dem Schnabel einer Gießkanne ähnlich. – Arytaina *(gr)*: Gießbecken, Gießkanne.

ascendens *(l)* = aufsteigend. – P.p.a. von ascendere *(l)*: aufsteigen, sich erheben, emporsteigen.

asper, -era, -erum *(l)* = rau, uneben.

Atlas, -antis m *(l)* = 1. Halswirbel. – Atlas: griechischer Heros, der die Säulen des Himmels trug. – tlas: P.p.a. von tlenai *(gr)*: tragen; der starke Träger.

atrioventricularis, -e *(l)* = zum Vorhof und zur Kammer gehörig. – Atrium, -ii n *(l)*: Vorhof, Vorraum; Ventriculus, -i m *(l)*: Dim. zu Venter: Hohlraum, 1. Magen, 2. Herzkammer, 3. Hirnkammer; ventricularis, -e *(l)*: Adj. zu Ventriculus.

Atrium, -ii n *(l)* = Vorhof, Halle. – etrusk. Ursprungs; Atarr *(etrusk)*: befestigtes Gebäude.

auditivus, -a, -um *(l)* = das Hören betreffend. – audire: hören.

Auricula, -ae f *(l)* = „kleines Ohr". 1. Ohrmuschel, 2. Herzohr. – Dim. zu Auris.

Auris, -is f *(l)* = Ohr. – Ous *(gr)*: Ohr.

autonomicus, -a, -um *(l)* = unabhängig. – autónomos *(gr)*: selbständig, autonom.

Avis, -is f *(l)* = Vogel, Vorbedeutung.

axillaris, -e *(l)* = zur Achselhöhle gehörig. – Adj. zu Axilla, -ae f *(l)*: die Achselhöhle; Dim. zu Ala.

Axis, -is m *(l)* = 1. Achse, 2. zweiter Halswirbel; er gibt die ruhende Achse an, um welche sich der 1. Halswirbel dreht. – Áxon *(gr)*: Wagenachse, Himmelsachse.

azygos, -on *(gr)* = unpaar, nicht gepaart, nicht verbunden.

basalis, -e u. **basilaris, -e** *(l)* = zur Basis gehörend, an der Basis liegend. – Adj. zu Basis.

basilicus, -a, -um *(l)* = königlich. – basilikos *(gr)*: königlich; *(arab)*: innen. – Basileus *(gr)*: König.

Basis, -eos f *(gr)* = Grundfläche, Untergrund, Grundlage, „Basis".

biceps, -itis m *(l)* = zweiköpfig. – Caput, -itis n *(l)*: der Kopf.

Bifurcatio, -onis f *(l)* = Gabelung. – Furca, -ae f *(l)*: Gabel.

bilifer, -fera, -ferum *(l)* = Galle leitend. – Bilis, -is f *(l)*: Galle; ferre (l): tragen, führen.

biliosus, -a, -um *(l)* = reich an Galle.

bipartitus, -a, -um *(l)* = zweigeteilt. – Pars, -tis f *(l)*: Teil.

Brachium, -ii n *(l)* = Arm, Zweig, Stiel. – Brachion *(gr)*: Oberarm, Arm.

Bregma, -atis n *(l)* = Vereinigungsstelle von Kranz- und Pfeilnaht. – Brégma *(gr)*: Vorderkopf.

brevis, -e *(l)* = kurz, klein, schmal. – brachýs *(gr)*: kurz.

bronchialis, -e *(l)* = zum Bronchus gehörend. – Adj. zu Bronchus.

Bronchus, -i m *(l)* = Hauptast der Luftröhre. – Bronchós *(gr)*: Luftröhre, Kehle.

Bucca, -ae f *(l)* = Wange, Backe, Mund. – byktäs *(gr)*: heulend (vom Wind); bu *(idg)*: aufblasen, schwellen.

Buccinator (richtig: **Bucinator**), **-oris** m *(l)* = Hornbläser. – Bucina, -ae f *(l)* = Hirten- und Waldhorn; Bykánä *(gr)*: Horn, Trompete; Bos, bovis m *(l)*: das Rind; canere *(l)*: singen.

buccopharyngeus, -a, -um *(l)* = von der Wange zum Pharynx verlaufend.

bulbospongiosus, -a, -um *(l)* = zum schwammigen Schwellkörper gehörend.

bulbourethralis, -e *(l)* = zum Schwellkörper und zur Harnröhre gehörig.

Bulbus, -i m *(l)* = zwiebel- oder knollenförmige Anschwellung bzw. Verdickung. – Bólbos *(gr)*: Anschwellung.

Bulla, -ae f *(l)* = Blase, Kapsel, Knospe.

Bursa, -ae f *(l)* = Beutel, Tasche, „Börse". – Býrsa *(gr)*: abgezogene Haut, Fell, Schlauch.

Caecum, -i n *(l)* = das Blinde. – caecus, -a, -um *(l)*: blind, dunkel; Kaikias *(gr)*: Nordostwind als der dunkle; kaikos *(idg)*: blind, einäugig.

caeruleus, -a, -um *(l)* = blau, bläulich. – Caelum, -i n *(l)*: Himmel.

Calamus, -i m *(l)* = Rohr, Schreibfeder, Halm, Stängel. – Kálamos *(gr)*: Rohr, Halm.

Calcaneus, -i m, auch Calcaneum, -i n *(l)* = Fersenbein. – Calx, -cis f *(l)*: Ferse, Fuß; calcare *(l)*: mit Füßen treten, stoßen.

calcaneus, -a, -um *(l)* = zum Calcaneus gehörig. – Adj. zu Calcaneus.

Calcar, -aris n *(l)* = Sporn (z.B. des Hahns). – calcare *(l)*: treten, betreten, mit Füßen treten.

callosus, -a, -um *(l)* = schwielig, dickkantig. – Callum, -i n *(l)*: Schwiele, Schwarte.

Calvaria, -ae f *(l)* = Hirnschale, Schädel, Schädeldach. – Calva, -ae f *(l)*: Hirnschale. – calvus, -a, -um *(l)*: kahl, haarlos.

Calyx (richtig: **Calix**), **-icis** f *(l)* = Kelch, Blumenkelch, Knospe. – Kályx *(gr)*: Becher, Trinkbecher.

Camera, -ae f *(l)* = Kammer, Gewölbe. – Kamara *(gr)*: Gewölbe.

Canaliculus, -i m oder Canalicula, -ae f *(l)*: Dim. zu Canalis; urspr.: Kánna *(gr)*: Rohr.

canalis, -e *(l)* = röhrenförmig. – Adj. zu Canna, -ae f *(l)*: die Röhre, der Kanal; ebenso

Canalis, -is m u. f *(l)* = Röhre, Kanal, Rinne.

caninus, -a, -um *(l)* = zum Hunde gehörig. – Canis, -is m u. f. *(l)*: Hund.

capitalis, -e u. **capitatus, -a, -um** *(l)*: Adj. zu Caput.

Capitulum, -i n *(l)* = Köpfchen. – Dim. zu Caput.

Capsula, -ae f *(l)* = kleine Kapsel. – Dim. zu Capsa, -ae f *(l)*: Kapsel (für die Bücherrollen); capere *(l)*: fassen, packen; Kápsa *(gr)*: die Kapsel; káptein *(gr)*: fassen, greifen.

Caput, -itis n *(l)* = Kopf, Haupt, Hauptsache. – Kephalé *(gr)*: Kopf.

Cardia, -ae f *(l)* = Magenmund, Öffnung. – Kardía *(gr)*: 1. Herz, 2. Magenmund.

Carina, -ae f *(l)* = Kiel; vorspringende Leiste. – Káronon *(gr)*: Nuss, Nussbaum.

Carotis, -idis f *(l)* = Kopfschlagader. – Kar(a) *(gr)*: Kopf; Karos *(gr)*: Schwindel; karoein *(gr)*: betäuben.

Carpus, -i m *(l)* = Handgelenk, Handwurzel, urspr.: Abgepflücktes, Frucht. – carpere (l): pflücken, ernten; karpízesthai *(gr)*: ernten; Karpós *(gr)*: Stelle, durch welche die Hand mit dem Vorderarm beweglich zusammenhängt.

Cartilago, -inis f *(l)* = Knorpel am menschlichen und tierischen Körper sowie an Pflanzen.

Caruncula, -ae f *(l)* = Fleischwärzchen, warzenförmige Erhebung. – Dim. zu Caro, carnis f *(l)*: das Fleisch; Kréas *(gr)*: Fleisch.

Cauda, -ae f *(l)* = Schwanz, Schweif; anat.: allgemein Endabschnitt (von allen Organen).

caudalis, -e *(l)* = zum Schwanz (nach unten) weisend. – Adj. zu Cauda.

caudatus, -a, -um *(l)* = geschwänzt.

Caverna, -ae f *(l)* = Höhle, Kaverne. – vgl. Cavum.

cavernosus, -a, -um *(l)* = höhlenreich. – Adj. zu Caverna. Corpus cavernosum penis: Penisschwellkörper.

Cavitas, -atis f *(l)* = Höhlung.

Cavum, -i n, auch Cavus, -i m *(l)* = Hohlraum, Höhlung, Loch. – kóilos *(gr)*: hohl.

centralis, -e *(l)* = im Mittelpunkt liegend, in der Mitte befindlich. – Adj. zu Centrum, -i n *(l)*: Mittelpunkt.

cephalicus, -a, -um *(l)* = den Kopf betreffend.

cerato- *(l)* = anat. in Zusammensetzungen für das große Zungenbeinhorn und für das untere Horn des Schildknorpels gebrauchte Bezeichnung. – Kéras *(gr)*: Horn, Bogen, Geweih.

ceratopharyngeus, -a, -um *(l)* = vom Zungenbein zum Pharynx ziehend.

Cerebellum, -i n *(l)* = kleines Gehirn, Kleinhirn. – Dim. zu Cerebrum.

Cerebrum, -i n *(l)* = Gehirn, Großhirn. – Von Kárára und Kára *(gr)*: Kopf.

Cervix, -icis f *(l)* = Hals, Nacken. – Kerbikárion *(gr)*: Kopfbänder, Kopfhalter.

Chiasma, -atis n *(l)* = Zeichen eines schiefen Kreuzes ähnlich dem des griechischen Buchstabens Chi: X. – chiazein *(gr)*: spalten, ritzen.

Choana, -ae f *(l)* = hintere Nasenöffnung. – Choáne *(gr)*: Trichter, Schmelzgrube, Schmelztiegel.

choledochus, -a, -um *(l)* = galleführend. – Chole *(gr)*: Galle; déchesthai *(gr)*: aufnehmen, enthalten.

chondro- *(gr)*: Vorsilbe, von Chondros *(gr)*: Knorpel, Korn, Graupe.

chondropharyngeus, -a, -um *(l)* = vom Zungenbein zum Pharynx ziehend; siehe chondro- u. pharyngeus.

Chorda, -ae f *(l)* = Darmsaite; anat.: Strang, Saite. – Chorde *(gr)*: Darm.

Choroidea, -ae f *(l)* = Aderhaut des Auges. – Chórion *(gr)*: Haut; -eidés *(gr)*: ähnlich; Corium, -i n *(l)*: Haut

Chylus, -i m *(l)* = Darmlymphe. – Chylos *(gr)*: Saft, Brühe, Feuchtigkeit.

ciliaris, -e *(l)* = zum Augenlid, zu den Wimpern gehörend, wimpernähnlich.

Cilium, -ii n *(l)* = Wimper; urspr. Augenlid.

cinereus, -a, -um *(l)* = aschgrau. – Adj. zu Cinis, -eris m *(l)*: Asche, Totenasche; Konis *(gr)*: Staub.

Cingulum, -i n *(l)* = Gürtel. – Kinklís *(gr)*: Gitter, Umfriedung; cingere *(l)*: gürten.

Circulus, -i m *(l)* = Kreis. – Dim. zu Circus, -i m *(l)*: Kreis, Ring; Kirkos *(gr)*: Ring, Kreis.

Circumferentia, -ae f *(l)* = Umkreis, Umfang. – circum *(l)*: Adv. von Circus: im Kreis; Vorsilbe für: ringsumher, ringsum; ferentia von ferre *(l)* u. pherein *(gr)*: tragen, bringen.

circumflexus, -a, -um *(l)* = umgebogen. – als Subst. (Wölbung) oder als P.p.p. von circumflectere *(l)*: umbiegen, umfahren.

Cisterna, -ae f *(l)* = Zisterne, unterirdischer Behälter für Ansammlung des Regenwassers. – Cista, -ae f *(l)*: die Kiste; Kístä *(gr)*: Korb, Kiste.

Claustrum, -i n *(l)* = Schloß, Riegel, Schranke. – claudere *(l)*: schließen, zumachen; kleíein *(gr)*: absperren.

Clavicula, -ae f *(l)* = Schlüsselchen; anat.: Schlüsselbein. – Dim. von Clavis, -is f *(l)*: der Schlüssel. Kleis *(gr)*: Riegel, hakenförmige Öse, Ruderrolle, Schlüsselbein; kleíein *(gr)*: verschließen mit einem Riegel, Balken.

clinoideus, -a, -um *(l)* = lagerähnlich, bettlägerig. – klinoeides *(gr)*: lagerähnlich; Klínä: Lager, Bett, Sofa; -eidés: ähnlich, -förmig.

Clitoris, -idis f *(l)* = Kitzler. – Kleitoris *(gr)*: Kitzler.

Clivus, -i m *(l)* = Hügel, Abhang. – clivis *(l)*: ansteigend, abschüssig, geneigt; klinein *(gr)*: neigen, beugen.

Clunis, -is m *(l)* = Hinterbacke. – Clunes, -ium (Pl): Gesäß; Klónis *(gr)*: Steißbein.

coccygeus, -a, -um *(l)* = zum Steißbein gehörend. – Adj. zu Coccyx, -igis m *(l)*: der Kuckuck.

Cochlea, -ae f *(l)* = Schnecke mit gewundener Schale, Wendeltreppe. – Kochlías *(gr)*: Schnecke; Cochlear, -aris m *(l)*; Löffel.

cochlearis, -e *(l)* = zur Schnecke gehörend. – Adj. zu Cochlea.

coeliacus, -a, -um *(l)* = zur Bauchhöhle gehörend. – Koilia *(gr)*: Höhle, jede Höhle im menschlichen Leib, Bauchhöhle, Unterleib; koilíakos *(gr)*: Adj. zu Koilia.

colicus, -a, -um *(l)*: Adj. zu Colon.

collateralis, -e *(l)* = seitlich, zusammen auf einer Seite. – lateralis, -e *(l)*: Adj. zu Latus, -eris n *(l)*: Seite, Flanke.

Colliculus, -i m *(l)* = kleiner Hügel. – Dim. zu Collis.

Collis, -is m *(l)* = Anhöhe, Hügel. – Kolonós *(gr)*: Hügel, Gipfel, Spitze.

Collum, -i n oder Collus, -i m *(l)* = Hals von Menschen und Tieren. – Kýklos *(gr)* u. Colxs *(got)*: Kreis, Hals.

Colon, -i n *(l)* = Hauptteil des Dickdarms: der Grimmdarm. Vielleicht von cholázesthai *(gr)*: winden, krümmen (Kolikschmerz) oder von kohlýein *(gr)*: zurückhalten, wehren.

Columna, -ae f *(l)* = kleine Säule, Fuß, Zäpfchen. – Kylindros *(gr)*: Rundholz, Walze.

comitans, -antis *(l)* = begleitend. – P.p.a. von comitare *(l)*: begleiten; Comes, -itis, m u. f *(l)*: Begleiter; ire *(l)*: gehen.

Commissura, -ae f *(l)* = Verbindung. – committere *(l)*: zusammenfügen, vereinigen, verbinden.

communicans: P.p.a. von communicare *(l)*: verbinden.

communis, -e *(l)* = gemeinsam, mitleistend, mitpflichtend. – Adj. zu Commune, -is n *(l)*: gemeinsames Gut, Gemeingut; co-, com- *(l)*: mit, zusammen; Moenia, -ium n *(l)*: Leistungen, Pflichten.

Compages, -is f *(l)* = Zusammenfügung, Gefüge. – compingere *(l)*: zusammenfügen. Compages thoracis: Brustkorb.

Concha, -ae f *(l)* = Muschel, Höhle. – Kónche *(gr)*: Muschel, Schnecke.

Condylus, -i m *(l)* = Gelenkhöcker, Gelenkkopf. – Kondylos *(gr)*: Fingerknöchel, Gelenkkopf; kondos *(gr)*: rundlich.

condyloideus, -a, -um *(l)* = einem Höcker ähnlich.

condylaris, -e *(l)* = höckerig.

Confluens, -entis m *(l)* = Zusammenfluss. – confluere *(l)*: zusammenfließen, zusammenkommen.

conicus, -a, -um *(l)* = kegelförmig, konisch. – Adj. zu Conus.

Coniotomia, -ae f *(l)* = Querschnitt durch das Lig. cricothyroideum medianum zwischen Schild- u. Ringknorpel in den Conus laryngis hinein.

Conjugatio, -onis m u. Conjugata, -ae f *(l)* = Verbindung. – conjugare = conjungere *(l)*: verbinden, zusammenhängen; con- *(l)*: zusammen, mit; jugare *(l)*: jochen, paaren.

conjunctivus, -a, -um *(l)* = der Verbindung dienend. – conjungere *(l)*: verbinden, vereinigen.

connexus, -a, -um *(l)* = verbunden, verknüpft. – P.p.p. von connectere *(l)*: verbinden; con- *(l)*: zusammen, mit; nectere *(l)*: knüpfen, binden, fassen.

conoideus, -a, -um *(l)* = kegelförmig. – konoides *(gr)*: kegelähnlich; Kónos: Keil; -eidés: ähnlich.

Constrictor, -oris m *(l)* = Zusammenzieher. – constringere *(l)*: zusammenziehen, zusammenschnüren.

contortus, -a, -um *(l)* = gewunden, schwungvoll, kräftig. – P.p.p. von contorquere *(l)*: winden, herumdrehen, schwingen, herumwenden.

Conus, -i m *(l)* = Kegel, Konus. – Kónos *(gr)*: Kegel.

Cor, cordis n *(l)* = Herz als Organ und als Gemüt; anat.: Herz. – Kár *(idg)*: Herz, Gemüt.

coracobrachialis, -e *(l)* = zum Rabenschnabelfortsatz und zum Arm gehörend.

coracoideus, -a, -um *(l)* = rabenschnabelähnlich. – Korax *(gr)*: Rabe; -eidés *(gr)*: ähnlich.

Corium, -i n *(l)* = Haut, Lederhaut, dicke Haut. – Chórion *(gr)*: Haut, Leder, besonders die Haut der Eingeweide.

Cornea (ergänze Membrana ...) = Hornhaut des Auges. – Cornu, -us n *(l)*: Horn.

corniculatus, -a, -um *(l)* = mit einem Hörnchen versehen. – Corniculus, -i m *(l)*: Hörnchen, Dim. zu Cornu.

Corona, -ae f *(l)* = Kranz, Krone, Haken. – Koróne *(gr)*: 1. Krähe; 2. Bezeichnung für verschiedene gekrümmte und gerundete Gegenstände; 3. Haken am Ende des Bogens, an welchem die Bogensehne mittels eines Ringes eingehängt wird.

Corpus, -oris n *(l)* = Körper, Leib, Rumpf.

Corrugator, -oris m *(l)* = Runzeler. – corrugare *(l)*: runzelig machen, zusammenrümpfen; cor-, con- *(l)*: zusammen, mit; Ruga, -ae f *(l)*: Hautfalte.

Cortex, -icis m *(l)* = Rinde, Baumrinde, Schale, Kork.

Costa, -ae f *(l)* = Rippe.

costalis, -e *(l)* = zur Rippe gehörend, die Rippe betreffend. – Adj. zu Costa.

costodiaphragmaticus, -a, -um *(l)* = von der Rippe zum Zwerchfell ziehend.

costomediastinalis, -e *(l)* = von der Rippe zum Mittelfell ziehend.

Coxa, -ae f *(l)* = Hüfte; eigentl. Schenkelbein. – Káksa *(altind)*: Achselgrube.

cranialis, -e *(l)* = kopfwärts, zum Schädel gehörend oder weisend. – Adj. zu Cranium.

Cranium, -ii n *(l)* = Schädel, knöcherner Schädel. – Kránion *(gr)*: Schädel, Hirnschale, eigentl.: Helm.

crassus, -a, -um *(l)* = dick, fett, stark. – Vielleicht von: krátos *(gr)*: stark, hart.

Cremaster, -eris m *(l)* = Aufhänger. – kremánnymi *(gr)*: aufhängen, schweben lassen.

crenatus, -a, -um *(l)* = gekerbt. – Crena, -ae f *(l)*: Kerbe, Spalte, Einschnitt.

cribrosus, -a, -um *(l)* = siebartig, reich an Sieben. – Cribrum, -i m *(l)*: Sieb; cernere *(l)* u. krínein *(gr)*: unterscheiden, scheiden, sich entscheiden.

cricoarytenoideus, -a, -um *(l)* = vom Ringknorpel zum Gießbeckenknorpel verlaufend; siehe cricoideus u. arytenoideus.

cricoideus, -a, -um *(l)* = ringförmig. – Kríkos *(gr)*: Ring.

cricopharyngeus, -a, -um *(l)* = vom Ringknorpel zum Pharynx verlaufend; siehe cricoideus u. pharyngeus.

cricothyroideus, -a, -um *(l)* = vom Ringknorpel zum Schildknorpel verlaufend.

cricotrachealis, -e *(l)* = vom Ringknorpel zur Trachea verlaufend; siehe cricoideus u. trachealis.

Crista, -ae f *(l)* = Leiste, Kante, Kamm auf dem Helm, eigentl.: Federbusch auf dem Kamm.

cruciatus, -a, -um *(l)* = gekreuzt; 1. gemartert; 2. anat.: gekreuzt im Sinne des X. – P.p.p. von cruciare *(l)*: kreuzigen, martern; Crux, crucis f *(l)*: Kreuz sowohl in Form eines T als auch X (meist T), Marterholz.

cruciformis, -e = kreuzähnlich, kreuzförmig. – Crux, crucis f *(l)*: Kreuz; Forma, -ae f *(l)*: Form.

Crus, cruris n *(l)* = 1. Unterschenkel, Bein; 2. Gebilde, die nach Form und Anordnung mit Schenkeln verglichen werden.

Cubitus, -i m *(l)* oder Cubitum, -i n *(l)* = Ellenbogen, Ellenbogengelenk, Unterarm. – cubare *(l)*: liegen; Kybiton *(gr)*: Ellenbogen, Schale, Schüssel, daraus Cubus, -i m *(l)*: Kubus, Würfel (Kubik); Kybos *(gr)*: Höhlung vor der Hüfte beim Vieh, Wirbelknochen, Würfel, eigentl.: Auge auf dem Würfel.

cuboideus, -a, -um *(l)* = würfelförmig.

Culmen, -inis n *(l)* = Gipfel, Spitze, der höchste Punkt. – Columna, -ae f *(l)*: Säule.

Cumulus, -i m *(l)* = Hügel, Masse, Gipfel, Schwall. – cumulare *(l)*: anhäufen, zunehmen, wachsen; Kýma *(gr)*: Wall; Kymelos *(idg)*: Anschwellung, Zuwachs.

cuneiformis, -e *(l)* = keilförmig. – Cuneus, -i m *(l)*: Keil, keilförmige Anordnung; Forma, -ae f *(l)*: Form.

Cuneus, -i m *(l)* = Keil, keilförmige Anordnung.

Cupula, -ae f *(l)* = Kuppel. – Dim. zu Cupa, -ae f *(l)*: die Tonne, das Grab; Kýpae *(gr)*: Grube, Gewölbe, Dach in Form einer Halbkugel, Kuppe.

Curvatura, -ae f *(l)* = Krümmung, Biegung. – curvare *(l)*: krümmen, biegen, beugen; korónos *(gr)*: gekrümmt; kýrtos *(gr)*: krumm.

Cuspis, -idis f *(l)* = Spitze, Spieß, Stachel; anat.: Zipfel, Segel.

cutaneus, -a, -um: Adj. zu Cutis.

Cutis, -is f *(l)* = Haut, Hülle, Oberfläche. – Kýtos *(gr)*: Hülle, Haut, Gefäß, Urne; Skýtos *(gr)*: Haut, Leder; vgl. Corium.

Cymba, -ae f *(l)* = anat.: nachenartige Vertiefung an der Ohrmuschel. – Kymbe *(gr)*: Nachen.

cysticus, -a, -um *(l)* = zur Blase gehörend. – Adj. zu Cystis, -is f *(l)*: Blase, Gallen-, Harnblase; Kýstis *(gr)*: Harnblase.

dartos *(gr)* = anat.: in Tunica dartos: Fleischhaut des Hodensacks. – dartós *(gr)*: abgehäutet, und zwar abgehäutete Haut; dárein *(gr)*: abhäuten, schinden.

deciduus, -a, -um *(l)* = abfallend, hinfällig. – decidere *(l)*: abfallen, wegfallen.

Declive, -is n *(l)* = Abhang. – declivis, -e *(l)*: abschüssig; de *(l)*: ab, herab; Clivus, -i m *(l)*: Hügel, Lehne; clinare *(l)* u. klínein *(gr)*: lehnen, sich neigen.

Decussatio, -ionis *(l)* = Kreuzung. – decussare *(l)*: in die Form eines X bringen.

decussatus, -a, -um *(l)* = X-geformt. – P.p.p. von decussare *(l)*.

deferens, -entis *(l)* = herabtragend, herabführend. – P.p.a. von deferre *(l)*: herabtragen, herabführen, abführen, wegtragen.

deltoideopectoralis, -e *(l)* = zum M. deltoideus und M. pectoralis gehörend.

deltoideus, -a, -um *(l)* = deltaförmig. – Délta *(gr)*: dreieckiger griech. Buchstabe.

Dens, dentis m *(l)* = Zahn, Zinke. – Odoús *(gr)*: Zahn, Zinke.

dentalis, -e *(l)* = zum Zahn gehörend. – Adj. zu Dens.

dentatus, -a, -um *(l)* = mit Zähnen versehen.

denticulatus, -a, -um *(l)* = mit Zähnchen bzw. Zacken versehen. – Denticulus: Zähnchen, Zacke; Dim. zu Dens.

Dentinum, -i n *(l)* = Zahnbein. – Dens, dentis m *(l)*: der Zahn; Dentinum ist Substantiv. Adj. dentinus, -a, -um *(l)*: zum Zahn gehörig.

depellatus, -a, -um *(l)* = hinabgetrieben, weggeführt. – P.p.p. von depellare *(l)*: hinabtreiben, weg-, fortleiten; de- *(l)*: weg, von, herab; pellere *(l)*: treiben.

Depressor, -oris m *(l)* = Herabdrücker. – deprimere *(l)*: herabdrücken.

descendens, -entis *(l)* = herabsteigend. – P.p.a. von descendere *(l)*: herabsteigen, herabgehen, sich herablassen.

dexter, -tra, -trum *(l)* = rechts, günstig, (der, die, das) Rechte. – dexios *(gr)*: rechts, günstig.

diagonalis, -e *(l)* u. Diagonalis, -is f *(l)* = schräg und die Schräge; diá- *(gr)*: durch, hindurch; Gõnia *(gr)*: Winkel, Ecke.

Diameter, -tri f *(l)* = Durchmesser. – diá- *(gr)*: durch, hindurch; Metron *(gr)*: Maß.

Diaphragma, -atis n *(l)* = Scheidewand, Grenzwand, Zwerchfell. – diaphrássein *(gr)*: durch eine Scheidewand trennen; phrássein: abtrennen, umzäunen.

Diaphysis, -is f *(l)* = Diaphyse, Mittelstück des Röhrenknochens. – diaphýsthai *(gr)*: dazwischenwachsen, durchwachsen, auseinander wachsen.

Diarthrosis, -is f *(l)* = freie Gelenkverbindung. – Diárthrosis *(gr)*: das Zerlegen in Glieder; Árthron *(gr)*: Gelenk, Glied.

Diencephalon, -i n *(l)* = Zwischenhirn. – diá- *(gr)*: durch, zwischen; Enképhalos *(gr)*: das, was im Kopf ist (Gehirn).

Digastricus, -i m *(l)* = der Zweibäuchige. – Gastär *(gr)*: Bauch, Magen.

digitalis, -e *(l)* = zum Finger gehörend. – Adj. zu Digitus.

Digitatio, -onis f *(l)* = finger-, (klauen)artige Bildung. – Digitus, -i m *(l)*: Finger, zehenförmige Eindrücke.

digitatus, -a, -um u. **digitus, -a, -um** = mit fingerartigen Gebilden versehen. – Adj. zu Digitus.

Digitus, -i m *(l)* = Finger, Zehe. – Dáktylos *(gr)*: Finger, Zehe.

Dilatator [Dilator], -oris m *(l)* = Erweiterer, Auseinanderzieher. – dilatare *(l)*: erweitern, ausbreiten, ausdehnen.

Diploe, -oes f *(l)* = Diploë. – Diplóä *(gr)*: Doppelteil, das zwischen den Tafeln Liegende.

diploicus, -a, -um *(l)* = zur Diploë gehörend. – Adj. zu Diploë.

Discus, -i m *(l)* = (Wurf-)Scheibe. – Diskos *(gr)*: Scheibe, Wurfscheibe.

distalis, -e *(l)* = distal, weiter vom Rumpf entfernt liegend; Gegensatz zu proximal. – di- *(l)*: auseinander; stare *(l)*: stehen.

Diverticulum, -i n *(l)* = Seitenweg, Abzweigung, Herberge, Divertikel; anat.: Ausstülpung umschriebener Wandteile eines Hohlorgans. – divertere *(l):* abwenden, vom Weg gehen, einkehren.

dorsalis, -e *(l)* = 1. zum Rücken gehörend; 2. dorsal, zum Rücken hin, rückenwärts. – Adj. zu Dorsum.

Dorsum, -i n *(l)* = Rücken, Bergrücken. – De(i)rás *(gr):* Anhöhe, Hügel.

Ductus, -us m *(l)* = Führung, Leitung; anat.: Gang, Kanal. – deuco *(idg)* u. ducere *(l):* führen, leiten, ziehen.

Duodenum, -i n *(l)* = das Zwölffache; anat.: Zwölffingerdarm. – duodenus *(l):* zwölffach; duodeni *(l):* je zwölf; dodekadáktylon *(gr):* zwölf Finger.

durus, -a, -um *(l)* = hart, derb. – Drýs *(gr):* Eiche.

efferens, -entis *(l)* = herausführend, abführend. – P.p.a. von efferre *(l):* herausführen, emporsteigen, hervorbringen, abführen.

ejaculatorius, -a, -um *(l)* = dem Herausschleudern dienend. – eiaculári *(l):* herausschleudern, auswerfen; eicere *(l):* herauswerfen; vgl.: Ejakulat.

elasticus, -a, -um *(l)* = elastisch im Sinne reversibler Dehnbarkeit. – elaúnein *(gr):* treiben, in die Länge ziehen.

emboliformis, -e *(l)* = pfropfenförmig. – Émbolos *(gr):* Pfropf; Forma, -ae f *(l):* Gestalt, Form.

Eminentia, -ae f *(l)* = Erhöhung, das Hervorragende. – eminere *(l):* hervor-, herausragen; Mons, -tis m *(l):* Berg.

Emissarium, -ii n *(l)* = Abflusskanal, Abzugsgraben. – mittere *(l):* schicken, senden.

enamelum, -i n *(l)* = Zahnschmelz. – Enamel *(engl):* Schmelz; willkürliche moderne Wortschöpfung über altfranzösisch: esmail und althochdeutsch: smelzen.

encephalicus, -a, -um: Adj. zu Encephalon.

Encephalon, -i n *(l)* = Gehirn, was im Kopf ist. – Kephalé *(gr):* Kopf.

Endocardium, -ii n *(l)* = Herzinnenhaut, Endokard. – Kardía *(gr):* Herz.

Endolympha, -ae f *(l)* = Flüssigkeit innerhalb des häutigen Labyrinths. – Lympha: Quellwasser, klare Flüssigkeit.

Endometrium, ii n *(l)* = Schleimhaut der Gebärmutter. – Mắtra *(gr):* Gebärmutter.

endothoracicus, -a, -um *(l)* = innerhalb des Brustkorbs gelegen. – Thórax *(gr):* Brustharnisch.

entericus, -a, -um *(l)* = zu den Eingeweiden gehörend. – Énteron *(gr):* Darm, Eingeweide.

Ependyma, -atis n *(l)* = gliöse Auskleidung der Binnenräume des Zentralnervensystems. – Epéndyma *(gr):* Oberkleid, Überzug; endýein *(gr):* bekleiden.

Epicardium, -ii n *(l)* = dem Herz aufliegendes, viszerales, seröses Blatt des Herzbeutels. – Kardía *(gr):* Herz.

Epicondylus, -i m *(l)* = der auf dem Condylus liegende Fortsatz. – Kondylos *(gr):* Knorren, Condylus.

epicranius, -a, -um *(l)* = auf dem Schädel befindlich. – Kraníon *(gr):* Kopf, Schädel.

Epidermis, -idis f *(l)* = Oberhaut, epithelialer Anteil der Haut. – Dérma *(gr):* Haut.

Epididymis, -idis f *(l)* = Nebenhoden. – Dídymoi *(gr):* Zwillinge, Hoden.

epiduralis, -e *(l)* = auf der Dura mater liegend.

Epigastrium, -i n *(l)* = Magengrube. – Gastắ *(gr):* Magen.

epigastricus, -a, -um *(l)* = auf dem Magen befindlich, zur Bauchwand gehörend. – gastricus *(l.:* Adj. zu Gaster.

epiglotticus, -a, -um *(l):* zum Kehldeckel gehörend. – Adj. zu Epiglottis.

Epiglottis, -idis f *(l)* = Kehldeckel. – Glṓtta *(gr):* Stimmapparat, Sprache.

Epipharynx, -yngis f *(l)* = Nasenrachen.

Epiphysis, -eos f *(l)* = 1. Gelenkende des Röhrenknochens; 2. Zirbeldrüse. – Epiphýsis *(gr):* Zuwachs, Ansatz; epiphýomai *(gr):* auf etwas wachsen, anwachsen; phýein: wachsen lassen.

epiploicus, -a, -um *(l)* = zum großen Netz gehörend. – Epiplóon *(gr):* das darauf Schwimmende; pleén *(gr):* schwimmen, segeln.

episcleralis, -e *(l)* = auf der Sclera liegend. – Skléra *(gr):* feste Hülle des Augapfels; skléros *(gr):* hart

Epistropheus, -ei m *(l)* = 2. Halswirbel, jetzt Axis.– Epistrópheus *(gr):* Umdreher; stréphein *(gr):* wenden.

Epithalamus, -i m *(l)* = auf dem Thalamus liegender Gehirnabschnitt. – Thálamos *(gr):* Schlafgemach, Hohlraum.

epitympanicus, -a, -um *(l)* = auf der Paukenhöhle befindlich. – Týmpanon *(gr):* Handpauke, Tamburin.

Eponychium, -ii n *(l)* = am hinteren Nagelrand liegender Epithelstreifen. – Ónyx *(gr):* Nagel, Nagelbett, Kralle, Klaue.

Epoophóron, -i n *(l)* = Nebeneierstock. – ōophóros *(gr):* Eier tragend; Ōón *(gr):* Ei; phérein *(gr):* tragen, bringen.

equinus, -a, -um *(l)* = zum Pferde gehörend. – Equus, -i m *(l):* Pferd; Híppos *(gr):* Pferd.

Erector, -oris m *(l)* = Aufrichter (Erektion). – erigere *(l):* aufrichten; regere *(l):* lenken, richten (regeren).

ethmoidalis, -e *(l)* = siebähnlich, siebartig. – Éthmos *(gr):* Sieb, Seihetuch.

Excavatio, -onis f *(l)* = Aushöhlung. – excavare *(l):* aushöhlen.

excretorius, -a, -um *(l)* = der Ausscheidung dienend. – excernere *(l):* ausscheiden, aussondern, absondern.

Extensor, -oris m *(l)* = Strecker, Ausspanner. – extendere *(l):* ausstrecken, ausspannen; – tendere *(l):* spannen, strecken, ziehen; teínein *(gr):* spannen, strecken, ziehen.

externus, -a, -um *(l)* = äußere, äußerlich. – exter *(l):* außerhalb, außen.

Extremitas, -atis f *(l)* = äußerster Punkt, Ende. – extremus, -a, -um *(l):* später, äußerstes Ende, Gliedmaße (extrem).

facialis, -e *(l):* Adj. zu Facies.

Facies, -ei f *(l)* = Gestalt, Körperbau, Figur, Aussehen, Erscheinung, Gesicht. – facere *(l):* tun, machen, bewirken, hervorbringen.

falciformis, -e *(l)* = sichelförmig. – Adj. zu Falx.

Falx, falcis f *(l)* = Sichel. – Zánklon *(gr):* Sichel.

Fascia, -ae f *(l)* = Binde, Band. – Fascis, -is m *(l):* Bündel, Rutenbündel; Phákelos *(gr):* Bündel.

Fasciculus, -i m *(l):* Dim. zu Fascia.

fasciolaris, -e *(l)* = zum Band gehörend, bandähnlich. – Adj. zu Fasciola, -ae f *(l):* kleine Binde, Bändchen; Dim. zu Fascia.

Fastigium, -i n *(l)* = Giebel, Steigung, Erhebung. – fastigo *(l)* u. farstigo *(idg):* aufsteigen lassen.

Fauces, faucium f *(l)* = Schlund, Kehle.

felleus, -a, -um *(l)* = gallig. – Adj. zu Fel, Fellis n *(l):* Galle.

femoralis, -e *(l):* Adj. zu Femur.

Femur, -oris n *(l)* = Oberschenkel, Oberschenkelbein.

Fenestra, -ae f *(l)* = Fenster, Öffnung, Loch. – phanerós *(gr):* hell, klar, sichtbar, vor allen Augen sichtbar.

ferrugíneus, -a, -um *(l)* = schwarz, schwärzlich, dunkel, rostfarbig. – Ferrúgo, -inis f *(l):* Eisenrost, rostbraune Farbe; Ferrum *(l):* Eisen; Aerugo, -inis f *(l):* Grünspan.

Fetus, -us m *(l)* = Leibesfrucht, Gebären, Zeugung, Brut, Frucht. – féo *(l):* trächtig sein, ergiebig sein.

Fibra, -ae f *(l)* = Faser (Pflanzen-, Wurzelfaser).

fibrinus, -a, -um *(l):* Adj. zu Fiber, -bri m *(l):* Biber (Fibrin).

Fibrocartilago, -inis m *(l)* = Faserknorpel.

fibrosus, -a, -um *(l)* = faserig, fibrös. – Adj. zu Fibra.

Fibula, -ae f *(l)* = Spange, Klammer, Schnalle, Wadenbein. – fibulare *(l):* heften; Fibulatio: Verbolzung.

filiformis, -e *(l)* = fadenförmig. – Adj. zu Filum: Faden und Forma, -ae f *(l):* Gestalt, Form.

Filum, -i n *(l)* = Faden, Saite.

Fimbria, -ae f *(l)* = Franse, Haargekräusel. – evtl.: Fibra.

fimbriatus, -a, -um *(l):* Adj. zu Fimbria.

Fissura, -ae f *(l)* = Spalte, Ritze, Fissur. – findere *(l):* spalten.

flaccidus, -a, -um *(l)* = schlaff, welk, mit herabhängenden Ohren, schlapp. – bláx *(gr):* schlaff.

Flexor, -oris m *(l)* = Beuger. – flectere *(l):* beugen, biegen.

Flexura, -ae f *(l)* = Biegung, Flexur, Krümmung. – flectere *(l):* beugen, biegen, krümmen.

Flocculus, -i m *(l)* = (kleine) Flocke. – Dim. zu Floccus, -i m *(l):* Flocke; phlázo *(gr):* zerreißen.

Flumen, -inis n *(l)* = Fluss, Strömung, Fluten. – fluere *(l):* fließen, strömen.

foliatus, -a, -um *(l)* = mit Blättern versehen, blattähnlich. – Adj. zu Folium, -ii n *(l):* Blatt, Folie; Phýllon *(gr):* Blatt, Laub.

Folliculus, -i m *(l)* = kleiner Schlauch, Beutel, Ledersack, Bläschen, Knötchen, Follikel. – Dim. zu Follis, -is m *(l):* Blasebalg; Thýllis *(gr):* Blasebalg.

Fonticulus, -i m *(l)* = kleine Quelle. – Dim. zu Fons, fontis m *(l):* Quelle; fundere *(l):* gießen, strömen.

Foramen, -inis n *(l)* = Loch, gebohrte Öffnung. – forare *(l):* durchbohren, graben.

Forceps, -ipis m u. f *(l)* = Zange, Feuerzange. – Formus *(idg)* u. Thérmes *(gr):* Feuerzange.

Formatio, -onis f *(l)* = Bildung; Gestaltung, Formation. – formare *(l):* bilden, gestalten, formen. – anat.: Formatio reticularis.

Fornix, -icis m *(l)* = Bogen, Gewölbe, Wölbung. – fórnikos *(idg):* ofenartig gewölbt; Fornus *(idg):* Ofen, Kuppelform des Ofens.

Fossa, -ae f *(l)* = Graben, Abzugsgraben, Kanal. – fodere *(l):* stechen, graben, stochern.

Fossula, -ae f *(l):* Dim. zu Fossa.

Fovea, -ae f *(l)* = (rundliche) Grube, Fallgrube für Wild.

Frenulum, -i n *(l)* = kleiner Zügel; Bändchen. – Dim. zu Frenum, -i n *(l):* Zaum, Zügel; frénom *(idg):* das, womit man einhält.

Frons, frontis m *(l)* = Stirn, Stirnseite, Vorderseite, Front. – bhront *(idg):* hervorstehen.

frontalis, -e *(l)* = 1. zur Stirn gehörig; 2. stirnwärts, frontal. – Adj. zu Frons.

fundiformis, e *(l)* = schleuderförmig. – Adj. zu Funda, -ae f *(l):* Schleuder, Schleuderriemen; Forma, -ae f *(l):* Form, Gestalt.

Fundus, -i m *(l)* = Boden, Grund (Fundament). – Pythmắn *(gr):* Basis von Körperteilen; Pýndax *(gr):* Grund, Gefäßboden.

fungiformis, -e *(l)* = pilzförmig. – Adj. zu Fungus, -i m *(l):* Pilz u. Forma, -ae f *(l):* Gestalt, Aussehen; Spóngos oder Sphóngos *(gr):* Schwamm, Pilz.

Funiculus, -i m *(l)* = kleiner Strang. – Dim. zu Funis, -is m *(l):* Seil, Tau, Strick; Dhumis *(idg)* u. Thómis *(gr):* Strick, Schnur, Bogensehne.

Galea, -ae f *(l)* = (lederner) Helm, Haube. – Galéā *(gr):* die aus dem Wieselfell gemachte Sturmhaube.

Gallus, -i m *(l)* = Hahn.

Ganglion, -ii n (l) = 1. Überbein; 2. anat.: Nervenknoten. – Ganglíon *(gr):* Überbein, Nervenknoten.

Gaster, gastris f *(l)* = Bauch; anat.: Magen. – Gastắr *(gr):* Magen, Bauch, Unterleib.

gastricus, -a, -um *(l)* = mit dem Magen in Verbindung stehend. – Adj. zu Gaster.

gastrocnemius, -a, -um *(l)* = zur Wade gehörig. – Gastroknắmion *(gr):* Wadenmuskel; Gastắr *(gr):* Bauch; Knemä *(gr):* Wade.

gelatinosus, -a, -um *(l)* = gallertig. – Gelatina; Gallerte; gelare *(l):* gefrieren; Gelu, -us n *(l)* u. Gelandrón *(gr):* Eis, Frost, Erstarrung.

Gemellus, -i m u. **gemellus, -a, -um** *(l)* = Zwillingsbruder; doppelt. – Dim. zu Geminus: Zwilling, zweifach; geminare *(l):* verdoppeln; Etym. unsicher.

Geniculum, -i n *(l)* = 1. kleines Knie; 2. Knoten. – Dim. zu Genu.

genioglossus, -a, -um *(l)* = vom Kinn zur Zunge verlaufend. – Géneion *(gr):* Kinn u. Glõssa *(gr):* Zunge, Sprache.

geniohyoideus, -a, -um *(l)* = vom Kinn zum Zungenbein verlaufend. – Géneion *(gr):* Kinn; hyoeidés *(gr):* ypsilonförmig; anat.: zum Zungenbein gehörend.

genitalis, -e *(l)* = zur Zeugung gehörig; anat.: in Zusammensetzungen: genito- = zu den Geschlechtsorganen gehörend. – gignere *(l)* u. gígnomai *(gr):* erzeugen, zeugen, hervorbringen.

genitofemoralis, -e *(l)* = von den Geschlechtsteilen zum Oberschenkel verlaufend.

Genu, genus n *(l)* = Knie. – Góny *(gr):* Knie.

Gingiva, -ae f *(l)* = Zahnfleisch. – Geng *(idg):* Beule, Buckel u. (Sal)iva: Suff.

Glabella, -ae f *(l)* = 1. der unbehaarte Raum zwischen den behaarten Augenbrauen über der Nasenwurzel, 2. Stirnglatze.

Glandula, -ae f *(l)* = kleine Eichel; anat.: Drüse. – Dim. zu Glans, glandis f *(l):* Eichel, eichelähnliche Früchte.

Glia, -ae f *(l)* = Kitt. – Glía *(gr):* Leim, Kitt.

Globus, -i m *(l)* = Ball, Kugel, Klumpen. – Gleba, -ae f *(l):* Erdscholle; globosus, -a, -um *(l):* kugelförmig, kugelrund.

Glomus, -eris n *(l)* = Knäuel. – glomerare *(l):* zu einem Knäuel zusammenrollen, ballen; Glãma *(gr):* Augenbutter.

Glomerulus, -i m u. **Glomerulum, -i** n *(l)* = kleines Knäuel. – Dim. zu Glomus.

glossoepiglotticus, -a, -um *(l)* = von der Zunge zum Kehldeckel verlaufend.

glossopharyngeus, -a, -um *(l)* = von der Zunge zum Pharynx verlaufend.

glossus, -a, -um *(l)* = zur Zunge gehörend. – Glõssa *(gr):* Zunge.

gluteus, -a, -um *(l)* = zum Gesäß gehörig. – Gloutós *(gr):* Gesäß, Hinterbacke.

gracilis, -e *(l)* = schlank, dünn, zart *(grazil)*. – sicher nicht von Gratia, -ae f *(l):* Anmut.

Granulatio, -onis f *(l)* = Körnelung, Granulation.

Granulum, -i n *(l)* = Körnchen. – Dim. zu Granum, -i n *(l):* Korn, Kern, Granulat.

griseus, -a, -um *(l)* = grau. – gris *(franz):* grau; greis *(mhd):* grau.

Gubernaculum, -i n *(l)* = Steuerruder, Lenkung, Leitung. – gubernare *(l):* steuern, lenken; kybernáein *(gr):* steuern.

gustatorius, -a, -um *(l)* = dem Schmecken dienend. – gustare *(l):* schmecken; geúein *(gr):* u. geúsein *(idg):* kosten lassen.

Gyrus, -i m *(l)* = Windung. – Gýros *(gr):* Krümmung, Kreis, Windung.

Habenula, -ae f *(l)* = kleiner Zügel. – Dim. zu Habena, -ae f *(l):* Zügel, Halter; habere *(l):* halten.

Hallux, -ucis m *(l)* = Großzehe.

hamatus, -a, -um *(l)* = 1. mit Haken versehen; 2. hakenförmig gekrümmt. – Adj. zu Hamus, -i m *(l):* Haken, Angelhaken.

Hamulus, -i m *(l)* = kleiner Haken, Häkchen. – Dim. zu Hamus, -i m *(l):* Haken.

Haustrum, -i n *(l)* = Schöpfrad, Eimer; Ausbuchtung. – haurire *(l):* schöpfen.

helicinus, -a, -um *(l)* = gewunden, geschraubt. – Adj. zu Helix, -icis f *(l):* Spirale, Windung, Schnecke.

Helicotrema, -atis n *(l)* = Schneckenloch; Verbindung zwischen Scala vestibuli und Scala tympani. – Hélix *(gr):* Schnecke; Tréma *(gr):* Loch.

hemiazygos, -on *(gr)* = der halben Vena azygos entsprechend. – hemí- *(gr):* halb; azygos *(gr):* unpaar.

Hemispherium, -i n *(l)* = Halbkugel, Hemisphäre. – Hemisphairion *(gr):* Halbkugel; hemí- *(gr):* halb; Sphaíra *(gr):* Kugel.

hemorrhoidalis, -e *(l)* = zur Hämorrhoide gehörig. – Haimorrhoídes *(gr):* Gefäße, in denen Blut fließt; Haíma *(gr):* das Blut; rhéein *(gr):* fließen.

Hepar, -atis n *(l)* = Leber. – Hẽpar *(gr):* Leber.

hepaticus, -a, -um *(l)* = zur Leber gehörend. – Adj. zu Hepar.

Hernia, -ae f *(l)* = Leibschaden, Bruch, Eingeweidebruch. – Enterokẽlä *(gr):* Darmbruch, Eingeweidebruch; Énteron *(gr):* Darm, Eingeweide; Kẽlis *(gr):* Fleck, Schandfleck.

Hiatus, -us m *(l)* = klaffende Öffnung. – hiare *(l):* klaffen, offenstehen; chásko *(gr):* gähnen, klaffen.

Hilus, -i m *(l)* = Eintrittsstelle, Tor. – Wahrscheinlich von Hilum, -i n *(l):* Faser, Fädchen.

Hippocampus, -i m *(l)* = Fabeltier der griechischen Mythologie (mit Pferdevorderleib und geringeltem Fischschwanz). – Híppos *(gr):* Pferd; kámptein *(gr):* biegen.

Hirci, -orum *(Pl)* m *(l)* = Achselhaare – Hircus, -i m *(l):* Bock (wegen des spezifischen Geruchs des Achselschweißes).

horizontalis, -e *(l)* = horizontal, waagerecht. – Adj. zu Horizon *(gr):* Gesichtskreis, Horizont; horízo *(gr):* die Grenze bestimmen, begrenzen.

Humerus, -i m *(l)* = Oberarmbein, Knochen des Oberarms, Oberarm, Schulter. – Ómos *(gr):* Schulter, Bergrücken; vgl. Brachium: der ganze Arm.

hyaloideus, -a, -um *(l)* = glasartig, zu etwas Glasartigem gehörend. – Hýalos *(gr):* Glas; -eidés *(gr):* ähnlich.

Hymen, -enis n *(l)* = Haut, dünne Haut; anat.: Jungfernhäutchen. – Hýmen *(gr):* Haut, Häutchen, Band.

hyo- Vorsilbe *(gr)* = anat. in Zusammensetzungen: zum Zungenbein gehörig. – Hỹs *(gr):* Schwein.

hyoepiglotticus, -a, -um *(l)* = vom Zungenbein zum Kehldeckel verlaufend.

hyoideus, -a, -um *(l)* = ypsilonförmig, zum Zungenbein gehörig.

hyothyroideus, -a, -um *(l)* = vom Zungenbein zur Schilddrüse verlaufend.

Hypochondrium, -ii n *(l)* = das unter dem Brustknorpel Befindliche. – hypó- *(gr)* u. sub- *(l):* unter, darunter, unterhalb; Chóndros *(gr):* Knorpel. – Hypochonder: schwermütiger, eingebildeter Kranker.

hypochondriacus, -a, -um *(l)* = zum Hypochondrium gehörig. – Adj. zu Hypochondrium.

Hypogastrium, -i *(l)* = das unter dem Magen Gelegene. – Gastẽr *(gr)* = Magen.

hypogastricus, -a, -um *(l)* = unterhalb des Magens gelegen, zum Unterbauch gehörend. – hypó- *(gr):* unter; Gastẽr *(gr):* Magen, Bauch, Unterleib.

hypoglossus, -a, -um *(l)* = unter der Zunge liegend. – Glõssa *(gr):* Zunge.

Hyponychium, -i n *(l)* = Nagelbett. – Ónyx *(gr):* Nagel.

Hypopharynx, -yngis f *(l)* = der hinter dem Kehlkopf gelegene Schlundanteil, die Pars laryngea pharyngis. – Phárynx *(gr):* Rachen, Schlund; vgl. auch Epipharynx.

Hypophysis, -eos f *(l)* = Hirnanhangsdrüse, Hypophyse. – phyein *(gr):* wachsen; Hypophysis *(gr):* Anhängsel an der Unterseite.

Hypothalamus, -i m *(l)* = unterhalb des Thalamus gelegener Teil des Diencephalon. – hypó- *(gr):* unter; Thálamos *(gr):* Schlafgemach, Hohlraum.

Hypothenar, -aris m *(l)* = unterhalb der Handfläche, Kleinfingerballen. – Thénar *(gr):* Handfläche.

ileocaecalis, -e *(l)* = vom Krummdarm zum Blinddarm verlaufend.

Ileum, -ei n *(l)* = Krummdarm. – Ileus = Darmverschlingung. – eileõ *(gr):* winden, krümmen.

Ilia, ilium *(Pl)* n *(l)* = Weiche, Unterleib, Eingeweide. – Ilii = Ilia = Ilei *(Nom. Pl)* = die breiten Knochen der Bauchweichen. – Íxys *(gr):* Wechen, Gegend über den Hüften.

iliacus, -a, -um *(l)* = zur Weiche, zum Darmbein gehörend. – Adj. zu Ilia.

Impressio, -onis f *(l)* = Eindruck, Abdruck, Einstellung. – in- *(l):* hinein; primere *(l):* drücken, pressen.

imus, -a, -um *(l)* = unterster, letzter.

incisivus, -a, -um *(l)* = zum Schneiden geeignet, zu den Schneidezähnen gehörend.

Incisura, -ae f *(l)* = Einschnitt, Abschnitt. – incidere *(l):* einschneiden; in- *(l):* hinein; caedere *(l):* schneiden, graben, meißeln.

Inclinatio, -onis f *(l)* = Neigung, Biegung, Zuneigung. – inclinere *(l):* neigen, beugen, hinwenden, hinneigen; klínein *(gr):* neigen, wenden, beugen.

Incus, -udis f *(l)* = Amboss, das vom Hammer = Malleus getroffene Gehörknöchelchen. – incudere *(l):* hineinschlagen, hämmern, boxen.

Index, -icis m *(l)* = Angeber, Anzeiger, Verräter; anat.: Zeigefinger. – indicare *(l):* anzeigen, melden; vgl.: Indikator.

Indusium, -ii n *(l)* = obere Tunika, Schleier. – induere *(l):* anziehen, anlegen.

inferior, -ius *(l)* = niedriger, tiefer gelegen, geringer, schwächer. – infra *(l):* unten, unterhalb.

Infundibulum, -i n *(l)* = Trichter. – infundere *(l):* hineingießen, hineinschütten.

Inguen, -inis m *(l)* = Leistengegend, Schamgegend; eigentl.: die Stelle, wo der Zweig am Stamm sitzt. – inquinare *(l):* besudeln; unguere *(l):* beschmieren.

inguinalis, -e *(l):* Adj. zu Inguen.

Inscriptio, -onis f *(l)* = Aufschrift, Überschrift; anat.: Einzeichnung (figürlich gemeint). – inscribere *(l):* auf etwas schreiben, betiteln, bezeichnen.

Insertio, -onis f *(l)* = Anzeige, Ansatz, Ansatzstelle eines Muskels.

Insula -ae f *(l)* = Insel, Eiland.

Integumentum, -i n *(l)* = Decke, Hülle. – intégere *(l):* bedecken; anat.: Integumentum commune: die aus drei Schichten bestehende äußere Haut.

internus, -a, -um *(l)* = innere, innen befindlich. – inter: zwischen.

Intersectio, -onis f *(l)* = Einschnitt; anat.: Zwischensehne. – intersecare *(l):* ein-, durchschneiden. Intersectiones tendineae: Unterbrechungen des Muskelgewebes (Zwischensehnen).

Intestinum, -i n *(l)* = Darmkanal, Eingeweide. – intus *(l):* innen, inwendig, innerlich; Énteron *(gr):* das Innere, Eingeweide.

intimus, -a, -um *(l)* = der Innerste, innerst. – Sup. zu inter.

Intumescentia, -ae f *(l)* = Anschwellung. – intumescere *(l):* anschwellen; Tumor, -oris m *(l):* Geschwulst; Týlä *(gr):* Schwiele, Wulst.

iridicus, -a, -um *(l):* Adj. zu Iris.

Iris, -idis f *(l)* = Regenbogenhaut des Auges. – Íris *(gr):* Regenbogen; von Íris: Göttin des Regenbogens.

ischiadicus, -a, -um *(l)* = zum Sitzbein gehörig. – Adj. zu Ischium, -ii n: Gesäß, Sitzhöcker, Sitzbein; Íschion *(gr):* Gesäß, Sitzbein, Hinterbacke; Íschias *(gr):* Hüftschmerz.

ischioanalis, -e *(l)* = vom Sitzbein zum After verlaufend.

ischiocavernosus, -a, -um *(l)* = vom Sitzbein zum Schwellkörper verlaufend.

Ischium, -ii n *(l)* = Gesäß, Hüftgelenk. – Íschion *(gr):* Gesäß, Pfanne des Hüftgelenks, Hinterbacke, Sitzhöcker, Sitzbein.

Isthmus, -i m *(l)* = enge Stelle, enge Verbindung zwischen zwei Räumen. – Isthmós *(gr):* Landenge, Isthmus, schmale Verbindung.

jejunalis, -e *(l)* = zum Jejunum gehörig; Adj. zu Jejunum.

Jejunum, -i n *(l)* = Leerdarm. – Substant. Adj. von jejunus, -a, -um: nüchtern, leer, hungrig. – Nẽstis *(gr):* Leerdarm.

jugularis, -e *(l)* = zur Drosselgrube gehörend. – Adj. zu Jugulum.

Jugulum, -i n *(l)* = 1. Grube oberhalb des Schlüsselbeins; 2. Schlüsselbein, verglichen mit einem kleinen Joch; 3. vordere Halsgegend, Kehle. – Dim. zu Jugum, -i n *(l):* Joch; jugulare *(l):* 1. erstechen (Gefäße); 2. erdrosseln (Luftröhre); Zýgon *(gr):* Joch.

Junctura, -ae f *(l)* Verbindung. – jungere *(l):* verbinden.

Labium, -ii n *(l)* oder Labrum, -i n *(l)* = 1. Lippe; 2. glatter, umgebogener Rand eines Gefäßes. – lambo *(l):* lecken, berühren; láptō *(gr):* lecken.
Labyrinthus, -i m *(l)* = großes Bauwerk mit vielen verschlungenen Gängen, Ohrlabyrinth. – Labýrinthos *(gr):* Labyrinth; Etym. unsicher.
lacer, -era, -erum *(l)* = zerrissen, zerfetzt. – Lákis *(gr):* Felsen, Zipfel; lakízō *(gr):* zerreißen; lacerare *(l):* zerreißen.
lacinatus, -a, -um *(l)* = in Zipfel auslaufend. – Lacinia, -ae f *(l):* Zipfel, Fetzen; siehe lacer.
lacrimalis, -e *(l)* = zu den Tränenorganen gehörend. – Adj. zu Lacrima.
lactifer, -fera, -ferum *(l)* = milchführend. – Lac, lactis n *(l):* Milch; ferre *(l):* tragen; Glágos *(gr):* Milch.
Lacuna, -ae f *(l)* = Lücke, Loch; speziell eine mit Wasser gefüllte Vertiefung.
Lacus, -us m *(l)* = See, Lache. – Lákkos *(gr):* See, Loch, Grube, Teich.
lambdoideus, -a, -um oder **lambdoides, -is** *(l)* = lambdaähnlich. – Lambda: 11. Buchstabe des griech. Alphabets.
Lamella, -ae f *(l):* Dim. zu Lamina.
Lamina, -ae f *(l)* = Platte, Schicht, Scheibe; Lamelle.
Lanugo, -inis f *(l)* = Wolle, Wollhaar, Flaum. – Lana, -ae f *(l):* Wolle; Lânos *(gr)* u. Vlana *(idg):* Wolle.
Laryngotomia, -ae f *(l)* = Eröffnung des Kehlkopfs durch Schnitt. – Lárynx *(gr):* Kehlkopf; témnein *(gr):* schneiden, aufschneiden.
Larynx, -yngis f *(l)* = Kehlkopf. – Lárynx *(gr):* Kehlkopf.
lateralis, -e *(l)* = seitlich. – Adj. zu: Latus.
latissimus, -a, -um *(l)* = der breiteste. – Sup. zu latus, -a, -um.
latus, -a, -um *(l)* = breit. – Adj. zu Latus.
Latus, -eris n *(l)* = Seite, Breite, Brust.
Lemniscus, -i m *(l)* = Schleife; anat.: Faserzüge im Gehirn. – Lâmnískos *(gr):* Band.
Lens, lentis f *(l)* = Linse.
lenticularis, -e *(l):* Adj. zu Lens.
lentiformis, -e = linsenförmig. – Lens, lentis f *(l):* Linse; Forma, -ae f *(l):* Gestalt, Form.
Leptomeninx, -ingis f *(l)* = weiche, zarte Hirnhaut; zusammenfassender Begriff für Arachnoidea mater und Pia mater. – leptós *(gr):* zart; Méninx *(gr):* Hirnhaut.
Levator, -oris m *(l)* = Heber. – levare *(l):* heben.
liber, -era, -erum *(l)* = frei, ungebunden, offen. – liberare *(l):* befreien.
Lien, lienis m *(l)* = Milz.
ligamentosus, -a, -um = bänderreich; anat.: bandartig. – Adj. zu Ligamentum.
Ligamentum, -i n *(l)* = Band, Binde; anat.: 1. bandartige Struktur; 2. häutige Verbindung zweier Gelenke. – ligare *(l):* binden.
Limbus, -i m *(l)* = Saum, Besatzstreifen, Rand.
Limen, -inis n *(l)* = Schwelle, Grenzwall. – Leímen *(idg):* Querholz.
limitans, -antis *(l)* = begrenzend. – P.p.a. von limitare *(l):* begrenzen; Limes, -itis m *(l):* Grenzrain.
Linea, -ae f *(l)* = 1. Linie, Richtschnur; 2. Strich; 3. anat.: Knochenleiste. – Linus oder Linum, -i n *(l):* Lein, Flachs, später: leinener Faden, Schnur.
Lingua, -ae f *(l)* = Zunge, Sprache. – lingere *(l)* u. leíchein *(gr):* lecken, schmecken.
Lingula, -ae f *(l)* = Zünglein, zungenähnliches Gebilde. – Dim. zu Lingua.
Liquor, -oris m *(l)* = Flüssigkeit, flüssiger Zustand. – liquere *(l)* = flüssig, klar sein.
lobaris, -e *(l)* = zum Lappen gehörend. – Adj. zu Lobus.
lobularis, -e *(l)* = zum Läppchen gehörend. – Adj. zu Lobulus.
Lobulus, -i m *(l)* = Läppchen. – Dim. zu Lobus.
Lobus, -i m *(l)* = Lappen, Hülse, Schote. – Lóbos *(gr):* Lappen.
Locus, -i m *(l)* = Ort, Platz, Stelle. – locare *(l)* = setzen, legen, stellen.
longitudinalis, -e *(l)* = längsgerichtet. – Longitudo, -inis f *(l):* Länge.
longus, -a, -um *(l)* = lang, weit. – Lónchä *(gr):* Lanze; laggs *(got):* lang. longissimus: Superlativ zu longus.
lucidus, -a, -um *(l)* = hell, glänzend, leuchtend. – lucere *(l):* leuchten; Leukos *(gr):* Licht, Helle.
lumbalis, -e *(l)* = zur Lende gehörig. – Adj. zu Lumbus *(l):* Lende; Psóas *(gr)*, Lentin *(ahd):* Lende.
lunatus, -a, -um *(l)* = mondförmig. – Adj. zu Luna, -ae f *(l):* Mond; lucere *(l):* leuchten; Lux *(l):* Licht.
Lunula, -ae f *(l)* = kleiner Mond. – Dim. zu Luna, -ae f *(l):* Mond; Luc-sna *(idg):* Mond, Mondschein.
luteus, -a, -um *(l)* = gelb. – Lutum, -i n *(l):* Lehm, Kot; luo bzw. polluere (l): verschmutzen.
Lympha, -ae f *(l)* = Quellnymphe, klares Wasser; anat.: Lymphe. – Lýmphä *(gr):* Wassergöttin, Wasser.
lymphaticus, -a, -um *(l)* = zur Lymphe gehörend. – Adj. zu Lympha.

Macula, -ae f *(l)* = Fleck, Makel. – maculare *(l):* beflecken, besudeln.
maculosus, -a, -um = reich an Flecken, buntgefleckt, besudelt. – Adj. zu Macula.
magnus, -a, -um *(l)* = groß, gewaltig, stark. – mégas *(gr):* groß, gewaltig.
maior, -oris = größer, stärker. – Komp. zu magnus.
Mala, -ae f *(l)* = Wange, Kinnbacken, eigentl.: Oberkiefer.
malaris, -e: Adj. zu Mala.
mallearis, -e *(l)* = zum Hammer gehörend. – Adj. zu Malleus, -ei m *(l):* Hammer.
malleolaris, -e *(l)* = zum kleinen Hammer gehörend, zum Knöchel gehörend. – Adj. zu Malleolus.
Malleolus, -i m *(l)* = 1. kleiner Hammer; 2. Brandpfeil, Ähnlichkeit mit einem rundköpfigen Hammer, Knöchel. – Dim. zu Malleus, -ei m *(l):* 1. Hammer; 2. Gehörknöchelchen.
Mamilla, -ae f *(l)* = Brustwarze, Mamille. – Dim. zu Mamma.
mamillothalamicus, -a, -um *(l)* = zum Corpus mamillare u. zum Thalamus gehörend. – mamillaris, -e *(l):* brustwarzenähnlich; Thalamus, -i m *(l):* Sehhügel.
Mamma, -ae f *(l)* = 1. Mutter, Amme; 2. Mutterbrust, Euter, Zitze; 3. anat.: weibliche Brust(-drüse). – mammare *(l):* säugen, saugen; mammáein *(gr):* nach der Mutterbrust verlangen.
Mandibula, -ae f oder **Mandibulum, -i** n *(l)* = Unterkiefer, Kinnlade als Kauwerkzeug. – mandere *(l):* kauen.
Manubrium, -i n *(l)* = Griff, Stiel, Henkel; der mit der Hand zu fassende Griff, Handgriff. – Manus, -us f *(l):* Hand.
Manus, -us f *(l)* = Hand, eigentl. Arm.
Margo, -inis m *(l)* = Rand, Einfassung. – Marka *(got)* u. *(ahd):* Grenze, Mark.
masculinus, -a, -um *(l)* = männlich, groß. – **Mas, maris** m *(l):* Mann, männlich.
Massa, -ae f *(l)* = Masse, Klumpen. – Máza *(gr):* Teig, Brei aus Gerstenmehl.
Masseter, -eris m *(l)* = anat.: der Kaumuskel. – Massetär *(gr):* der Kauende; mássein *(gr):* kauen, kneten.
masticatorius, -a, -um *(l)* = dem Kauen dienend. – masticare *(l):* kauen; Mastix, -icis f *(l):* wohlriechendes Harz vom Mastixbaum, das zum Kauen benutzt wurde; Mastichä *(gr):* Mastixbaum.
mastoideus, -a, -um *(l)* = brustwarzenähnlich. – Mastós *(gr):* Mutterbrust, Brustwarze, Anhöhe, Hügel; -eidés: ähnlich.
Mater, -tris f *(l)* = Mutter, anat.: ernährende u. umschützende Umhüllung. – Mätär *(gr)* u. Muoter *(ahd):* Mutter; nach ali al abbas *(arab):* die beiden Hüllen, die als Mutter des Gehirns bezeichnet wurden: 1. die dickere als Dura mater, die harte Hirnhaut; 2. die dünne als Pia mater, die weiche Hirnhaut.
Matrix, -icis f *(l)* = Mutterboden, Matrix. – Mater, -tris f *(l):* Mutter; eigentl. Gebärmutter.
Maxilla, -ae f *(l)* = Oberkiefer. – Dim. zu Mala.
maximus, -a, -um *(l)* = größte. – Superlativ zu magnus.
Meatus, -us m *(l)* = Gang, Durchgang. – meare *(l):* gehen, ziehen, fließen.
medialis, -e *(l)* = in der Mitte befindlich, zur Mitte gehörig; anat.: medial, zur Mitte hin; Gegensatz zu lateral. – Mésos *(gr):* mittlerer, Mitte.
medianus, -a, -um *(l)* = in der Mitte befindlich, zur Mitte gehörig. – Mésos *(gr):* mittlerer, Mitte.
Mediastinum, -i n *(l)* = Mittelfell, Raum zwischen rechter und linker Lunge, eigentl. zwei senkrecht stehende Platten (Pleura), welche die Brusthöhle in eine re. u. li. Hälfte teilen und das Herz zwischen sich enthalten.
medius, -a, -um *(l)* = in der Mitte befindlich, zur Mitte gehörig, dazwischenliegend. – Mésos *(gr):* mittlerer, Mitte.
Medulla, -ae f *(l)* = Mark, Innerstes. – Wohl von medius abzuleiten.
Membrana, -ae f *(l)* = zarte Haut, Häutchen. – Substantiviertes Adj. von Membrum, -i n *(l):* 1. das fleischige Körperglied; 2. Glied, Teil, Extremität.
meningeus, -a, -um *(l)* = zur Hirnhaut gehörig. – Adj. zu Meninx.
Meninx, -ingis f *(l)* = Hirnhaut. – Mâninx *(gr):* Haut.
Meniscus, -i m *(l)* = Halbmond; anat.: Zwischenknorpel. – Menískos *(gr):* kleiner Mond; Dim. zu Meís *(gr):* runde Bedeckung über Statuen, gebogenes Schirmdach, Monat, Mond. Meniscus articularis: halbmondförmige Gelenkzwischenscheibe.
mentalis, -e *(l)* = zum Kinn gehörend. – Adj. zu Mentum.
Mentum, -i n *(l)* = Kinn, Kinnbart, hervorragende Ecke. – prominere *(l):* hervorragen.
Mesencephalon, -i n *(l)* = Mittelhirn. – Mésos *(gr):* Mitte; Enképhalos *(gr):* das, was im Kopf ist (Gehirn).
Mesenterium, -ii n *(l)* = Dünndarmgekröse. – Mesenterion *(gr):* mittleres Eingeweide; Mésos *(gr):* Mitte; Enteron *(gr):* Eingeweide.
Mesopharynx, -yngis f *(l)* = Mundrachen.
Metacarpus, -i m *(l)* = Mittelhand, Zwischenhand. – meta- *(gr):* nach, hinter, zwischen, inmitten; Karpós *(gr):* Hand.
metatarsalis, -e *(l)* = zum Mittelfuß gehörend. – Adj. zu Metatarsus.
Metatarsus, -i m *(l)* = Mittelfuß, Fußwurzel.
Metencephalon, -i n *(l)* = Hinterhirn.
minor, minus (Gen.: -oris) *(l)* = kleiner, geringer. – Komp. zu parvus *(l):* klein, gering.
mitralis, -e *(l)* = einer Mitra ähnlich. – Adj. zu Mitra, -ae f *(l):* Kopfbinde, Turban; Mítra *(gr):* Leibbinde, Hauptbinde.
Modiolus, -i m *(l)* = die im Innern ausgehöhlte Schneckenachse. – Dim. zu Modius: Hohlkörper, Radnabe, Zylinder, Scheffel.
molaris, -e *(l)* = zum Mahlen gehörend; dem Mahlen dienend. – Adj. zu Mola, -ae f *(l):* Mühlstein, Mühle; molare *(l)* u. mýllein *(gr):* mahlen.
mollis, -e *(l)* = weich, lind, sanft; vgl. mollig. – moldvis *(idg):* weich; molliri *(l):* weich machen, zähmen.
Mons, montis m *(l)* = Berg, Fels. – men *(idg):* emporragen.
motorius, -a, -um *(l)* = anat.: zur Bewegung gehörend, der Bewegung dienend. – movere *(l)* = bewegen, in Bewegung setzen.
mucosus, -a, -um *(l)* = schleimig, mukös. – Adj. zu Mucus, -i m oder Muccus, -i m *(l):* Schleim, Rotz; mýssein *(gr):* schneuzen.
multifidus, -a, -um *(l)* = vielfach gespalten. – multus, -a -um *(l):* viel u. findere *(l):* spalten.
muscularis, -e *(l)* = zum Muskel gehörend. – Adj. zu Musculus.
musculocutaneus, -a, -um *(l)* = zum Muskel und zur Haut gehörend.
musculotubarius, -a, -um *(l)* = zum Musculus tensor tympani und zur Ohrtrompete gehörend.
Musculus, -i m *(l)* = kleine Maus, Mäuschen, Muskel. – Dim. zu Mus, muris m *(l)* u. Mýs *(gr):* Maus.

Myelencephalon, -i n *(l)* = Markhirn, verlängertes Mark; Bezeichnung für Medulla oblongata. – Myelós *(gr):* Mark, Rückenmark.

myentericus, -a, -um *(l)* = zur Darmmuskulatur gehörend. – Mýs *(gr):* Maus, Muskel; enterikós *(gr):* zu den Eingeweiden gehörend.

mylohyoideus, -a, -um *(l)* = vom Unterkiefer zum Zungenbein verlaufend. – Mýlos *(gr):* Mahlstein, Backenzahn.

mylopharyngeus, -a, -um *(l)* = vom Unterkiefer zum Pharynx verlaufend. – Mýlos *(gr):* Mahlstein; Phárynx *(gr):* Rachen.

myo- *(gr)* = anat. in Zusammensetzungen: Muskel-. – Mýs *(gr):* Maus, Muskel.

Myocardium, -ii n *(l)* = Herzmuskulatur.

Myologia, -ae f *(l)* = Muskellehre. – myo- *(gr):* Muskel-; Lógos (gr): Wort, Sprache, Lehre.

Myometrium, -ii n *(l)* = Gebärmuttermuskulatur. – myo- *(gr):* Muskel- u. Mắtra *(gr):* Gebärmutter.

Naris, -is f *(l)* = Nasenloch.

nasalis, -e *(l)* = zur Nase gehörend. – Adj. zu Nasus.

Nasus, -i m *(l)* = äußere Nase. – Nasos *(idg)* u. Naris *(l):* Nasenloch.

navicularis, -e *(l)* = kahnförmig, schiffförmig. – Adj. zu Navicula, -ae f *(l):* kleines Schiff; Dim. zu Navis, -is f (l): Schiff.

neonatus, -a, -um *(l)* = neugeboren. – néos *(gr):* neu; nasci *(l):* geboren werden, entstehen.

nervosus, -a, -um *(l)* = nervenreich, zum Nerven gehörig; früher: sehnig, kraftvoll. – Adj. zu Nervus.

Nervus, -i m *(l)* = Nerv; früher für alles weißliche Faserige: Sehne, Band, Flechse verwendet. – Neûron *(gr):* Sehne, Band, Nerv.

Nidus, -i m *(l)* = Nest, Wohnsitz, Ursprung. – Nidos *(idg):* Ruheplatz.

niger, -gra, -grum *(l)* = schwarz, dunkel.

Nodulus, -i m *(l)* = kleiner Knoten. – Dim. zu Nodus.

Nodus, -i m *(l)* = Knoten, Gelenk, Knorren, Verbindung. – nodere *(l):* in einen Knoten knüpfen; Nódes *(idg):* großes Netz.

Norma, -ae f *(l)* = Winkelmaß.

Nucha, -ae f *(l)* = Nacken. – Nugrah *(arab):* Nacken, Nackengrube.

Nucleus, -i m *(l)* = Nuß, kleiner Kern; 1. Zellkern; 2. Anhäufung von Nervenzellen im ZNS. – Dim. zu Nux, nucis f *(l):* Nuß, Kern.

nutricius [nutritius], -a, -um *(l)* = ernährend, aufziehend. – nutrire *(l):* säugen, nähren, aufziehen.

Obex, -icis m *(l)* = Riegel, Querbalken, Damm. – obicere *(l):* entgegenwerfen, entgegentreten.

obliquus, -a, -um *(l)* = schräg, tief, seitwärts gerichtet. – ob-, op- *(l):* entgegen, gegen, hin; Limen, -inis n (l): Schwelle.

oblongatus, -a, -um *(l)* = verlängert.

oblongus, -a, -um *(l)* = länglich.

obturatorius, -a, -um *(l)* = dem Verstopfen dienend. – obturare *(l):* verstopfen.

obturatus, -a, -um *(l)* = verstopft. P.p.p. zu obturare *(l):* verstopfen.

obtusus, -a, -um *(l)* = stumpf, schwach. – P.p.p. zu obtúndere *(l):* stumpf machen, stumpf werden.

occipitalis, -e *(l)* = zum Hinterhaupt gehörig. – Adj. zu Occiput.

Occiput, -itis n *(l)* = Hinterhaupt. – ob- *(l):* entgegen, gegenüber; Caput, -itis n *(l):* Haupt, Kopf.

octavus, -a, -um *(l)* = der (die, das) achte (Hirnnerv). – ógodes *(idg):* der Achte.

oculomotorius, -a, -um *(l)* = die Augenbewegung betreffend.

Oculus, -i m *(l)* = Auge. – Wahrscheinlich Dim. zu Ocus *(idg),* Okje *(idg)* u. Óktallos oder Ophthalmós *(gr):* Auge, Augenhöhle.

Oesophagus, -i m *(l)* = Speiseröhre. – oíso *(gr):* Futur zu phérein: tragen, transportieren; phageîn *(gr):* essen, verdauen.

Olecranon, -i n *(l)* = (Haken-)Fortsatz der Elle, Ellenbogen. – Olékranon *(gr):* Ellenbogenkopf; Olenä/olän *(gr):* Ellenbogen, Unterarm; Kranon *(gr):* Kopf.

olfactorius, -a, -um *(l)* = dem Riechen dienend. – ólfacere *(l):* riechen, wittern; olere *(l)* u. ozein *(gr):* riechen.

Oliva, -ae f *(l)* = Olive. – Elaía *(gr):* Olive, Ölbaum.

Omentum, -i n *(l)* = Netzhaut um die Eingeweide, Fette; Eingeweidenetz.

omentalis, -e *(l)* = zum großen Netz gehörig. – Adj. zu Omentum.

omoclavicularis, -e *(l)* = von der Schulter zur Clavicula ziehend. – Ômos *(gr):* Schulter; Clavicula: Schlüsselbein.

omohyoideus, -a, -um *(l)* = von der Schulter zum Zungenbein ziehend. – Ômos *(gr):* Schulter.

omphaloentericus, -a, -um *(l)* = zum Dottergang gehörig. – Omphalós *(gr):* Nabel; Énteron *(gr):* Därme, Eingeweide.

oóphorus, -a, -um *(l)* = eitragend. – Ōón *(gr):* Ei; phérein *(gr):* tragen, bringen.

Operculum, -i n *(l)* = Deckel; anat.: die die Insula bedeckenden Gehirnlappenteile. – operire *(l):* bedecken, verhüllen, zudecken.

opercularis, -e *(l):* Adj. zu Operculum.

ophthalmicus, -a, -um *(l)* = zum Auge gehörig. – Ophthalmós *(gr):* Auge.

opponens, -entis *(l)* = gegenüberstehend, gegenüberstellend. – P.p.a. von opponere *(l):* entgegenstellen, entgegensetzen; ob-, op- *(l):* entgegen, gegenüber; ponere *(l):* legen, setzen, stellen.

opticus, -a, -um *(l)* = das Sehen betreffend. – Ópsis *(gr):* Sehen.

Ora, -ae f *(l)* = Rand, Saum, Küste. – Mit Os, oris n *(l):* Mund verwandt.

orbicularis, -e *(l)* = kreisförmig. – Adj. zu Orbiculus, -i m *(l):* kleiner Kreis; Dim. zu Orbis, -is m *(l):* Kreis.

Orbita, -ae f *(l)* = Augenhöhle; eigentl.: Kreisbahn, Wagengleis, Rad, Kreisfurche.

Orificium, -ii n *(l)* = Öffnung, eigentl.: etwas, das das Aussehen des Mundes hat. – Os, oris n *(l):* der Mund; Facies, -ei f *(l):* Gestalt, Aussehen.

Os, oris n *(l)* = Mund, Eingang, Mündung. – ah, asan, ayam *(altind):* Mund, Öffnung.

Os, ossis n *(l)* = Knochen, Bein, Gebein. – Ostéon oder Óstion *(gr):* Bein, Knochen.

Osteologia, -ae f *(l)* = Knochenlehre. – Ostéon *(gr):* Knochen; Lógos *(gr):* Wort, Lehre.

Ostium, -ii n *(l)* = Mündung, Eingang, Tür. – Os, oris n *(l):* der Mund.

oticus, -a, -um *(l)* = zum Ohr gehörend. – Oús, otós *(gr):* Ohr.

ovalis, -e *(l)* = eiförmig, oval. – Adj. zu Ovum.

Ovarium, -ii n *(l)* = Eierstock. – Substant. Adj. zu Ovum.

Ovum, -i n *(l)* = Ei. – Ōón *(gr):* Ei.

Pachymeninx, -ingis f *(l)* = derbe, faserreiche Hirnhaut. – pachýs *(gr):* dick, derb; Mâninx *(gr):* Hirnhaut.

palatinus, -a, -um: *(l)* = zum Gaumen gehörend. – Adj. zu Palatum.

Palato- *(l)* = vom Gaumen entspringend.

Palatum, -i n *(l)* = Gaumen. – Pala *(idg):* Wölbung.

pallidus, -a, -um *(l)* = blass, bleich. – pallére *(l):* blass sein, fahl sein; poliós *(gr):* grau.

Pallium, -ii n *(l)* = Hülle, Mantel; anat.: Hirnmantel. – Palla, -ae f *(l):* das mantelartige Gewand römischer Frauen.

Palma, -ae f *(l)* = Handfläche. – Pálamä *(gr):* flache Hand, Hohlhand.

palmaris, -e *(l)* = zur Handfläche gehörend. – Adj. zu Palma.

palmatus, -a, -um *(l)* = palmenzweigähnlich. – Palma, -ae f *(l):* flache Hand, Palme; Pálamä *(gr):* flache Hand, Hohlhand.

Palpebra, -ae f *(l)* = Augenlid. – palpitare *(l):* zucken (wegen des Lidschlags) oder palpari *(l):* streicheln (das Lid streichelt sanft über den Augapfel).

pampiniformis, -e *(l)* = rankenförmig. – Pampinus, -i m *(l):* die Weinranke; Forma, -ae f *(l):* Gestalt, Form.

Pancreas, -atis f *(l)* = Bauchspeicheldrüse. – pân *(gr):* alles, ganz; Kréas *(gr):* Fleisch, Drüsensubstanz.

Panniculus, -i m *(l)* = Haut, Schicht. – Dim. zu Pannus, -i m *(l):* Kleid, Tuch, Lappen; Pânos *(gr):* Zeug, Tuch.

Papilla, -ae f *(l)* = warzenförmige Erhebung, Papille (der Haut, Niere und Zunge), urspr. nur Brustwarze. – Papula, -ae f *(l):* Blatter, Bläschen.

Paradidymis, -idis f *(l)* = neben dem Hoden liegendes rudimentäres Organ (Urnierenrest), anat.: beiderseits blind endende Kanälchen oberhalb des Nebenhodenkopfs vor dem Samenstrang. – pará *(gr):* neben; Dídymoi *(gr):* Zwillinge, Hoden.

Parametrium, -i n *(l)* = Bereich neben der Gebärmutter. – Mắtra *(gr):* Gebärmutter.

parasympathicus, -a, -um *(l)* = der Pars sympathica des autonomen oder vegetativen Nervensystems entgegenwirkend.

Parenchyma, -atis n *(l)* = organspezifisches Gewebe. – Parénchyma *(gr):* das daneben Hineingegossene; chéein *(gr):* gießen.

Paries, -etis m *(l)* = Wand. – Etym. unsicher.

parietalis, -e *(l)* = parietal, seitwärts; anat.: zum Os parietale (Scheitelbein) gehörend. – Adj. zu Paries.

Paroóphoron *(gr)* = medial vom Eierstock liegendes rudimentäres Organ (Urnierenrest).

parotideus, -a, -um *(l)* = zur Ohrspeicheldrüse gehörend. – Adj. zu Parotis.

Parotis, -idis f *(l)* = Anschwellung neben dem Ohr (urspr. Mumps); Glandula parotidea = Ohrspeicheldrüse. – Oús *(gr):* Ohr.

Pars, partis f *(l)* = Teil, Anteil, Stück, Körperteil, Seite. – partiri *(l):* teilen.

parvus, -a, -um *(l)* = klein. – pauros *(gr):* klein, gering, wenig.

Patella, -ae f *(l)* = Schale, Opferschale; anat.: Kniescheibe. – Dim. zu Patera, -ae f *(l):* flache Schale; patere *(l):* offenstehen.

Pecten, pectinis m *(l)* = Kamm, Grat. – pectare *(l)* u. pékein *(gr):* kämmen.

pectinatus, -a, -um u. **pectineus, -a, -um** *(l):* Adj. zu Pecten.

pectoralis, -e = zur Brust gehörig. – Adj. zu Pectus.

Pectus, -oris n *(l)* = Brust, Herz, Sinn. – Paksa *(altind):* Flügel, Achsel.

Pedunculus, -i m u. **Pediculus, -i** m *(l)* = Füßchen, Stiel. – Dim. zu Pes, pedis m *(l):* Fuß.

pellucidus, -a, -um *(l)* = durchsichtig. – perlucere *(l):* hervorschimmern, durchsichtig sein; per- *(l):* völlig, hindurch; lucere *(l):* scheinen, leuchten.

pelvinus, -a, -um *(l):* Adj. zu Pelvis.

Pelvis, ís f *(l)* = Becken, Schüssel. – Pellís *(gr):* Schüssel, Becken; Pélla *(gr)* u. Palavi *(altind):* Geschirr.

Penis, -is m *(l)* = Schwanz, männliches Glied. – Pés *(gr):* männl. Glied.

perforans, -tis *(l)* = durchbohrend. – P.p.a. von perforare *(l):* durchbohren; per- *(l):* durch, hindurch; forare *(l):* bohren, graben.

perforatus, -a, -um *(l)* = durchbohrt. – P.p.p. von perforare *(l):* durchbohren.

Pericardium, -ii n *(l)* = Herzbeutel.

Perilympha, -ae f *(l)* = die das häutige Gehörlabyrinth umgebende Flüssigkeit. – perí- *(gr):* um, herum; Lympha *(l):* Quellwasser.

Perimetrium, -ii n *(l)* = Bauchfellüberzug der Gebärmutter. – Mắtra *(gr):* Gebärmutter.

perinealis, -e *(l):* Adj. zu Perinéum.

Perinéum, -i n *(l)* = Damm, Mittelfleisch, Gegend zwischen After und Scheide bzw. Hodensack. – Vielleicht von perinéin *(gr):* anhäufen, aufschichten.

Periodontium, -ii n *(l)* = Wurzelhaut des Zahnes. – Odoús, odóntos *(gr):* Zahn.

Periorbita, -ae f *(l)* = das die Augenhöhle auskleidende Periost.

Periorchium,-ii n *(l)* = parietales Peritonealblatt des Hodens. – Órchis *(gr):* Hoden.

Periosteum, -i n *(l)* = Knochenhaut, Periost. – Os, ossis m *(l):* Knochen.

Peritoneum, -ii n *(l)* = Bauchfell. – Peritonáion *(gr):* die über die Därme gespannte Haut; teínein *(gr):* spannen.

permanens, -entis *(l)* = bleibend, verbleibend. – P.p.a. von permanere *(l):* bleiben, verbleiben, fortdauern.

peroneus,-a,-um u. peronealis,-e *(l)* = zum Wadenbein gehörend, auf der Seite des Wadenbeins gelegen. – Pero,-onis m *(l):* Stiefel aus rohem Leder; Perónä *(gr):* Spange, Stachel.

perpendicularis, -e *(l)* = senkrecht, lotrecht. – Perpendiculum,-i n *(l):* Richtblei, Lot; perpendere *(l):* genau abwägen.

Pes, pedis m *(l)* = Fuß, Bein. – Poús *(gr):* Fuß, Bein.

Petiolus,-i m *(l)* = Stiel, Füßchen. – Dim. zu Pes; statt Pediolus später Petiolus.

petrosus,-a,-um *(l)* = felsig, steinig. – Pétra *(gr):* Fels, Stein.

petrotympanicus,-a,-um *(l)* = vom Felsenbein zur Paukenhöhle ziehend.

Phalanx, -angis f *(l)* = Walze, Stamm, Ballen, Schlachtreihe; anat.: Phalanx, Finger-, Zehenglied. – Phálanx *(gr):* 1. Rundholz, Balken; 2. Finger-, Zehenglied; 3. Schlachtreihe.

pharyngeus, -a, -um *(l)* = zum Rachen gehörend. – Adj. zu Pharynx.

Pharynx, -ngis m u. f *(l)* = Rachen, Schlund. – Phárynx *(gr):* Rachen, Kehle, Schlund.

Philtrum, -i n *(l)* = Nasen-Lippen-Rinne. – Philtron *(gr):* Liebeszauber, Liebestrunk.

phrenicus, -a, -um *(l)* = zum Zwerchfell gehörend. – Phrenes,-um f *(l):* Zwerchfell; Phrän *(gr):* Zwerchfell, Sitz des Gemüts.

Pigmentum,-i n *(l)* = Farbstoff; Schminke. – pingere *(l):* malen; poíkilos *(gr):* bunt.

Pilus,-i m *(l)* = einzelnes Haar. – Pîlos *(gr):* Filz.

pinealis, -e (l) = zum Fichtenzapfen gehörend, fichtenzapfenähnlich. – Pinus,-us f *(l)* und picsmus *(idg):* Fichte.

piriformis,-e *(l)* = birnenförmig. – Pirum,-i n *(l):* Birne; Forma,-ae f *(l):* Form, Gestalt.

pisiformis,-e *(l)* = erbsenförmig. – Pisum,-i n *(l)* u. Píson *(gr):* Erbse; Forma,-ae f *(l):* Form, Gestalt.

pituitarius,-a,-um *(l)* = schleimig. – Pituita,-ae f *(l):* der Schleim. – Glandula pituitaria.

pius,-a,-um *(l)* = fromm, zart. – Pia mater: weiche Hirnhaut.

Placenta,-ae f *(l)* = Mutterkuchen, Nachgeburt, Plazenta. – Plakoûs *(gr):* Kuchen, eigentl.: mit Fläche versehen.

Planta pedis *(l)* = Fußsohle. – Planta,-ae f *(l):* Fußfläche; Pes, pedis m *(l):* Fuß; Plátos *(gr):* Breite; platýs *(gr):* breit, weit.

Planum,-i n *(l)* = Fläche, Ebene. – placére *(l):* ebnen, glätten; planare *(l):* platzieren, planieren.

planus,-a,-um *(l)* = flach, eben, plan.

Platysma, -atis n *(l)* = Platte, ausgebreiteter Körper; anat.: großflächiger Hautmuskel am Hals. – platýs *(gr):* breit, weit.

Pleura,-ae f *(l)* = Seite, Rippe; anat.: Rippenfell, Brustfell. – Pleurá *(gr):* die Seite eines Gegenstands.

Plexus,-us m *(l)* = Geflecht. – plectere *(l)* u. plékein *(gr):* flechten.

Plica,-ae f *(l)* = Falte, alle Faltenbildungen. – plicare *(l):* falten; plékein *(gr):* flechten, schlingen oder ptýssein *(gr):* falten.

Pollex,-icis m *(l)* = Daumen. – pollere *(l):* vermögen, ausrichten.

Pons, pontis m *(l)* = Brücke, Steg. – Paíos *(gr):* Pfad.

pontinus,-a,-um = zur Brücke gehörig. – Adj. zu Pons.

Poples,-itis m *(l)* = Kniekehle, Kniebeuge.

popliteus,-a,-um *(l):* Adj. zu Poples.

Porta,-ae f *(l)* = Pforte, Tür, Eingang. – Póros *(gr):* Durchgang; peírein *(gr):* durchdringen.

Portio,-ionis f *(l)* = Teil, Abschnitt, Anteil, Portion. – Pars *(l)* u. Époron *(gr):* zugemessener Anteil.

Porus,-i m *(l)* = Gang, Kanal, Röhre; anat.: Öffnung eines Gangs. – Póros *(gr):* Öffnung, Weg, Durchgang; peírein *(gr):* durchdringen.

postcentralis,-e *(l)* = anat.: hinter der Zentralfurche des Gehirns liegend.

posterior,-ius *(l)* = hinterer, späterer, folgender. – Komp. zu post *(l):* hinten, hernach.

posterolateralis,-e *(l)* = weiter hinten seitlich.

praecentralis [precentralis],-e *(l)* = vor der Zentralfurche des Gehirns gelegen.

Praeputium [Preputium],-i n *(l)* = Vorhaut. – Pósthion *(gr)* als Dim. zu Pósthä *(gr):* männliches Glied oder prae- *(l):* vorne u. putare *(l):* beschneiden, ins Reine bringen.

Princeps,-ipis m *(l)* = Erster, Wichtigster. – aus primi-ceps: die erste Stelle einnehmend; primus *(l):* Erster; capere (l): nehmen.

principalis,-e *(l)* = ursprünglich, Erster. – Adj. zu Princeps.

procerus,-a,-um *(l)* = hoch, schlank, gestreckt, lang. – crescere *(l):* wachsen, entstehen.

Processus, -us m *(l)* = Fortschritt, Fortgang; anat.: Fortsatz. – procedere *(l):* vorgehen, hervortreten, vorrücken; cedere *(l):* weichen, gehen.

profundus,-a,-um *(l)* = tief, bodenlos. – siehe pro- *(l)* u. Fundus,-i m *(l):* in der Nähe des Bodens, in der Tiefe.

Prominentia, -ae f *(l)* = Vorsprung, Erhebung, Prominenz. – prominere *(l):* hervorspringen, hervorragen; minere *(l):* ragen, drohen.

Promontorium, -i n *(l)* = Vorgebirge, Vorwölbung.

Pronator,-oris m *(l)* = Neiger; anat.: Muskeln, die bei Drehung des Unterarms die Handfläche nach unten bzw. dorsal richten. – pronare *(l):* vornüberneigen.

Pronephros,-i m *(l)* = Vorniere, die zuerst gebildete Niere. – Néphros *(gr):* Niere.

pronus,-a,-um u. **pronatus,-a,-um** = abschüssig, vornüber geneigt. – Adj. zu Pronator.

proprius,-a,-um *(l)* = beständig, dauernd, eigen, wesentlich.

Prosencephalon,-i n *(l)* = Vorderhirn. – Enképhalos *(gr):* Gehirn.

Prostata,-ae f *(l)* = Vorsteherdrüse. – Prostátäs *(gr):* Vordermann, Beschützer, Vorsteher.

prostaticus,-a,-um *(l):* Adj. zu Prostata.

Protuberantia, -ae f *(l)* = Arten von Hervorragungen u. Erhabenheiten, Protuberanz. – protuberare *(l):* hervorragen.

proximalis, -e *(l)* = anat.: näher zum Rumpf gelegen, rumpfwärts, proximal. – proximus,-a,-um *(l):* nächster; Sup. zu prope *(l):* nahe, bei.

Psoas, psoae m *(l)* = Lende. – Psóa *(gr):* Lende, Lendengegend, Lendenfleisch.

pterygoideus,-a,-um *(l)* = flügelförmig. – Pteryx *(gr):* Flügel;-eidés *(gr):* ähnlich in Gestalt, Form.

pudendus, -a, -um *(l)* = zur Scham gehörend, schimpflich, schändlich. – pudére *(l):* sich schämen.

Pulmo,-onis m *(l)* = Lunge. – Pleumon, Pneumon *(gr):* die Lunge.

pulmonalis,-e *(l):* Adj. zu Pulmo.

Pulpa,-ae f *(l)* = Weichheit; anat.: weiche Substanz, Mark, Parenchym.

Pulvinar,-aris n *(l)* = Kissen, Polster.

Pupilla,-ae f *(l)* = Pupille, Augenstern, Sehloch. – Dim. zu Pupa,-ae f *(l):* Mädchen, Puppe; eigentl.: das verkleinerte Spiegelbild, das man im Auge eines anderen sieht.

Putamen,-inis n *(l)* = Schale; anat.: äußerer Teil des Nucleus lentiformis = Linsenkern. – putare *(l):* beschneiden, ins Reine bringen, ordnen.

Pýelos *(gr)* = Trog, Mulde, Wanne; anat.: Nierenbecken.

pyloricus,-a,-um *(l):* Adj. zu Pylorus.

Pylorus, -i m *(l)* = Pförtner, Magenausgang; anat.: Übergang zwischen Magen u. Dünndarm. – Pylōrós *(gr):* Pförtner, Torhüter.

pyramidalis,-e *(l):* Adj. zu Pyramis.

Pyramis,-idis f *(l)* = Pyramide; anat.: pyramidenähnl. Gebilde. – Pyramís *(gr):* Pyramide.

quadrangularis, -e *(l)* = vierwinklig, viereckig. – quattuor *(l):* vier; Angulus,-i m *(l):* Winkel.

quadratus,-a,-um *(l)* = viereckig. – quadrare *(l):* rechteckig machen.

quadriceps,-cipitis *(l)* = vierköpfig.

radialis,-e *(l)* = zur Speiche (Unterarmknochen) gehörig. – Adj. zu Radius.

Radiatio,-onis f *(l)* = Ausstrahlung. – Radius,-ii m *(l):* Strahl, Lichtstrahlung.

radicularis,-e *(l)* = zur Wurzel gehörend. – Adj. zu Radicula,-ae f *(l):* kleine Wurzel.

Radius,-ii m *(l)* = Radspeiche, Halbmesser des Kreises, Sonnenstrahl; anat.: Unterarmknochen: Speiche.

Radix, -icis f *(l)* = Wurzel. – Radix *(gr):* Zweig, Rute, Wurzel.

Ramus,-i m *(l)* = Ast, Zweig.

Raphe,-es f *(l)* = Naht, Hautnaht. – Raphá *(gr):* Naht, Kleidernaht; ráptō *(gr):* zusammennähen.

Recessus,-us m *(l)* = Zurückgehen, Einbiegung, Vertiefung, Winkel, Nische. – recedere *(l):* zurückweichen; re-: zurück; cedere: weichen, gehen.

Rectum,-i n *(l)* = Enddarm, Mastdarm. – rectus *(l):* gerade.

rectus,-a,-um *(l)* = gerade. – regere *(l):* richten, lenken.

recurrens,-entis *(l)* = zurücklaufend, kreisend. – P.p.a. von recurrere *(l):* zurücklaufen, zurückkommen, kreisen.

Regio,-onis f *(l)* = Gegend, Lage, Richtung. – regere *(l):* lenken, richten, regieren; orégō *(gr):* recken, sich recken.

Ren, renis m *(l)* = Niere.

renalis,-e *(l):* Adj. zu Ren.

respiratorius,-a,-um *(l)* = der Atmung dienend. – respirare *(l):* atmen.

Rete, retis n *(l)* = Netz, Fischnetz. – ére *(idg)* u. rarus,-a,-um *(l):* dünn, locker, undicht.

Retina (ergänze tunica) *(l)* = die Netzhaut des Auges. – evt.: retinere *(l):* zurückhalten; oder: Rete, retis n *(l):* Netz; retinus *(l):* netzartig.

Retinaculum,-i n *(l)* = Halter, Klammer, Seil, das zum Halten dienende Band; anat.: 1. Werkzeug zum Aufheben und Festhalten von Weichteilen; 2. fibröse Gebilde, welche andere festhalten, damit sie nicht aus der Lage abweichen. – retinere *(l):* zurückhalten, festhalten.

retroperitonealis,-e *(l)* = hinter dem Bauchfell gelegen.

Rhinencephalon,-i n *(l)* = Riechhirn. – Rhís *(gr):* Nase; Enképhalos *(gr):* das, was im Kopf ist (Gehirn).

Rhombencephalon,-i n *(l)* = Rautenhirn; nach der Rautengrube benannt. – Rhómbos *(gr):* Raute; Enképhalos *(gr):* das, was im Kopf ist (Gehirn).

rhomboideus, -a, -um *(l)* = rautenähnlich. – Rhómbos *(gr):* kreisförmiger Körper, Kreisel, später: Raute;-eidés *(gr):* ähnlich.

Rima, -ae f *(l)* = Spalte, Riss, Strich, Ritze. – Rícoma *(idg):* Riss; ereíkein *(gr):* aufreißen.

risorius, -a, -um *(l)* = zum Lachen dienend. – ridere *(l):* lachen, grinsen; Risor,-oris m *(l):* Lacher, Spötter.

rostralis,-e *(l)* = zum vorderen Körperende hin gelegen.

Rostrum,-i n *(l)* = Schnabel, Rüssel. – rodere *(l):* nagen, verzehren.

Rotator,-oris m *(l)* = der (Herum-)Dreher; vgl. Rotation. – rotare *(l):* herumdrehen, rotieren; Rota,-ae f *(l):* Rad, Wagenrad.

rotundus,-a,-um *(l)* = rund, kugelrund. – Rota,-ae f *(l):* Rad; siehe Rotator.

ruber,-bra,-brum *(l)* = rot. – erythrós *(gr):* rot; rubére *(l):* rot sein.

Ruga,-ae f *(l)* = Runzel, Hautfalte, Falte. – rúksas *(altind):* rau; rysós *(gr):* runzelig.

Saccus,-i m *(l)* = Sack, Tasche. – Sák(k)os *(gr):* Sack.

sacer, sacra, sacrum *(l)* = heilig. – Sacrum,-i n *(l)*: Heiligtum. – Os sacrum: Kreuzbein.

sacralis, e *(l)* = zum Kreuzbein gehörig. – Adj. zu Sacrum.

sagittalis, -e *(l)* = in Pfeilrichtung, sagittal, von ventral nach dorsal. – Adj. zu Sagitta,-ae f *(l)*: Pfeil.

salivatorius,-a,-um *(l)* = zum Speichel gehörig. – Saliva,-ae f *(l)*: Speichel, Schleim.

Salpinx,-ingis f *(l)* = Trompete; anat.: 1. Eileiter (Tuba uterina [Salpinx]); 2. Ohrtrompete (Tuba auditiva). – Salpinx *(gr)*: Trompete.

saphenus, -a, -um *(l)* = verborgen. – al safin *(arab)*: verborgen, der Verbergende; nicht von saphḗs *(gr)*: deutlich, sichtbar.

sartorius,-a,-um *(l)* = zum Schneidern dienlich. – Sartor,-oris m *(l)*: Schneider; sarcire *(l)*: ausbessern.

Scala,-ae f *(l)* = Treppe, Stufe. – Scalae,-arum *(Pl)*: Treppe, Leiter, Stiege; scand-sla *(idg)*: steigen.

scalenus, -a, -um *(l)* = schief, ungleichseitig, dreieckig. – skalänós *(gr)*: ungerade, schief.

Scapha,-ae f *(l)* = Nachen; anat.: die zwischen Helix und Anthelix liegende Furche der Ohrmuschel. – Skáphä *(gr)*: ausgehöhlter Körper, Kahn, Boot.

scaphoideus,-a,-um *(l)* = kahnförmig. – Skáphä *(gr)*: ausgehöhltes, muldenartiges Gefäß, Wanne, Boot; skáptō *(gr)*: graben.

Scapula, -ae f *(l)* = Schulterblatt, Schulter, Rücken. – Kápetos *(gr)*: Grube, Graben.

Sclera (ergänze tunica oculi) *(l)* = harte oder feste Augenhaut. – sklärós *(gr)*: hart, derb.

scriptorius,-a,-um *(l)* = zum Schreiben dienend. – scribere *(l)*: schreiben, zeichnen.

scrotalis,-e *(l)*: Adj. zu Scrotum.

Scrotum,-i n *(l)* = Sack, Hodensack. – skrýdda *(altnord)*: geschrumpfte Haut.

secundarius,-a,-um *(l)* = der (die, das) Zweite. – secundus,-a,-um *(l)*: der (die, das) Zweite, Folgende; sequi *(l)*: folgen, nachfolgen, nachsetzen.

segmentalis,-e *(l)*: Adj. zu Segmentum.

Segmentum, -i n *(l)* = Abschnitt, Teilbereich, Segment. – secare *(l)*: schneiden, teilen.

Sella, -ae f *(l)* = Sattel, Stuhl, Sessel. – sedere *(l)*: sitzen, setzen; Hélla *(gr)*: Sitz.

Semicanalis,-is m *(l)* = Halbkanal, Rinne.

semicircularis,-e *(l)* = halbkreisförmig.

semilunaris,-e *(l)* = halbmondförmig. – semi- *(l)*: halb; Luna,-ae f *(l)*: Mond.

semimembranosus,-a,-um *(l)* = halbhäutig.

seminalis,-e *(l)* = zum Samen gehörig. – Adj. zu Semen,-inis n *(l)*: Same, Stamm; se, saen *(idg)* u. serere *(l)*: säen, pflanzen.

semiovalis,-e *(l)* = halbeiförmig.

semispinalis,-e *(l)* = zur Hälfte zum Dorn(fortsatz der Wirbel) gehörend; Bezeichnung für Muskeln, die von den Querfortsätzen der Wirbel zu Dornfortsätzen anderer Wirbel ziehen.

semitendinosus,-a,-um *(l)* = halbsehnig.

septalis,-e *(l)*: Adj. zu Septum.

Septum, -i n *(l)* = Scheidewand, eigentl. Umzäunung, Einfriedung. – saepire *(l)*: umzäunen, umhegen, einfrieden.

serratus, -a, -um *(l)* = gezähnt, gesägt. – P.p.p. von serrare *(l)*: sägen; Serra,-ae f *(l)*: Säge.

sesamoideus, -a, -um *(l)* = sesamkornähnlich. – Sḗsamon *(gr)*: Schotenfrucht der aus Ägypten und Arabien stammenden Sesampflanze.

sigmoideus,-a,-um *(l)* = sigmaähnlich. – Sígma *(gr)*: halbmondförmiges Gebilde.

simplex,-icis *(l)* = einfach, unvermischt, einzeln. – sém *(idg)*: eins.

sinister,-tra,-trum *(l)* = links, ungünstig.

sinuatrialis,-e *(l)* = zum Sinus venarum cavarum u. zum Vorhof des Herzens gehörend.

Sinus,-us m *(l)* = Busen, Vertiefung, Bucht, Biegung, Krümmung. – sinuáre *(l)*: krümmen, bogenförmig machen.

soleus,-a,-um *(l)* = seezungenähnlich, schollenähnlich. – Solea,-ae f *(l)*: Seezunge, Scholle; urspr.: Sandale, Sohle.

solitarius,-a,-um *(l)* = alleinstehend, abgesondert, einsam. – solus,-a,-um *(l)*: allein.

Spatium,-ii n *(l)* = Zwischenraum, Raum, Bahn, Rennbahn. – Spádion, Stadion *(gr)*: Rennbahn.

spermaticus,-a,-um *(l)* = zum Samen gehörig. – Adj. zu Spérma *(gr)*: Same, Keim; speírein *(gr)*: aussäen, ausstreuen.

sphenoidalis,-e *(l)* = keilförmig. – Sphḗn *(gr)*: Keil.

Sphincter,-eris m *(l)* = Schnürer, Schnürmuskel. – sphingein *(gr)*: zusammenschnüren, würgen, zusammenziehen; Sphinx: zusammenschnürende Todesdämonin.

Spina,-ae f *(l)* = Dorn, Rückgrat, Wirbelsäule.

spinalis,-e u. **spinosus,-a,-um** *(l)*: Adj. zu Spina.

spinocostalis,-e *(l)* = vom Rückgrat zur Rippe verlaufend.

spiralis,-e *(l)* = gewunden. – Adj. zu Spira,-ae f *(l)*: Windung, Spirale; Speîra *(gr)*: Windung.

splanchnicus,-a,-um *(l)* = zu den Eingeweiden gehörend. – Splánchnon *(gr)*: Eingeweide.

Splanchnologia,-ae f *(l)* = Eingeweidelehre. – Splánchnon *(gr)*: Eingeweide; Lógos *(gr)*: Wort, Sprache, Lehre.

Splen,-enis m *(l)* = Milz. – Splḗn *(gr)*: Milz.

Splenium,-ii n *(l)* = Wulst, Bausch, Schönheitspflästerchen. – Splenion *(gr)*: Wundverband, Pflasterstreifen, Kompresse.

splenius,-ia,-ium *(l)* = pflasterförmig, bauschig.

spongiosus,-a,-um *(l)* = schwammig, porös. – Spongiá *(gr)*: Schwamm.

Squama,-ae f *(l)* = Schuppe (des Fisches, der Schlange). – squaleo *(l)*: schuppig, rau sein.

squamosus,-a,-um *(l)*: Adj. zu Squama.

stapedius,-a,-um *(l)*: Adj. zu Stapes.

Stapes,-edis m *(l)* = Steigbügel, das kleinste der drei Gehörknöchelchen.

stellatus,-a,-um *(l)* = sternförmig. – Stella,-ae f *(l)*: Stern, Gestirn; Astḗr *(gr)*: Stern.

sternalis,-e *(l)*: Adj. zu Sternum.

sternoclavicularis, -e *(l)* = vom Brust- zum Schlüsselbein verlaufend.

sternocleidomastoideus, -a, -um *(l)* = Brustbein und Schlüsselbein mit dem Warzenfortsatz verbindend. – Sternum,-i n *(l)*: Brustbein; Kleís *(gr)*: Riegel, Schlüssel, Schlüsselbein; mastoideus *(l)*: brustwarzenähnlich.

sternocostalis,-e *(l)* = vom Brustbein zur Rippe verlaufend.

sternohyoideus, -a, -um *(l)* = vom Brust- zum Zungenbein verlaufend.

sternothyroideus,-a,-um *(l)* = vom Brustbein zur Schilddrüse ziehend.

Sternum,-i n *(l)* = Brustbein. – sternere *(l)*: ausbreiten, glätten; Stérnon *(gr)*: Brust, Brustbein.

Stratum,-i n *(l)* = Zone, Decke, Ausgebreitetes, Schicht. – sternere *(l)* u. stórnymi *(gr)*: ausbreiten, bedecken.

Stria,-ae f *(l)* = Streifen, Furche.

striatus,-a,-um *(l)* = gestreift. – Adj. zu Stria.

styloglossus, -a, -um *(l)* = vom Griffelfortsatz zur Zunge verlaufend.

stylohyoideus,-a,-um *(l)* = vom Griffelfortsatz zum Zungenbein verlaufend.

styloideus, -a, -um *(l)* = griffelförmig. – Stŷlos *(gr)*: Griffel, Stiel.

stylomastoideus,-a,-um *(l)* = vom Griffel- zum Warzenfortsatz verlaufend.

stylopharyngeus, -a, -um *(l)* = vom Griffelfortsatz zum Rachen verlaufend.

subcutaneus, -a, -um *(l)* = unter der Haut gelegen.

submucosus, -a, -um *(l)* = unter der Schleimhaut gelegen.

Substantia,-ae f *(l)* = Wesen, Beschaffenheit; anat.: Substanz, stoffliche Grundlage. – substare *(l)*: darunter sein, existieren, standhalten.

Sulcus,-i m *(l)* = Furche, Einschnitt. – Holkós *(gr)*: Zug, Zügel, gezogene Furche; hélkō *(gr)*: ziehen.

Supercilium, -ii n *(l)* = Augenbraue, das über dem Augenlid Befindliche.

superficialis,-e *(l)* = an der Oberfläche liegend, oberflächlich. – Facies,-ei f *(l)*: äußere Gestalt.

superior, -ius *(l)* = oberer, höher, weiter oben gelegen. – Komp. zu super.

Supinator, -oris m *(l)* = Aufwärtsdreher. – supinare *(l)*: rücklings beugen, nach oben drehen; durch Drehung des Unterarms wird die Handfläche nach oben bzw. vorne gerichtet; hýptios *(gr)*: zurückgelehnt, rücklings.

supremus,-a,-um *(l)* = der Oberste, Äußerste, Höchste. – Sup. zu super.

suralis,-e *(l)* = zum Wadenbein gehörig. – Adj. zu Sura,-ae f *(l)*: Wade, Unterschenkel.

suspensorius,-a,-um *(l)* = zum Aufhängen dienend. – suspéndere *(l)*: aufhängen, emporheben.

Sustentaculum,-i n *(l)* = Stütze, Hilfe, Unterstützung. – sustenare *(l)*: unterstützen, aufrechthalten, stützen, helfen.

Sutura,-ae f *(l)* = Naht, chirurg. Naht, Nahtverbindung zweier Schädelknochen, Wundnaht.

sympathicus,-a,-um *(l)* = sympathisch; anat.: sympathischer Teil des autonomen oder vegetativen Nervensystems. – Páthōs *(gr)*: Leiden, Empfindung.

Symphysis, -eos u. **-is** f *(l)* = Knochenverbindung durch Faserknorpel, vgl. Junctura cartilaginea. – symphýein *(gr)*: zusammenwachsen, vereinigen.

Synarthrosis,-eos u. **-is** f *(l)* = Knochenfuge. – Árthron *(gr)*: Gelenk.

Synchondrosis, -eos u. **-is** *(l)* = knorpelige Knochenverbindung. – Chóndros *(gr)*: der Knorpel.

Syndesmosis,-eos u. **-is** *(l)* = bindegewebige Knochenverbindung. – Desmós *(gr)*: Band, Verbindung.

Synostosis,-eos u. **-is** *(l)* = knöcherne Verbindung zweier Knochen. – Ostéon *(gr)*: Knochen.

Synovia,-ae f *(l)* = Gelenkschmiere.

Taenia,-ae f *(l)* = Streifen, schmales Band, Binde. – Tainía *(gr)*: Band, Binde; teínein *(gr)*: drehen, spannen, strecken.

talaris,-e *(l)*: Adj. zu Talus.

talocalcaneonavicularis,-e *(l)* = vom Sprung- u. Fersenbein zum Kahnbein verlaufend.

talocruralis,-e *(l)* = vom Sprungbein zum Unterschenkel ziehend.

talonavicularis,-e *(l)* = vom Sprung- zum Kahnbein verlaufend.

Talus,-i m *(l)* = Sprungbein; urspr.: der Würfel.

Tapetum,-i n *(l)* = Teppich, Vorhang. – Tapes,-itis m *(l)* u. Tápäs *(altiran)*: Teppich.

tarseus,-a,-um *(l)*: Adj. zu Tarsus.

tarsometatarsalis,-e *(l)* = von der Fußwurzel zum Mittelfuß verlaufend.

Tarsus,-i m *(l)* = 1. Fußwurzel; 2. Lidplatte. – Tarsós *(gr)*: flach ausgebreiteter Gegenstand.

tectorius,-a,-um *(l)* = dem Bedecken dienend; zum Decken. – Adj. zu Tectum.

Tectum,-i n *(l)* = Dach. – tegere *(l)* u. stégein *(gr)*: decken; Tégos *(gr)*: Dach; Stégä *(gr)*: Haus, Dach; Decchin *(ahd)*: Decke.

Tegmen,-inis n u. **Tegmentum,-i** n *(l)* = Decke, Haube, Dach. – tegere *(l)*: bedecken u. stégein *(gr)*: decken, bedecken, verbergen.

tegmentalis,-e *(l)*: Adj. zu Tegmentum.

Tela, -ae f *(l)* = Gewebe, Gewebeschicht. – téxere *(l)*: weben, flechten; Téxla *(idg)*: Gewebe.

Telencephalon,-i n *(l)* = Endhirn. – Télos *(gr)*: Ende; Enképhalos *(gr)*: das, was im Kopf ist (Gehirn).

temporalis,-e *(l)*: Adj. zu Tempus.

Tempus,-oris n *(l)* = Schläfe; Zeit.

tendineus,-a,-um *(l)*: Adj. zu Tendo.

Tendo,-inis m *(l)* = Sehne. – téndere *(l)* u. teínein *(gr)*: ziehen, spannen, strecken.

Tensor,-oris m *(l)* = Spanner, Strecker. – téndere *(l)* u. teínein *(gr)*: strecken, ziehen, spannen.

Tentorium,-i n *(l)* = Zelt. – téndere *(l)*: spannen, straff anziehen, zelten, lagern.

tenuis,-e *(l)* = dünn, fein. – téndere *(l)*: spannen, auseinanderziehen; tánus *(altind)* u. dúnni *(ahd)*: dünn, ausgedehnt.

teres, -etis *(l)* = rund, gedreht, länglich rund. – terere *(l):* reiben, zerreiben; teírō u. tríbō *(gr):* reiben, zerreiben.

terminalis, -e *(l)* = zur Grenze gehörig, die Grenze bzw. das Ende bezeichnend; vgl. Termin. – terminare *(l):* begrenzen, abgrenzen, bestimmen.

testicularis, -e *(l):* Adj. zu Testis.

Testis, -is m *(l)* = anat.: Hoden.

thalamicus, -a, -um *(l):* Adj. zu Thalamus.

Thalamus, -i m *(l)* = anat.: sog. Sehhügel. – Thálamos *(gr):* Gemach, Höhle, Schlafgemach.

Theca, -ae f *(l)* = Kapsel, Hülle, Kuppel. – Thḗkä *(gr)* = Behälter.

Thenar, -aris n *(l)* = Daumenballen. – Thénar *(gr):* Handfläche, flache Hand, auch Vertiefung; theínō *(gr):* schlagen.

thoracicus, -a, -um *(l):* Adj. zu Thorax.

thoracoacromialis, -e *(l)* = vom Brustkorb zur Schulterhöhe verlaufend.

thoracolumbalis, -e *(l)* = vom Brustkorb zur Lende ziehend.

Thorax, -acis m *(l)* = Brustkorb. – Thṓrax *(gr):* Brustkorb, Brustharnisch, Rüstung, die Brust und Bauch bedeckt.

thymicus, -a, -um *(l):* Adj. zu Thymus.

Thymus, -i m *(l)* = Thymusdrüse, Bries. – Thymós *(gr):* Leben, Lebenskraft, Gemüt, Mut, Herz, Geist, Verstand.

thyroarytenoideus, -a, -um *(l)* = von der Schilddrüse zu den Gießbeckenknorpeln verlaufend.

thyroepiglotticus, -a, -um *(l)* = von der Schilddrüse zum Kehldeckel verlaufend.

thyrohyoideus, -a, -um *(l)* = von der Schilddrüse zum Zungenbein verlaufend.

thyroideus, -a, -um *(l)* = schildförmig. – thyreoídes *(gr):* schildähnlich; Thyreós *(gr):* der lange, viereckige türähnliche Schild.

thyropharyngeus, -a, -um *(l)* = von der Schilddrüse zum Pharynx verlaufend.

Tibia, -ae f *(l)* = Pfeife, Flöte; anat.: Schienbein.

tibialis, -e *(l):* Adj. zu Tibia.

Tonsilla, -ae f *(l)* = Mandel im Halse. – Dim. zu Toles, -ium f *(l):* Kropf am Halse; tónsles *(idg):* dehnen, ausdehnen.

Torus, -i m *(l)* = Wulst, Polster; ein Teilstrick, aus deren mehreren das Tau zusammengedreht wird.

Trabecula, -ae f *(l)* = Bälkchen. – Dim. zu Trabs, -is f *(l):* der Balken.

Trachea, -ae f *(l)* = Luftröhre. – trachýs *(gr):* rau.

tracheobronchialis, -e *(l)* = zur Luftröhre u. ihren (Haupt-)Ästen gehörig.

Tractus, -us m *(l)* = Verlauf, Strang, Bahn; vgl. Traktor. – trahere *(l):* ziehen, schleifen, schleppen.

Tragus, -i m *(l)* = anat. die vor der Öffnung des äußeren Gehörgangs liegende Erhebung. – Trágos *(gr):* Bock, Ziegenbock, vgl. Tragi: Ohrhaare.

transversus, -a, -um *(l)* = querverlaufend, querliegend. – transvertere *(l):* wenden, sich wenden, hinwenden, von einem zum anderen wenden, hinüberwenden.

trapezius, -a, -um *(l)* = trapezförmig, tischförmig. – Trápeza *(gr):* Tisch, Speise, Tafel.

triangularis, -e *(l)* = dreieckig. – tres, tri- *(l):* drei; angularis, -e *(l):* winkelig, eckig.

Triceps, -itis m *(l)* = dreiköpfig. – tres, tri- *(l):* drei; Caput, -itis n *(l):* Kopf.

tricuspidalis, -e *(l)* = mit drei Spitzen oder Zipfeln versehen. – tres, tri- *(l):* drei; Cuspis, -idis f *(l):* Spitze, Zipfel; anat.: Klappensegel einer Segelklappe.

trigeminus, -a, -um *(l)* = dreifach; anat.: aus drei Teilen bestehend. – tres, tri- *(l):* drei; geminus *(l):* doppelt, Zwilling.

Trigonum, -i n *(l)* = Dreieck. – tres, tri- *(l):* drei; Gōnía *(gr):* Winkel, Ecke.

Tripus, -odis m *(l)* = Dreifuß. – tres, tri- *(l):* drei; Poús *(gr):* Fuß.

triquetrus, -a, -um *(l)* = dreieckig. – tres, tri- *(l):* drei; quartus bzw. quadrus *(l):* eckig, eigentl.: viereckig.

triticeus, -a, -um *(l)* = weizenkornähnlich. – Adj. zu Triticum, -i n *(l):* Weizen.

Trochanter, -eris m *(l)* = Rollhügel. – Trochus, -i m *(l):* Rad; Tróchos *(gr):* Lauf, Umlauf; trochazo *(gr):* laufen rennen, sich im Kreise drehen.

Trochlea, -ae f *(l)* = Rolle, Winde. – Trochilía *(gr):* Rolle, Walze, Winde.

Truncus, -i m *(l)* = Stamm, Stock, Rumpf eines Menschen. – truncáre *(l):* verstümmeln, der Glieder berauben.

Tuba, -ae f *(l)* = Trompete, Tuba.

tubarius, -a, -um *(l):* Adj. zu Tuba.

Tuber, -eris n *(l)* = Höcker, Knorren, Beule. – tumére *(l):* anschwellen.

Tuberculum, -i n *(l):* Dim. zu Tuber.

Tuberositas, -atis f *(l)* = Vorsprung, Rauigkeit am Knochen.

Tunica, -ae f *(l)* = Hemd, Unterkleid, Tunica, Haut, Hülle; anat.: Gewebeschicht.

turcicus, -a, -um *(neulat)* = türkisch. – Sella turcica: Türkensattel.

tympanicus, -a, -um *(l)* = zum Trommelfell (Membrana tympanica) oder zur Paukenhöhle (Cavitas tympani) gehörend. – Adj. zu Tympanum.

Tympanum, -i n *(l)* = Trommel, Handpauke. – Týmpanon *(gr):* Handpauke, Tamburin.

Ulna, -ae f *(l)* = Elle, einer der Unterarmknochen. – Ōlénä *(gr):* ganzer Arm, Elle als Maß, Unterarm.

umbilicalis, -e *(l):* Adj. zu Umbilicus.

Umbilicus, -i m *(l)* = Nabel, Mittelpunkt. – Omphalós *(gr):* Nabel, nabelähnliche Erhöhung, Mittelpunkt.

Umbo, -onis m *(l)* = Buckel, Nabel. – Umbalus *(idg)* u. Omphalós *(gr):* Nabel, Mittelpunkt.

uncinatus, -a, -um *(l):* Adj. zu Uncus.

Uncus, -i m *(l)* = Haken, Klammer. – Ónkos *(gr):* Haken, Widerhaken.

unguicularis, -e *(l):* Adj. zu Unguis (auch unguliformis = hufeisenförmig).

Unguis, -is m *(l)* = Nagel, Kralle. – Onyx *(gr):* Kralle, Klaue, Fingernagel.

Urachus, -i m *(l)* = Harngang, Verbindung zwischen Blase und Allantois. – Oûron *(gr):* Harn; cheein *(gr):* gießen oder échein *(gr):* enthalten.

Ureter, -eris m *(l)* = Harnleiter. – ouréein *(gr):* Harn lassen.

Urethra, -ae f *(l)* = Harnröhre. – Ouréthra *(gr):* Harnröhre.

urethralis, -e *(l):* Adj. zu Urethra.

urinarius, -a, -um *(l)* = zum Harn gehörend. – Adj. zu Urina, -ae f *(l):* Harn.

urogenitalis, -e *(l)* = die Harn- und Geschlechtsorgane betreffend. – Oûron *(gr):* Harn, Urin; genitalis *(l):* die Geschlechtsorgane betreffend; genere u. gignere *(l):* zeugen, erzeugen.

uterinus, -a, -um *(l)* = zur Gebärmutter gehörend. – Adj. zu Uterus.

Uterus, -i m *(l)* = Gebärmutter, Unterleib. – Udáram *(altind):* Bauch.

Utriculus, -i m *(l)* = kleiner Schlauch; anat. z. B. Teil des häutigen Labyrinths. – Dim. zu Uter, utris m *(l)* = Schlauch; Hydría *(gr):* Wasserkrug.

Uvula, -ae f *(l)* = Zäpfchen. – Dim. zu Uva, -ae f *(l):* Traube; Ůga *(lit):* Beere.

Vagina, -ae f *(l)* = Scheide des Schwertes, Hülle; anat.: weibl. Scheide.

vagus, -a, -um *(l)* = umherschweifend, ungenau, vage.

vallatus, -a, -um *(l)* = von einem Wall umgeben. – Adj. zu Vallum, -i n *(l):* Wall; vallare *(l):* umwallen, verschanzen.

Vallecula, -ae f *(l)* = kleines Tal; anat.: 1. Einsenkung zwischen Zunge u. Kehldeckel, 2. Einsenkungen am Gehirn. – Dim. zu Vallis, -is f *(l):* das Tal.

Valvula, -ae f *(l)* = kleine Klappe. – Dim. zu Valva, -ae f *(l):* Klappe, im Plural Türflügel, Doppeltür.

Vas, vasis n *(l)* = Gefäß, Gerät.

vascularis, -e *(l)* = zum Gefäß gehörend. – Adj. zu Vasculum, -i n *(l):* kleines Gefäß;– Dim. zu Vas.

vastus, -a, -um *(l)* = groß, weit, gewaltig, plump. – vastare *(l):* verwüsten.

Velum, -i n *(l)* = Segel, Tuch, Hülle. – velare *(l):* verbergen, verhüllen.

Vena, -ae f *(l)* = Blutader, Vene; Blutgefäß, das Blut zum Herzen hinführt.

Venter, -tris m *(l)* = Bauch, Magen, Leib, Wanst.

ventralis, -e *(l)* = 1. zum Bauch gehörend; 2. bauchwärts liegend, ventral (Gegensatz zu dorsalis). – Adj. zu Venter.

Ventriculus, -i m *(l)* = kleiner Magen; anat.: 1. Magen, 2. Herzkammer, 3. Hirnkammer, 4. als Ventriculus laryngis: seitliche Aussackung des Kehlkopfraumes. – Dim. zu Venter.

vermiformis, -e *(l)* = wurmförmig. – Vermis, -is f *(l):* Wurm; Forma, -ae f *(l):* Gestalt, Form.

Vermis, -is f *(l)* = Wurm; anat.: mittlerer Abschnitt des Kleinhirns.

Vertebra, -ae f *(l)* = Wirbel; urspr.: Gelenk. – vertere *(l):* drehen, wirbeln, sich im Kreise drehen.

verticalis, -e *(l)* = vertikal, senkrecht, scheitelrecht. – Vertex, -icis f *(l):* Scheitel, Wirbel, Haarwirbel des Hauptes; vertere *(l):* drehen, kreisen.

Vesica, -ae *(l)* = Blase. – vesicare *(l):* Blasen werfen.

vesicalis, -e *(l):* Adj. zu Vesica.

Vesicula, -ae f *(l)* = Bläschen. – Dim. zu Vesica.

vestibularis, -e *(l)* = zum Vorhof des knöchernen Labyrinths gehörend. – Adj. zu Vestibulum.

vestibulocochlearis, -e *(l)* = zum Gleichgewichts- und Hörorgan gehörend.

Vestibulum, -i n *(l)* = Vorhof, Vorplatz, Vorraum, Eingang.

Vibrissae, -arum *(Pl)* f *(l)* = Schnurrhaare; anat.: Haare im Vestibulum nasi. – vibrare *(l):* zittern, schnurren.

villosus, -a, -um *(l)* = zottenreich, zottig. – Adj. zu Villus.

Villus, -i m *(l)* = Zotte, zottiges Haar. – Vellus, -eris n *(l):* Wolle, Vlies; vellere (l): zupfen, rupfen.

Vinculum, -i n *(l)* = Band, Fessel. – vincire *(l):* binden, fesseln.

visceralis, -e *(l)* = zu den Eingeweiden gehörend. – Adj. zu Viscera: Eingeweide.

Viscus, -eris (meist im Plural: Viscera) n *(l)* = Eingeweide, die edlen Eingeweide, das Innerste.

vitreus, -a, -um *(l)* = gläsern, glasartig. – Adj. zu Vitrum, -i n *(l):* Glas.

vocalis, -e *(l)* = tönend, zur Stimme gehörend. – Adj. zu Vox, vocis f *(l):* Stimme, Ton, Laut; Vac *(altind):* Stimme, Sprache; vocare *(l):* rufen, nennen.

Vomer, -eris m *(l)* = Pflugscharbein.

vomeronasalis, -e *(l)* = vom Pflugscharbein zur Nase verlaufend.

Vulva, -ae f *(l)* = 1. Hülle, 2. Gebärmutter; anat.: äußeres weibliches Genitale. – Volva, -ae f *(l):* die Gebärmutter eines zum ersten Mal trächtigen Schweins; vólvere *(l):* wälzen, rollen; letzteres bezieht sich auf die Eihäute.

xiphoideus, -a, -um *(l)* = schwertförmig. – Xíphos *(gr):* Schwert.

Zona, -ae f *(l)* = Gürtel, Zone. – Zṓnä *(gr):* Gürtel, der das Untergewand am Leibe festhält, Zone.

Zonula, -ae *(l)* = kleiner Gürtel. – Dim. zu Zona.

zygomaticus, -a, -um *(l)* = zum Jochbogen gehörig. – Adj. zu Zygón *(gr):* Joch, Jochbein.

A

Absenkung (Deszensus), Uterus/Vagina 58
Abszess, Fossa ischioanalis 44
Acetabulum 82
ADDISON-Syndrom 14
ALCOCK-Kanal (Canalis pudendalis) 43–44, 61–62, 78, 84
Ampulla
– ductus deferentis 22, 30, 34, 45
– recti 24, 66, 69, 80–81, 83–84
– tubae uterinae 50–52, 81
anale Fisteln 67
Analkanal 66
– Abschnitte 66
– Innervation 70
– beim Mann 67
– Projektion auf die Körperoberfläche 64
– Rektoskopie 71
– Schließmuskel 67
– Venen 69
Analkanalkarzinom 67
Analkrypten (Sinus anales) 67
Analprolaps 67
Anastomosen, portokavale 69
Androgene, Nebenniere 14
Anteflexio, Uterus 52
Anteversio, Uterus 52
Anti-MÜLLER-Hormon (AMH) 7, 49
– MÜLLER-Gänge, Ausdifferenzierung 29
Anulus inguinalis
– profundus 76
– superficialis 31, 35–36
Anus 7, 43, 46, 61, 66, 68–70
Aorta 6
– abdominalis s. Pars abdominalis aortae
Apex vesicae 21–22
Appendix(-ces)
– epididymidis 32, 35
– epiploicae [omentales] 84
– testis 27, 32, 35
– vermiformis 5, 31, 52, 64
– vesiculosa 47
Appendizitis, DOUGLAS-Raum 81
Arcus
– costalis 54
– tendineus musculi levatoris ani 40, 58–59
Area cribrosa 11
Arteria(-ae)
– arcuata (Ren) 11, 13
– bulbi
– – penis 41, 44
– – vestibuli 60
– circumflexa femoris medialis 82
– corticalis radiata 13
– cremasterica 35–37, 76
– dorsalis
– – clitoridis 60, 62
– – penis 36, 41, 44, 77
– ductus deferentis 35, 37, 77
– epigastrica inferior 76–77, 81
– femoralis 82–83
– glutea
– – inferior 68, 76, 82–83
– – superior 68, 76
– helicinae 30
– iliaca
– – communis 19, 59, 70, 72, 76
– – externa 68, 76–78, 81
– – interna 68, 76–78
– – – parietale Äste 76
– – – viszerale Äste 76–78
– iliolumbalis 76
– interlobaris (Ren) 11–13
– ligamenti teretis uteri 78
– lumbales 72
– mesenterica
– – inferior 6, 68, 70, 72, 76
– – superior 9, 72
– obturatoria 40, 59, 68, 76–77, 82–83
– ovarica 19, 50–52, 55–56, 72, 78, 81
– perinealis 41, 44, 62
Arteria(-ae)
– phrenica inferior 15–16, 72
– profunda
– – femoris 82–83
– – penis 30, 36, 42, 77
– pudenda
– – externa profunda 36
– – interna 41, 44–45, 62–63, 68–69, 76–78, 82–84
– rectalis
– – inferior 44, 62, 68, 77–78
– – media 37, 68, 76–78
– – superior 68–69, 78
– renalis 6, 8–11, 15–16, 19, 37, 72
– – accessoria 8, 15
– – polaris
– – – inferior 16
– – – superior 16
– – Verlauf 15
– sacralis
– – lateralis 76
– – mediana 72, 76–78
– sigmoideae 68, 84
– suprarenalis(-es) 16
– – inferior 8, 10, 15–16, 72
– – media 10, 15–16, 72
– – superiores 10, 16
– testicularis 15, 31, 33, 35–38, 72, 82
– – Verlauf 37
– umbilicalis(-es) 54, 76–78
– urethralis 36
– uterina 55, 76, 78
– vaginalis 55, 78
– vesicalis
– – inferior 37, 76–78
– – superior 76–77
Articulatio
– coxae 83
– sacrococcygea 42

B

BARTHOLIN-Drüsen (Gll. vestibulares majores) 46, 48, 61, 63
Basis prostatae 34
Bauchspeicheldrüse s. Pancreas
Becken
– einer Frau 24, 81
– – Lymphknoten und Lymphgefäße 79
– – Transversalschnitt, CT 83
– eines Mannes 23, 80
– – Frontalschnitt, schräger 84
– – Transversalschnitt, CT 82
Beckenboden 2
– bei der Frau 58–59
– Funktion 40
– beim Mann 42
– Muskeln 40
Beckenbodeninsuffizienz 58
Beckeneingeweide
– bei der Frau, Blutversorgung 78
– beim Mann, Blutversorgung 77
Beckenniere 6
Bläschendrüse (Glandula vesiculosa) 22, 27, 34
Blasendreieck (Trigonum vesicae) 21
Blasenkatheter, legen 24
Blinddarm s. Appendix vermiformis
Blinddarmentzündung s. Appendizitis
Bulbus
– penis 30, 45, 80
– vestibuli 46, 62–63, 78
Bursa
– subtendinea
– – iliaca 82
– – musculi obturatorii interni 82–83
– trochanterica musculi glutei medii 82

C

Caecum 52
Calices renales 13
– majores 11, 18, 20
– minores 11–12, 18, 20
Canalis
– analis 64, 66–67, 69–71
– cervicis uteri 51, 81
– inguinalis 31
– obturatorius 40, 58, 68–69
– pudendalis (ALCOCK-Kanal) 43–44, 61–62, 78, 84
CANNON-BÖHM-Punkt 75
Capsula
– adiposa (Ren) 8, 10, 15, 17
– fibrosa (Ren) 8, 10–12
Caput 31
– epididymidis 32–33, 35, 37, 80
– femoris 82
Carunculae hymenales 46
Cauda epididymidis 27, 32–33, 37, 80
Cavernae corporum cavernosorum 30
Cavitas
– extraperitonealis pelvis 45, 63
– peritonealis pelvis 45, 63
– serosa scroti 33
– uteri 51–52, 63, 81
Centrum perinei 59
Cervix uteri 50, 52–53, 55, 63
Cisterna chyli 73
Clitoris 46, 48, 56
Colliculus seminalis 21–22
Collum femoris 83
Colon 5, 17, 64
– ascendens 20
– descendens 20
– Projektion auf die Körperoberfläche 5
– sigmoideum 65, 68–69, 72, 80–81, 84
Columnae
– anales 66–67, 69, 71, 84
– renales 11, 18
Commissura labiorum anterior/posterior 46
Computertomographie (CT)
– Becken
– – der Frau, Transversalschnitt 83
– – des Mannes, Transversalschnitt 82
– Niere 17
Cor 4
– Projektion auf die Körperoberfläche 5
Corona glandis 30–31, 80
Corpus(-ora)
– adiposum pararenale 17
– anococcygeum 42, 65
– cavernosum
– – clitoridis 46, 81
– – penis 22–23, 28, 30, 35–36, 38, 48, 80
– – recti 67–68
– clitoridis 81
– epididymidis 32–33
– luteum 51
– ossis pubis 58
– penis 26
– pineale 4
– spongiosum penis 22–23, 28, 30, 35–36, 38, 43, 67, 80
– uteri 50–52, 55, 63
– vertebrae 17
– vesicae 21–22
Corpusculum renale 12
Cortex 14
– glandulae suprarenalis 14
– renalis 11–12, 17–18
COWPER-Drüsen (Gll. bulbourethrales) 4, 22, 27, 30, 34, 38, 41–43, 45, 65
Crista
– iliaca 5, 75
– urethralis 21–22
Crus
– clitoridis 46, 63
– penis 30, 42, 45
Cutis 31, 35

D

Dammmuskulatur
– bei der Frau 60
– beim Mann 41–42
Dammraum
– bei der Frau 63
– beim Mann 45
– oberflächlicher 41, 43, 45, 61, 63
– tiefer 41, 43, 45, 61, 63
Dammregion
– bei der Frau 61
– – Gefäße und Nerven 62
– beim Mann 43
– – Gefäße und Nerven 44
Dammrisse 61
Darm 6
DENONVILLIER-Faszie (Fascia rectoprostatica) 34, 65, 80
Descensus testis 29
Diaphragma
– pelvis 2, 17, 40, 42, 58–59
– Projektion auf die Körperoberfläche 5
Dickdarm s. Colon
Discus interpubicus 54
Diverticulum ampullae 22
Dorsum penis 26
DOUGLAS-Raum (Excavatio rectouterina) 52–54, 81, 83
– Appendizitis 81
– Salpingitis 81
Ductuli
– efferentes testis 29, 33
– prostatici 21–22
Ductus
– deferens 4, 22, 27, 29, 31, 33–36, 38, 42, 77, 80, 82, 84
– ejaculatorius 21–22, 27
– glandulae bulbourethralis 22, 27, 41
– mesonephricus (WOLFF-Gang) 6–7, 29, 49
– paramesonephricus (MÜLLER-Gang) 7, 29
– thoracicus 73
Dünndarm s. Intestinum tenue
Duodenum, Projektion auf die Körperoberfläche 5

E

Eichel s. Glans penis
Eierstock s. Ovarium
Eileiter s. Tuba uterina
Ejakulation, N. pudendus 38
Emission 38
– Sympathicus 38
endokrine Organe beim Mann und bei der Frau 4
Endometrium 51
Endometriumkarzinom, Lymphknotenmetastasen 57
Epididymis 4, 27, 31–33, 35, 38
– Blutgefäße 33
Epiorchium 31
Episiotomie 61
Epispadie 28
Erektion 38
– Parasympathicus 38
Erektionsstörungen, Phosphodiesterase, Hemmstoffe 36
Excavatio
– rectouterina (DOUGLAS-Raum) 52–54, 81, 83
– – Appendizitis 81
– – Salpingitis 81
– rectovesicalis 25, 65–66, 80
– vesicouterina 52–54, 63, 81
Extraperitonealraum 2
Extremitas
– inferior
– – (Ren) 17, 20
– – (Testis) 32
– superior
– – (Ren) 17
Extremitas superior
– – (Testis) 32
– tubaria (Ovarium) 50
– uterina 50

F

Facies
– anterior
– – (Gl. suprarenalis) 14
– – (Ren) 17
– medialis (Ovarium) 50, 52
– posterior
– – (Prostata) 22
– – (Ren) 17
– vesicalis 52
Fascia
– cremasterica 31–33, 35, 80
– obturatoria 43, 61
– pelvis
– – parietalis 81
– – visceralis 63, 80
– penis 36
– – profunda 31, 35
– – superficialis 31, 36
– rectoprostatica (DENONVILLIER-Faszie) 34, 65, 80
– rectovaginalis 81
– renalis (GEROTA-Faszie) 5, 8, 17
– spermatica
– – externa 31, 33, 35
– – interna 31–33, 35
Femur 82–83
Fimbria(-ae)
– ovarica 50–51
– tubae uterinae 50–52
Fisteln, anale 67
Flexura
– anorectalis 42
– perinealis 64–66
– sacralis 64–66
Folliculi ovarici 51
Foramen(-ina)
– infrapiriforme 40
– ischiadicum
– – majus 58
– – minus 40
– papillaria 11
– suprapiriforme 40
Fornix vaginae 51, 53, 81
Fortpflanzungsorgane, innere
– männliche 27
– weibliche 47
Fossa
– acetabuli 82
– ischioanalis 43–45, 61–63, 82–84
– – Abszesse 44, 62
– – Begrenzung 43, 61
– – Inhalt 44, 62
– navicularis urethrae 22–23, 80
FRANKENHÄUSER-Plexus (Plexus uterovaginalis) 56
Frenulum
– clitoridis 46
– labiorum pudendi 46
– preputii 31
Fundus
– uteri 50–52, 54–55, 81
– – Stand in der Schwangerschaft 54
– vesicae 21
Funiculus
– spermaticus 27, 32, 35–36, 42, 65, 82
– – Hüllen 31, 35

G

Ganglion(-ia)
– coeliaca 70, 75
– impar 75
– mesentericum
– – inferius 70, 75
Ganglion(-ia) mesentericum
– – superius 75
– pelvica 38, 56, 70
– trunci sympathici 38, 56, 70
Gaster, Projektion auf die Körperoberfläche 5
Gebärmutter s. Uterus
Gebärmutterhals 53
Genitalfalten 28, 48
Genitalhöcker 5, 7–8, 28, 48
– Nephrektomie 8
GEROTA-Faszie (Fascia renalis) 5, 8, 17
– Nephrektomie 8
Geschlechtsdrüsen, akzessorische 27, 34
Geschlechtsorgane
– männliche
– – äußere 26–27
– – – Entwicklung 28
– – – Leitungsbahnen 36
– – – Lymphgefäße und Lymphknoten 39
– – innere 27
– – – Blutgefäße 37
– – – Entwicklung 29
– – – Lymphgefäße und Lymphknoten 39
– – Innervation 38
– weibliche 47
– – äußere 46
– – – Entwicklung 48
– – – Lymphabflusswege 57
– – – Lymphgefäße und Lymphknoten 57
– – innere 47
– – – arterielle Versorgung 55
– – – Entwicklung 49
– – – Lymphabflusswege 57
– – – Lymphgefäße und Lymphknoten 57
– – Innervation 56
Glandula(-ae)
– analis (Proktodealdrüse) 67
– bulbourethrales (COWPER-Drüsen) 4, 22, 27, 30, 34, 38, 41–43, 45, 65
– parathyroideae 4
– pinealis 4
– pituitaria 4
– suprarenalis 4–5, 8, 10, 14–15, 72
– thyroidea 4–5
– vesiculosa 4, 22, 27, 29–30, 34, 38, 42, 45, 65, 77, 82, 84
– vestibulares
– – majores (BARTHOLIN-Drüsen) 46, 48, 61, 63
– – minores 46
Glans
– clitoridis 46
– penis 22, 26, 28, 30–31, 38, 80
Glied, männliches 30–31, 36
Glomus coccygeum 81
Glukokortikoide, Nebenniere 14
Grenzstrang s. Sympathicus
Grimmdarm s. Ileum
Gubernaculum testis 29

H

Hämorrhoidalknoten 66, 71
Hämorrhoiden 67, 71
Harnblase s. Vesica urinaria
Harninkontinenz 58
Harnleiter s. Ureter
Harnorgane
– Entwicklung 7
– männliche 27
– weibliche 47
Harnpol 12
Harnröhre s. Urethra
Harnsystem beim Mann 4
Hepar 7
– Projektion auf die Körperoberfläche 5
Hiatus
– analis 40, 58
– levatorius 58
– urogenitalis 40, 58
Hilum renale 10
Hoden (Testis) 27, 32–33

Hoden (Testis)
– Hüllen 31, 35
Hodenanlage 7
Hodenhochstand 29
Hodenkanälchen 32
Hodenkarzinom 29, 38
Hodenläppchen (Lobuli testis) 32
Hodensack 31
Hodentumor, Biopsie, transskrotale 39
Hüfte, Muskeln 40
Hufeisennieren 6
Hydrocele testis 29
Hymen 46
Hypophysis 4
Hypospadie 28
Hypothalamus 4
Hysterektomie, Ureterverletzungen 19

I

Ileum 64
– Projektion auf die Körperoberfläche 5
Impotentia coeundi/generandi 38
Infundibulum tubae uterinae 47, 50–52, 81
Insulae pancreaticae 4
Intermediärtubulus 13
Intestinum 4
– tenue 64, 80
Isthmus
– tubae uterinae 50–52, 81
– uteri 50–51

J

Jejunum, Projektion auf die Körperoberfläche 5
Junctio (Linea) anorectalis 66

K

Katecholamine, Nebenniere 14
Keimdrüsenband, kaudales 7
Kitzler (Clitoris) 46, 48, 56
Kloake 6
Kontinenzorgan 67
KRISTELLER-Schleimpfropf 54
Krummdarm s. Ileum
Kryptorchismus 29

L

Labioskrotalwülste 28, 48
Labium
– anterius (Ostium uteri) 53
– majus pudendi 46, 48, 81
– minus pudendi 46, 48, 56, 61–63, 81
– posterius (Ostium uteri) 53
Lacunae urethrales 22
Lamina
– parietalis (Tunica vaginalis testis) 31, 33, 35
– visceralis (Tunica vaginalis testis) 31, 33, 35
Leber s. Hepar
Leerdarm s. Jejunum
Leistenhernie, kongenitale 29
Ligamentum(-a)
– anococcygeum 42–44, 61–62, 65, 80, 83
– capitis femoris 82
– cardinale (Lig. transversum cervicis) 50
– epididymidis
– – inferius 32
– – superius 32
– fundiforme penis 36, 80
– inguinale 26
– latum uteri 50–52
– ovarii proprium 47, 49–52, 55
– pubicum
– – inferius 41, 60
– – superius 82–83
– puboprostaticum 21, 23, 42, 65, 80

Ligamentum(-a)
– pubovesicale 81
– rectouterinum (Lig. sacrouterinum) 50, 53
– sacrospinale 44, 76, 79
– sacrotuberale 43–44, 58, 61, 76
– suspensorium
– – clitoridis 46
– – ovarii (Lig. infundibulopelvicum) 49–50, 52, 55, 81
– – penis 31, 36
– teres uteri (Lig. rotundum) 47, 49–50, 52, 55, 78, 81
– transversum perinei 41, 60
– umbilicale medianum 21–22, 80–81
Limbus acetabuli 82
Linea
– alba 80
– anocutanea 66–67
– dentata (Linea pectinata, Canalis analis) 66–67
– terminalis 58
Lobuli testis (Hodenläppchen) 23, 32–33
Lobus
– hepatis 17
– prostatae 34
– renalis 11
Lunge 5
Lymphgefäße/-gefäßsystem
– Geschlechtsorgane
– – männliche 39
– – weibliche 57
– Rectum 79
– Retroperitoneum 73
Lymphknotenmetastasen
– Endometriumkarzinom 57
– Peniskarzinom 39
– Vulvakarzinom 57
– Zervixkarzinom 57

M

Magen s. Gaster
Margo
– anterior (Testis) 32
– lateralis (Ren) 10
– liber 50
– medialis
– – (Gl. suprarenalis) 14
– – (Ren) 10
– mesovaricus 50, 52
– posterior (Testis) 32
– superior
– – (Gl. suprarenalis) 14
– – (Ren) 10
Markpyramiden 11
Mastdarm s. Rectum
Mediastinum testis 32–33, 80
Medulla
– glandulae suprarenalis 14
– renalis 11–12, 17–18
– spinalis 38, 56
Membrana perinei 41, 43, 46, 60–61, 80
Mesenterium 80
Mesonephros (Urniere) 6–7
Mesosalpinx 50–52
Mesovarium 50, 52
Metanephros (Nachniere) 6
MEYER-WEIGERT-Regel, Harnleiter, Überkreuzung 20
Milz s. Splen [Lien]
Mineralokortikoide, Nebenniere 14
Mons pubis 46
Morbus ADDISON 14
MÜLLER-Gang (Ductus paramesonephricus) 7, 29
– Ausdifferenzierung, Anti-MÜLLER-Hormon 29
Musculus(-i)
– biceps femoris 84
– bulbospongiosus 42–46, 61–63, 67
– corrugator ani 67
– cremaster 31–33, 35, 42, 80

Musculus(-i)
– dartos 31, 35
– erector spinae 17
– gluteus
– – maximus 40, 43–44, 61–62, 82–83
– – medius 82
– – minimus 82
– gracilis 43, 61
– iliacus 40, 75, 83
– iliococcygeus 40, 58
– iliopsoas 82–83
– ischiocavernosus 42–46, 61–63
– ischiococcygeus (coccygeus) 40, 58–59, 76–77, 82
– levator ani 40, 42–45, 58–59, 61–63, 65–70, 77–79, 82–84
– obturatorius
– – externus 82–83
– – internus 45, 58–59, 63, 68–69, 76, 82–84
– pectineus 82–83
– piriformis 40, 59, 76–77
– psoas major 8, 17, 20, 40, 74, 83
– pubococcygeus 40, 58, 67
– puborectalis 67, 82, 84
– quadratus lumborum 8, 74–75
– rectus
– – abdominis 82
– – femoris 82–83
– sartorius 82–83
– semimembranosus 84
– semitendinosus 84
– sphincter
– – ani
– – – externus 42–44, 46, 61–62, 65–70, 80, 84
– – – internus 66–67, 69, 80, 84
– – urethrae 65
– – – externus 25, 41–42, 60
– – urethrovaginalis 60
– tensor fasciae latae 82–83
– transversus
– – abdominis 74
– – perinei
– – – profundus 25, 34, 41–43, 45, 60, 65, 67, 80
– – – superficialis 41, 43–44, 61–62
– vastus lateralis 83
Mutterkuchen s. Placenta
Myometrium 51

N

Nachniere (Metanephros) 6
Nebenhoden s. Epididymis
Nebenniere 10, 14
– Lage im Retroperitoneum 8
Nebennierenarterien 16
– Varietäten 16
Nebennierenerkrankungen, Schock 14
Nebennierenvenen 16
– Varietäten 16
Nephrektomie, GEROTA-Faszie 8
Nephrolithiasis, Schmerzen, ausstrahlende 8
Nephron 13
Nervus(-i)
– anales 70
– anococcygei 44, 62
– cavernosi 38
– clunium inferiores 44, 62
– cutaneus femoris
– – lateralis 74–75
– – posterior 44, 62, 83
– dorsalis
– – clitoridis 62
– – penis 36, 41, 44
– femoralis 74–75, 82–83
– genitofemoralis 8, 35–36, 74–76, 82
– gluteus inferior 83
– hypogastricus 38, 56, 70
– iliohypogastricus 8, 74–75
– ilioinguinalis 8, 35–36, 74–75

Nervus(-i)
– intercostalis 75
– ischiadicus 82–83
– labiales posteriores 56, 62
– obturatorius 40, 59, 74–76, 82–83
– perineales 44, 62
– pudendus 41, 44–45, 56, 62–63, 70, 76, 83
– – Ejakulation 38
– rectales inferiores 44, 62
– sacralis 56
– scrotales posteriores 44
– splanchnicus(-i) 83
– – lumbales 70
– – major 74–75
– – pelvici 38, 56, 70
– subcostalis 8, 74–75
– thoracicus(-i) 75
– vaginalis 56
– vagus [X] 75
Niere(n) 8, 10–11
– s.a Ren
– Aszensus 6
– Computertomographie 17
– Entwicklung 6
– Kontaktfläche(n) 9
– Lage im Retroperitoneum 8
– Projektion auf die dorsale Rumpfwand 5
– Sonographie 17
– Transversalschnitt 12
– Untersuchung, Schmerzempfindlichkeit 5
Nierenarterien
– Varietäten 16
– Verlauf 13
Nierenbecken 11, 18
– Röntgenbild 20
Nierenbiopsie, Nadelführung 17
Niereninfarkt 9
Nierenkarzinom, Einwachsung in die Nierenvenen 15
Nierenkelche 11
Nierenkörperchen 13
Nierenkolik, Nierensteine 19
Nierenlappen 11
Nierenmark 11
Nierenrinde 11
– Mikroskopie 12
Nierensegmente 9
Nierensteine 19
Nierentumoren, Abflussbehinderungen 37
Nierenvenen, Verlauf 13
Noduli lymphoidei solitarii 66
Nodus(-i) lymphoideus(-i)
– aortici laterales 79
– iliaci
– – communes 39, 57, 73, 79
– – externi 39, 57, 73, 79
– – interni 39, 57, 79
– inguinales 57
– – inferiores 73
– – profundi 39, 57, 73
– – superficiales 39, 57, 82
– – – superomediales 73
– lumbales 39, 57, 79
– – intermedii 73
– pararectales 79
– phrenici inferiores 73
– preaortici 79
– precavales 79
– rectalis superior 79
– retroaortici 79
– sacrales 39, 57

O

Oberschenkel, Muskeln 40
Oesophagus/Ösophagus 5, 75
Omentum majus 80
Organa
– genitalia
– – feminina
– – – externa 46, 48
– – – interna 4
Organa genitalia
– – masculina
– – – externa 26, 28, 36
– – – interna 4, 27, 29
– urinaria 4
– urogenitalia
– – feminina 47
– – masculina 27
Organe, innere, Projektion auf die Körperoberfläche 5
Os
– coccygis 43, 61, 82–83
– ilium 58, 84
– ischii 45, 82
– pubis 30, 42, 60, 65, 82–83
– sacrum 58
Ostium
– abdominale tubae uterinae 50
– ureteris 21, 23–24, 80–81
– urethrae 49
– – externum 22–24, 30–31, 46–47, 61–63, 80–81
– – internum 21–24, 30, 53, 80–81
– uteri 51, 53–54, 81
– uterinum tubae uterinae 51
– vaginae 46–47, 63
Ovaranlage 7
Ovarium 4, 47, 49–52, 55–56, 78, 81
– Aufhängebänder 50
– Entzündung 3
– Peritonealduplikaturen 50, 52

P

Pancreas, Projektion auf die Körperoberfläche 5
Papilla renalis 11–12, 18, 20
Paracystium 53
Paradidymis 27
Parametrium 53
Paraproctium 53
Parasympathicus
– Erektion 38
– sakraler Teil 75
Pars
– abdominalis aortae (Aorta abdominalis) 9, 16–17, 37, 70, 72, 74, 76–77, 79
– anterior (Fornix vaginae) 53
– convoluta
– – (Tubulus distalis) 13
– – (Tubulus proximalis) 13
– intramuralis
– – (Urethra) 23
– – (Urethra masculina) 22
– membranacea (Urethra) 22–23, 30, 80
– posterior (Fornix vaginae) 53, 81
– profunda (M. sphincter ani externus) 67
– prostatica (Urethra) 21–23, 34
– recta
– – (Tubulus distalis) 13
– – (Tubulus proximalis) 13
– spongiosa (Urethra) 22–23, 36, 80
– subcutanea (M. sphincter ani externus) 46, 67
– superficialis (M. sphincter ani externus) 67
– uterina 51
Pecten analis (Canalis analis) 66–67
Pelvis 79–83
– einer Frau 24
– eines Mannes 23
– renalis 4, 10–12, 17–18, 20, 27, 47
Penis 26–27, 29–31, 36
– Schwellkörper 30
Peniskarzinom, Lymphknotenmetastasen 39
Perimetrium 51
Perineum 43, 46, 61
Periorchium 31
Peritoneum parietale 25, 45, 63, 65–66, 81, 84
Phimose 30
– Zirkumzision 30
Phosphodiesterase, Hemmstoffe, Erektionsstörungen 36
Placenta 54
Plexus
– aorticus abdominalis 70, 75
– coeliacus 70, 75
– deferentialis 35, 38
– hypogastricus
– – inferior 38, 56, 70
– – superior 38, 56, 70, 75
– intermesentericus 75
– lumbalis 3, 74
– mesentericus
– – inferior 75
– – superior 75
– oesophageus 75
– ovaricus 56
– pampiniformis 31, 33, 35–37
– prostaticus 38
– rectalis 70
– sacralis 56, 70, 75–76
– testicularis 35, 38
– uterovaginalis (FRANKENHÄUSER-Plexus) 56
– venosus
– – prostaticus 37, 45, 77, 80
– – rectalis 69, 77–78
– – uterinus 78
– – vaginalis 78
– – vesicalis 45, 63, 77–78, 81–82
Plica(-ae)
– interureterica 21
– rectouterina 50, 81
– rectovesicalis 80
– transversa recti 24, 66–67, 80
– umbilicalis
– – lateralis 77
– – medialis 52, 77, 81
– – mediana 80–81
portale Hypertonie 69
Portio
– supravaginalis cervicis 51
– vaginalis cervicis 51, 53–54, 81
portokavale Anastomosen 69
Preputium
– clitoridis 46
– penis 26, 30–31, 80
Processus
– spinosus 17
– xiphoideus 54
Proktodealdrüsen (Gll. anales) 67
Pronephros (Vorniere) 6
Prostata 4, 21–22, 25, 27, 29–30, 34, 38, 42, 45, 65, 67, 77, 80
– Untersuchung, rektale 65
– Zonen 34
Prostataadenom (Prostatahyperplasie) 3, 34
– rektale Untersuchung 65
Prostatakarzinom 3, 34
– rektale Untersuchung 65
Pubes 26
Pulmo 5
Pyelonephritis, Schmerzen, ausstrahlende 8
Pyramides renales 11–12, 17–18

R

Radix parasympathica 38, 56, 70
Ramus(-i)
– anterior (A. renalis) 10
– communicantes (Truncus sympathicus) 38, 56
– femoralis (N. genitofemoralis) 74
– genitalis (N. genitofemoralis) 35–36, 74, 76, 82
– helicini (A. uterina) 55
– inferior ossis pubis 30, 60
– interganglionaris (Truncus sympathicus) 56
– labiales posteriores (A. pudenda interna) 62
– obturatorius (A. epigastrica inferior) 76
– ossis ischii 41, 60, 83
– ovaricus (A. uterina) 55
– perineales (N. cutaneus femoris posterior) 44, 62

Ramus(-i)
- posterior (A. renalis) 10
- pubicus
- – (A. epigastrica inferior) 76
- – (A. obturatoria) 76
- scrotales
- – anteriores (V. dorsalis profunda penis) 36
- – posteriores
- – – (A. perinealis) 44
- – – (A. pudenda interna) 77
- – – (V. pudenda interna) 77
- superior ossis pubis 40, 60
- tubarius (A. uterina) 55
- vaginales (A. uterina) 55

Raphe
- perinei 43, 46, 61
- scroti 31, 33, 35

Rectum 5, 25, 40, 42, 52–53, 59, 63–70, 74, 79, 82–83
- Arterien 68
- Innervation 70
- bei der Frau, Lymphgefäße/Lymphknoten 79
- beim Mann 65, 67
- Projektion auf die Körperoberfläche 5, 64
- Venen 69

Regio
- analis 43, 61
- perinealis 43, 45, 61–63
- – beim Mann 43–44
- urogenitalis 43, 61

Rektoskopie, Analkanal 71
Rektozele 58
Rektum s. Rectum
Rektumprolaps 67
Ren (Nephros) 4–12, 15, 17, 19–20, 27, 29, 37, 47, 49, 72
- s.a. Niere(n)
- Projektion auf die Körperoberfläche 5

Rete testis 7
Retroflexio, Uterus 52
Retroperitoneum 2, 72
- Lymphgefäße/Lymphknoten 73
- somatische Nerven 74
- vegetative Äste 75

Retroversio, Uterus 52
RETZIUS-Raum (Spatium retropubicum) 53–54, 80–81, 83
Röntgenaufnahme
- Harnleiter 20
- Nierenbecken 20

Rugae vaginales 51, 53

S

Salpingitis, DOUGLAS-Raum 81
Salpinx (Tuba uterina) 4, 47, 49–52, 55–56, 78
- Aufhängebänder 50
- Entzündung 3
- Peritonealduplikaturen 50, 52

Samenleiter s. Ductus deferens
Samenstrang s. Funiculus spermaticus
Sammelrohr 13
Schamberg 46
Schamlippen
- große 46, 48
- kleine 46, 48

Scheide s. Vagina
Scheidenvorhof 46
Scheidenvorhofdrüsen 46
Schmerzempfindlichkeit, Niere, Untersuchung 5
Schock, Nebennierenerkrankungen 14
Scrotum 26, 28, 31, 80
Segmentum (Ren)
- anterius
- – inferius 9
- – superius 9
- inferius 9
- posterius 9
- superius 9

Septula testis 32–33
Septum
- penis 36
- scroti 31, 33, 35
- vesicovaginale 81

Sinus
- anales (Analkrypten) 66–67, 71
- epididymidis 32
- prostaticus 21
- renalis(-es) 11–12, 17–18
- urogenitalis 7

Sonographie, Niere 17
Spatium
- extraperitoneale pelvis 2
- profundum perinei 41, 43, 45, 61, 63
- retroperitoneale pelvis 2
- retropubicum (RETZIUS-Raum) 53–54, 80–81, 83
- retrorectale 53
- superficiale perinei 41, 43, 45, 61, 63

Spina
- iliaca
- – anterior superior 26, 54
- – posterior superior 5
- ischiadica 82

Splen [Lien], Projektion auf die Körperoberfläche 5
Sternum 54
Steroidhormone, Nebenniere 14
Stratum
- circulare recti 67
- longitudinale recti 66–67

Stuhlinkontinenz 58
Subperitonealraum 64
SUDECK-Punkt 68
Sympathicus, Emission 38
Symphysis pubica 25, 40–41, 46, 53–54, 58, 60, 76, 80, 82–83

T

Testis (Orchis) 4, 27, 29, 32–33, 35, 38
Testosteron 27
- WOLFF-Gang, Ausdifferenzierung 29

Thymus 4
Trachea, Projektion auf die Körperoberfläche 5
Trigonum vesicae (Blasendreieck) 21
Truncus(-i)
- coeliacus 9, 70, 72, 75
- intestinalis 73
- lumbalis(-es) 73
- lumbosacralis 74–76
- sympathicus 38, 74–75
- vagalis anterior/posterior 75

Tuba uterina (Salpinx) 4, 47, 49–52, 55–56, 78
- Aufhängebänder 50
- Entzündung 3
- Peritonealduplikaturen 50, 52

Tuber ischiadicum 43, 46, 61, 83–84
Tuberculum pubicum 46
Tubulus
- distalis 12–13
- proximalis 12–13

Tunica
- albuginea
- – corporum cavernosorum 30, 35–36, 80
- – (Testis) 32–33
- dartos 31, 33, 35, 80
- mucosa
- – (Uterus) 51
- – (Vesica urinaria) 21
- muscularis
- – (Rectum) 66
- – (Uterus) 51
- – (Vesica urinaria) 21–22
- serosa
- – (Perimetrium) 50
- – (Uterus) 51
- vaginalis testis 31–33, 35

U

Ultraschallbild s. Sonographie
Umbilicus 26
Unterbauch, Entzündungen 81
Untersuchung, rektale, Prostata 65
Ureter 4, 6–11, 15, 18–20, 22, 24, 27, 29, 38, 42, 47, 49–50, 52–53, 65, 72, 77–79, 81, 84
- Abschnitte 19
- duplex 20
- Engstellen 19
- fissus 20
- Röntgenbild 20
- Überkreuzung, MEYER-WEIGERT-Regel 20
- Varietäten, Röntgenbild 20
- Verlauf 19
- Verletzungen, Hysterektomie 19

Ureterknospe 6
Uretermündung 7
Ureteröffnung, Zystoskopie 21
Urethra 23, 30, 34, 48, 60, 80
- Biegungen 23
- feminina 4, 24–25, 47, 54, 60, 63
- masculina 4, 21–22, 25, 34, 36, 38, 41

Urethralrinne 28, 48
- Verschluss, unvollständiger 28

Urniere (Mesonephros) 6–7
Uterus 4, 47, 49–54, 60, 78–79, 81
- Absenkung (Deszensus) 58
- Anteflexio 52
- Anteversio 52
- Aufhängebänder 50
- Bindegeweberäume 53
- Doppelbildungen 49
- duplex 49
- mit Fetus 54
- Fixierungsbänder 53
- Lage 52
- Peritonealduplikaturen 50, 52
- Retroflexio 52
- Retroversio 52
- Septierungen 49
- septus 49
- subseptus 49
- Vorfall (Prolaps) 58

Utriculus prostaticus 21
Uvula vesicae 21

V

Vagina 4, 24, 47–49, 51–52, 54–55, 59–60, 63, 78, 83
- Absenkung (Deszensus) 58
- Lage 52
- Vorfall (Prolaps) 58

Valvulae anales 66–67
Varikozele 15, 37
Vasa
- lymphatica 35
- recta 13

Vena(-ae)
- arcuata (Ren) 13
- bulbi
- – penis 41
- – vestibuli 62
- cava inferior 8–9, 15–17, 37, 69, 72–74
- – Zuflüsse 72
- centralis (Gl. suprarenalis) 14
- circumflexa femoris medialis 82
- corticales radiatae 13
- cremasterica 35–36
- dorsalis
- – profunda
- – – clitoridis 60, 81
- – – penis 36, 41, 77, 80
- – superficialis penis 36, 80
- epigastrica inferior 77, 81
- femoralis 82–83
- glutea
- – inferior 69, 82

Vena(-ae) glutea
– – superior 69
– hepatica(-ae) 72
– iliaca
– – communis 19, 59, 69, 72, 76
– – externa 69, 77–78, 81
– – interna 69, 78, 84
– interlobaris (Ren) 13
– lumbalis(-es) 72
– mesenterica inferior 69
– obturatoria 40, 59, 69, 77, 82–83
– ovarica 19, 50–52, 72, 78, 81
– – dextra 9
– – sinistra 9–10, 15
– perinealis 41
– phrenica inferior 15, 72
– pudenda(-ae)
– – externae 35–36
– – interna 41, 44–45, 62, 69, 77–78, 82–84
– rectalis(-es)
– – inferiores 69, 77–78
– – mediae 69, 77–78
– – superior 69, 78
– renalis(-es) 8–12, 15, 19, 37, 72
– – dextra 9, 16–17
– – sinistra 9, 16
– – Verlauf 15

Vena(-ae)
– sacralis mediana 69, 72
– saphena magna 83
– sigmoideae 69
– stellata (Ren) 13
– suprarenalis(-es) 10, 16
– – dextra 8, 15–16, 72
– – media 8
– – sinistra 8–9, 15–16, 72
– testicularis 15, 36–37, 72
– – dextra 9
– – sinistra 9–10, 15
– – Verlauf 37
– umbilicalis 54
– uterina 78
– vesicalis inferior 77
Vesica urinaria 4, 6, 21–22, 25, 27, 29–30, 34, 38, 47, 49, 52–54, 60, 63, 65, 67, 77–79, 82–83
– bei der Frau 25
– Lymphknoten, regionäre 79
– beim Mann 25
Vestibulum vaginae 24, 46
Vorfall (Prolaps)
– Uterus 58
– Vagina 58
Vorhaut 31
Vorniere (Pronephros) 6
Vorsteherdrüse (Prostata) 22, 27, 30, 34
Vulvakarzinom, Lymphknotenmetastasen 57

W

WOLFF-Gang (Ductus mesonephricus) 6–7, 49
– Ausdifferenzierung, Testosteron 29

Z

Zervixkarzinom 53
– Lymphknotenmetastasen 57
Zona
– alba (Canalis analis) 66
– columnaris (Canalis analis) 66–67
– cutanea (Canalis analis) 66–67
– orbicularis 82
Zwölffingerdarm s. Duodenum
Zystitis 24
Zystoskopie, Ureteröffnung 21
Zystozele 58